纺织服装类"十四五"部委级规划教材

女装结构设计 第四版

与纸样

浙江省重点教材建设项目

陈明艳　编著

东华大学出版社·上海

图书在版编目(CIP)数据

女装结构设计与纸样/陈明艳编著.—4 版.—上海:东华大
学出版社,2022.8
　ISBN 978-7-5669-2079-9

　Ⅰ.①女…　Ⅱ.①陈…　Ⅲ.①女服—结构设计—教材
②女服—纸样设计—教材　Ⅳ.①TS941.717

　中国版本图书馆 CIP 数据核字(2022)第 112270 号

责任编辑　谢　未
封面设计　王　丽

女装结构设计与纸样(第四版)

陈明艳　编著

东华大学出版社出版
上海市延安西路 1882 号
邮政编码:200051　电话:(021)62193056
上海万卷印刷股份有限公司印刷
开本:889×1194　1/16　印张:23.75　字数:827 千字
2022 年 8 月第 4 版　2025 年 1 月第 5 次印刷
ISBN 978-7-5669-2079-9
定价:59.80 元

作者简介

陈明艳　女,三级教授/硕士生导师,1990年8月起任职于温州大学,现任职温州大学美术与设计学院服装设计与工程专业。1990年7月,本科毕业于浙江理工大学服装学院纺织品设计专业,1997年于东华大学服装学院进修服装研究生课程,2013、2015年7～8月,公派美国洛杉矶、旧金山等地游学。

从教31年来,致力于"艺工结合、艺科融合"的探索,在不同时段积极探索专业学科的服装构成学、传统服饰文化、服装数字化虚拟仿真技术、非遗蓝染与拼布艺术等多领域的发展之路。获评省151人才、市551人才、温州市E类人才。参与国家级(前3)项目4项,主持与参与(前3)省级、校级的相关教科研项目25项以上,发表高水平学术论文超35篇(一级5篇,2B以上20多篇),出版教材8部(主编5部,副主编3部);获奖与荣誉25项以上;指导学生参加美西国际时装设计大赛等学科大赛、省级大学生服饰创意设计大赛、大学生国家级大创、"互联网＋"大赛等获奖30余项。

一、专业学科多领域成果

1."服装样版技术"领域

从教31年,尤其在"服装样版技术"领域,主研服装结构与立体造型。主编省重点教材《女装结构设计与纸样》在各高校使用率和市场占有率高,2010年8月出版至今(三版10印),销量达7万多册,广为行业和院校师生认可,先后获省级优秀教材奖、"十一五"、"十二五"部委级规划优秀教材奖,2021年7月,获中国纺织服装教育学会纺织服装专业优秀教材一等奖! 2017年起兼任人力社保部国家职业技能鉴定纺织服装考评员和裁判员,2020年兼任高级考评员和裁判员,并兼任中国服装设计师协会技术工作委员会第三、四届执行委员及中国服装版师大联盟成员,积极为服装样版技术做出一定的贡献。出版的教材如下:

1)《女装结构设计与纸样》,东华大学出版社,主编,2010.08(一版)－2013.01(二版)－2018.03(三版)－2022(四版);

2)《服装样板技术实训》,中国纺织出版社,主编,2017.11;

3)《裤子结构设计与纸样》,东华大学出版社,专著,2009.03(一版)－2012.08(二版);

4)《服装构成原理》,化学工业出版社,主编,2014.03(一版);

5)《服装构成原理》,北京理工大学出版社,主编,2010.3;

6)《成衣设计与立体造型》,中国纺织出版社,副主编,2012.09;

7)《时装立体构成》,浙江大学出版社,副主编,2005.9;

8)《女装结构设计(下)》,浙江大学出版社,副主编,2005.11。

2."拼布艺术"领域

2013年起,致力拼布艺术探索,近年来,致力于拼布艺术文化传承与推广发展,师生团队积极开展拼布艺术设计创新实践,在布艺服饰品与家纺设计方面积极实践。发表于《设计艺术研究》《设计》

《拼布艺术》等期刊的相关学术论文4篇,完成国家级学生大创项目3项,获优秀指导师称号。并多次指导学生参加中国国际拼布创意大赛获银奖、铜奖及优秀奖,并获优秀指导师称号。先后在嘉兴学院、市图书馆作《古今中外－拼布艺术》专题讲座,2020下半年起,积极开展省市中小学师资提升《拼布设计美育》培训,已参训老师人数达400多人次。在拼布艺术设计领域具有一定的造诣,平易近人的亲和教学,深受中小学老师的赞赏,评教均达五星,参学老师们作品成果丰硕,并能学以致用,指导中小学生开展课外实践活动。

3.“服装虚拟仿真”领域

近5年,作为“服装一体化虚拟仿真实验室”建设的负责人,“时装秀虚拟仿真实验教学”被推荐为省级“虚仿”项目,兼任浙江理工大学国家级服装实验教学示范中心、服装设计虚拟仿真实验教学中心教指委委员(2017.10－2021.9)。积极探索服装虚拟仿真,创新研发时装秀虚拟仿真,获软件著作权2项,师生团队获省第三届服装服饰创新设计大赛科技创意类一等奖(省一类赛),指导学生国家级大创2项结题,2021年获得高等教育学会“校企合作 双百计划”典型案例。

二、先后社会兼职

1) 中国纺织工业学会第二十五届,理事;

2) 中国纺织服装教育学会第六届,理事;

3) 中国服装设计师协会技术委员会第三届执委、第四届委员(现兼);

4) 人力社保部国家职业技能鉴定的纺织服装考评员、裁判员;

5) 全国纺织服装职业技能鉴定/竞赛的高级考评员、裁判员(现兼);

6) 中国纺织服装教育学会拼布艺术学会第一、二届委员(现兼);

7) 浙江省拼布艺术协会第三、四届,副会长(现兼);

8) 浙江省纺织工程学会第十二届、第十三届,理事;

9) 浙江省纺织工程学会服装专业委员会第四届,副主任委员;

10) 中国服装版师大联盟,成员(现兼);

11) 高校手工艺术设计联盟,成员(现兼);

12) 中国纺织教育学会纺织服装虚拟仿真委员会,委员(现兼);

13) 浙江理工大学服装国家虚拟仿真实验教学中心教指委,委员(现兼);

14) 温州市第一批服装专家(现兼)等。

序

    随着我国服装产业升级和改革的不断深化,现代服装设计以创造新生活方式和满足人的个性需求为目的,是工业、商业、科学和艺术高度一体化的产物。服装产业模式由制造型向设计开发型转化、由加工型向品牌型转化。文化创新和品牌成为产业竞争的焦点,中国纺织工业协会会长杜钰洲先生说:"现代科学技术对当今衣着文化影响总趋势,如果概括为一个词,就是'求新'。人们要求衣着产业突破传统观念的束缚,开拓新视角,追求新境界,创新新风格,提供新感受。"显然,增强时代创造力已成为新时代人才培养的首要目标,快速发展的国际国内服装产业对服装专业教育提出了更新、更高的要求。

    该教材基于国内现有教材和新文化原型结构设计方法,依照应用型服装专业人才的办学要求编写。该教材有以下几个方面的特点:

    1.由多所高校服装专业的骨干教师编写,汇集各院校教师教学实践经验、教学改革与研究的成果,具有一定的理论性、专业性与创新性。

    2.以激发学生创新意识和观念为出发点,以培养技能、实用型服装人才为基本目标,注重学生创新思维和市场意识的培养,力求知识体系科学合理、内容精练、重点突出,理论和实践有机结合。

    3.在题例上,每章都附有思考题和形式多样的项目训练,力图整合实践技能与理论知识的衔接,增强教材的可读性和自测性,培养学生的自学能力。

    该教材适合高等院校服装专业使用,也可作为高职高专服装专业教材、服装职业培训教材,以及服装从业人员和爱好者自学参考书。

前 言

随着我国服装产业的发展,服装加工技术日新月异,现代服装的造型千变万化、层出不穷。优美的服装造型、赏心悦目的时装源自完美而精确的版型,所以服装制版技术是服装造型的关键。编者们结合多年教学实践和实际经验编著了本教材。

本书编著宗旨:重视基础,抓住规律,系统全面,由浅入深,分析透彻,开拓创新,通俗易懂,科学合理,适用性强;在内容形式上做到图文并茂、简明扼要,使学习者能对照图文,反复实践,在实践中把书中的理论知识转化为技能,并能举一反三、灵活运用,充分发挥创新思维,创造出更多更时尚的服装版型。

本教材创新点:

1. 两种结构设计法结合。20 年来,日本文化原型制版技术在我国高校应用广泛,普及率高,具有科学、系统的特点。目前应用较广的是第七代(俗称旧原型)和第八代(俗称新原型),旧原型结构简单,变化方便;新原型结构更细化,更合理,更适体。

目前,类似的女装结构教材通常只采用单一的结构设计方法,但在教与学中或服装行业,仅仅会一种结构设计方法是不够的。

本教材以新原型法为主,根据国内服装行业结构样版制作的实际运用情况,一改同类教材结构设计方法单一化的不足,各章典型款例增加了比例结构,通过制图方法的比较,加深对这两种方法的理解和应用,学生可在对比中深入思考,融会贯通。

2. 增加样版制作内容。同类的女装结构教材往往只介绍结构设计方法,没有涉及样版制作,虽有些教材涉及缝制工艺内容,但是样版制作内容涉及甚少,甚至忽略,使学习者只知其一,不知其二。而样版制作是服装制作前的准备、服装纸样设计中的重要环节,在课程的教学中是必不可少的。由此,我们增加了这部分内容,在各款结构图后配以完整的样版图以及样版制作要点的说明。

3. 各章增加时尚款例。以往的女装结构教材选择的款式比较保守,款例显得过时。本教材各章除女装种类的经典款式外,各章分别单列一节讲述近年来时尚和流行的女装款式的结构设计与纸样。由此,教材内容变得新颖丰富,在教学时,能够提高学生的学习兴趣。

4. 本教材配以思考题与项目训练启发学生深入思考,培养学生创新思维和市场意识,既适合教学,也适合行业从业人员阅读。

全书由温州大学美术与设计学院陈明艳编著。第一、第四、第六章由温州大学美术与设计学院陈明艳编著;第二、第三章由温州大学美术与设计学院孙莉编著;第七章由温州职业技术学院服装系张建兴编著;第八章由温州职业技术学院服装系章纬超编著;第九章由温州职业技术学院服装系章纬超和温州大学美术与设计学院陈明艳编著;第五、第十章由温州大学美术与设计学院朱江晖编著,本书款式图由温州大学美术与设计学院梁梦羽、潘翔提供。本教材的编著与出版得到了浙江省教育厅重点教材建设基金项目的资助,在此一并表示感谢!

教学改革、教材建设任重而道远。本书受众面广,已是第四版,如有错误和疏漏之处,敬请专家、同行和广大读者提出批评与改进的意见,不胜感激!

联系方式:wzucmy@163.com、515973703@qq.com

陈明艳

2022 年 7 月

目录

第一章　服装结构基础知识 ·· 1

　　第一节　服装结构设计与成衣纸样 ·· 1

　　第二节　服装制图工具与制图的基本常识 ······································ 4

　　第三节　人体体表特征分析与人体测量 ·· 9

　　第四节　服装号型与成衣规格设计 ·· 20

第二章　服装基础结构制图与结构变化原理 ·· 26

　　第一节　原型概述 ·· 26

　　第二节　服装基础结构制图 ·· 27

　　第三节　裙子结构变化原理 ·· 36

　　第四节　衣身结构变化原理 ·· 44

第三章　裙子结构设计与纸样 ·· 61

　　第一节　裙子的种类 ·· 61

　　第二节　变化裙款结构设计与纸样 ·· 62

　　第三节　时尚裙款结构设计与纸样 ·· 77

第四章　裤子结构设计与纸样 ·· 89

　　第一节　裤子的种类与面辅料 ·· 89

　　第二节　基本裤结构设计与纸样 ·· 95

　　第三节　变化裤款结构设计与纸样 ·· 108

　　第四节　时尚裤款结构设计与纸样 ·· 126

第五章　连衣裙结构设计与纸样 ·· 147

　　第一节　连衣裙的种类 ·· 147

　　第二节　基本连衣裙结构设计与纸样 ·· 150

　　第三节　变化连衣裙款结构设计 ·· 160

　　第四节　礼服裙结构设计与纸样 ·· 176

第六章　领子结构原理 ……………………………………………………………… **189**

第一节　领子的种类 ……………………………………………………… 189

第二节　领口领结构设计 ………………………………………………… 191

第三节　立领结构设计 …………………………………………………… 196

第四节　翻领结构设计 …………………………………………………… 202

第五节　平领及变化领结构设计 ………………………………………… 207

第六节　翻驳领结构设计 ………………………………………………… 209

第七节　特殊领结构设计 ………………………………………………… 217

第七章　袖子结构原理 ……………………………………………………………… **225**

第一节　袖子的种类 ……………………………………………………… 225

第二节　装袖结构及变化原理 …………………………………………… 228

第三节　连身袖与插肩袖结构原理 ……………………………………… 238

第八章　女衬衣结构设计与纸样 …………………………………………………… **250**

第一节　女衬衣的种类 …………………………………………………… 250

第二节　基本女衬衣结构设计与纸样 …………………………………… 254

第三节　变化女衬衣款结构设计与纸样 ………………………………… 265

第四节　时尚女衬衣款结构设计与纸样 ………………………………… 279

第九章　女上衣结构设计与纸样 …………………………………………………… **289**

第一节　女上衣的种类与面辅料 ………………………………………… 289

第二节　合体女上衣（女西服）结构设计与纸样 ……………………… 291

第三节　变化女上衣款结构设计与纸样 ………………………………… 300

第四节　时尚女上衣款结构设计与纸样 ………………………………… 310

第十章　女大衣结构设计与纸样 …………………………………………………… **324**

第一节　女大衣的种类 …………………………………………………… 324

第二节　基本女大衣结构设计与纸样 …………………………………… 326

第三节　变化女大衣款结构设计 ………………………………………… 333

第四节　时尚女大衣款结构设计与纸样 ………………………………… 356

参考文献 ……………………………………………………………………………… **370**

第一章　服装结构基础知识

【学习目标】

　　通过本章学习,了解服装结构设计方法及特点、服装制图工具、人体体表特征、人体测量、服装号型等知识,掌握服装结构制图的基本常识、制图的要求规范,为后期的服装结构制图打好基础。

【能力设计】

　　1.掌握服装结构制图的规则,正确识别和使用结构制图的基本符号和部位代号。
　　2.掌握人体测量的能力和正确使用服装号型的能力。

　　学习服装结构设计与纸样首先要掌握服装结构制图依据和制图基础知识。服装结构制图以人体体型与运动功能、服装规格、服装款式、面料质地性能和工艺要求为依据,运用服装制图方法,在纸上或面料上画服装衣片和零部件的平面结构制图,或基于人体模型的立体造型设计,然后制成样版。

第一节　服装结构设计与成衣纸样

　　现今,成型服装的结构较为复杂,在成衣加工中,服装结构设计往往通过"纸样"来实现,借助纸样得到裁片,再将裁片缝制加工成服装。服装结构设计图最终要转换为纸样,才能用于服装工业化生产。

一、服装结构设计

　　服装结构设计又名服装构成设计,主要分为立体造型设计与平面结构设计两大类。

(一)平面结构设计

　　平面结构设计是通过人脑对人体与服装的立体形态的剖析,在纸上或直接在布上绘制结构图与样版、获取服装样版的服装构成技术。随着服装业的发展,现今的平面结构设计分别有原型法、比例法、基型法、注寸法等构成法。

　　1.原型法:产生于日本,原型是日语翻译而来,又叫母型、基型,是对人体曲面进行立体取样,作有限分割展开平面图,并加一定松量,通过优化处理获取基础样,在此基础上按服装款式变化进行平面结构设计。改革开放以来,这种方法是我国各大院校普遍采用的服装结构设计教学法。

　　2.比例法:是我国传统的结构设计法。以人体主要部位的尺寸为基础,按一定的比例公式确定服装各局部尺寸的平面结构设计。如:比例公式分别有 B/10、1.5B/10、B/8、B/6、B/5 等。此方法适合常规造型服装,能快捷成型,但不适用于造型夸张、结构变化多的服装结构设计。

　　3.基型法:是结合了原型法与比例法知识,形成各类服装品种的基本样版,在此基础上按服装品种款式变化,进行平面结构设计,是服装企业较常用的快捷成型的结构设计法。

4. 注寸法:"量体裁衣",是以人体实际测量的尺寸为依据,结合款式要求展开的平面结构设计,适合高级时装、特体服装、制服等单件服装定制。

平面结构设计优缺点:

平面结构设计是以公式计算为主,确定各部位规格尺寸,比立体裁剪的操作要轻松、方便、快捷,且操作条件要求低、费用省;但缺点是利用人脑对人体的大小、形体特征、服装款式造型及空间的抽象思维展开结构制图,较难达到很好的服装成型的立体效果,即对服装造型效果难以估计与解决。

（二）立体造型设计

立体造型设计也称立体裁剪,是将布披覆在人体或人体模型上,利用大头针、剪刀等工具进行服装款式造型设计,同时取得服装样版的一种技术。立体裁剪起源于欧洲。根据苏格拉底人的"美善合一"的哲学思想,古希腊、古罗马的服装便开始讲究比例、匀称、平衡、和谐等整体效果。中世纪,基督教强调人性的解放,直接影响到美学上,确立"以人为主体、宇宙空间为客体"的立体空间意识。13世纪中期,欧洲服装经过自身的发展,并吸收、融合了外来服装文化之后,对人体的立体造型的感悟逐步加深,在服装上表现为对三围立体造型的认识。从15世纪哥特时期的耸胸、卡腰、蓬松裙的立体型服装的产生,至18世纪洛可可服装风格的确立,强调三围差别,注重立体效果的立体型服装就此兴起。历经兴衰、直至今日,虽然服装整体风格不再过分强调夸张造型,但婚纱、礼服仍然承袭着这种造型设计思维。这种立体型服装的产生促进了立体裁剪技术的发展,而现代立体裁剪便是中世纪开始的立体裁剪技术的积聚和发展。

立体裁剪优点:

1. 直观性:立体裁剪具有造型直观、准确的特点,这是由立体裁剪方式决定的。无论服装款式造型如何,布披覆到人体模型上操作,呈现的空间形态、结构特点、服装廓型便会直接、清楚地展现在你面前。由视觉观察人体体型与服装构成关系的处理,立体裁剪是最直接、最简便的裁剪手段。

2. 实用性:立体裁剪不仅适用于结构简单的普通服装,也适用于款式多变的时装,是一种不需公式、不受任何数字束缚,按人体体型、人体模型的实际需要来"调剂余缺",达到成型效果。

3. 适应性:立体裁剪不但适合初学者,也适合专业设计与技术人员的提高。对于初学者,即使不会量体,不懂公式计算,如果掌握了立体裁剪的操作程序和基本要领,便能裁剪衣服;而专业设计与技术人员想设计、创造出好的成衣和艺术作品,更应该学习和掌握立体裁剪技术。

4. 灵活性:掌握立体裁剪的基本要领,可以边设计、边裁剪、边修改。随时观察效果,及时纠正,达到满意效果。

5. 易学性:立体裁剪是以实践为主的技术。主要依照人体模型进行设计与操作,没有深奥的理论,更没有繁杂的计算公式,是一种简单易学、快捷有效的裁剪方法。

20世纪80年代,我国引进立体裁剪技术。而随着现代服饰文化与服装工业的发展,人们生活条件的改善,审美观念的改变,对服装款式、档次、品位的要求越来越高。时至今日,世界服饰文化通过碰撞、互补、交融,促进了服装裁剪技术的不断提高和完善。因此,立体裁剪与平面裁剪的交替互补使用,成为世界范围的服装构成技术。

二、成衣纸样

成衣是现代服装工业的产物,指按一定规格尺寸标准,批量生产的服装产品。纸样,也称样版,英文称Pattern,是现代服装工业的专用术语,含有样版、标准、模版等意思。成衣纸样是指用于服装工业生产的所有纸型,即系列样版(图1-1-1),是服装工业化、商品化的必要手段。

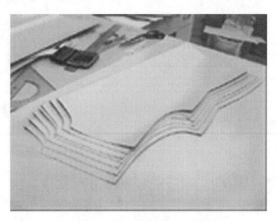

图 1-1-1　按规格绘制的系列样版

（一）纸样的工业价值

纸样的价值是随着近代服装工业的发展而确立的，是服装工业生产中工艺与造型的标准依据，我们称其为工业纸样（Pattern maker）。纸样是服装样版的统称，其包括：批量生产——工业样版、定制服装——单款纸样，家庭使用——简易纸样，地域性或社会性（中式、日式、英式、法式、美式等）——基础纸样，肥胖型、细长型——特体纸样等。

由此可见服装工业化造就了纸样技术，其发展与完善又促进成衣社会化的进程，繁荣的时装市场，刺激了服装设计与加工业的发展。因此，纸样技术的产生被视为服装行业的第一次技术革命。

（二）纸样设计的意义

纸样设计是服装造型中的技术设计，使服装构思设计具体化，是加工生产的物质和技术条件，因此，纸样设计在服装造型设计过程中起着重要作用。

工业造型结构设计作用于物体，而纸样设计依据人，不能把纸样设计视为纯粹的物品的结构设计。纸样设计以人体的生理结构、运动机能为物质的结构基础，且最大地满足不同种族的文化习惯、性格表现、审美情趣的要求，不能局限于一般的物体结构构成学的知识里，而要寻找它的特殊构成模型和结构规律。

（三）服装设计的要素、结构设计因素与成衣构成流程

1. 服装设计的要素：设计、材料、制作三要素。三者相互影响、互为作用。设计是对服装效果的构思、预想和策划，材料是服装结构设计与缝制的必备条件，制作是实现服装设计成功的手段。制作包括结构设计与缝制，两者紧密相关，没有前期的结构设计，服装无法裁剪与缝制。

2. 服装结构设计影响因素：款式设计因素、人体因素、面料因素、缝制因素，具体如图 1-1-2 所示。

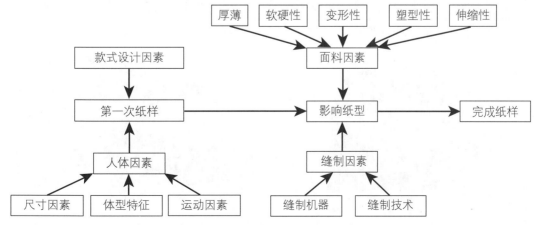

图 1-1-2　服装结构设计影响因素

3. 成衣构成流程 (图 1-1-3)

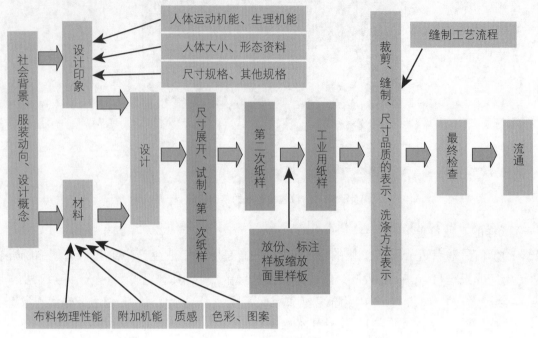

图 1-1-3　成衣构成流程图

第二节　服装制图工具与制图的基本常识

一、服装制图工具

(一) 专业工具

图 1-2-1　L 尺

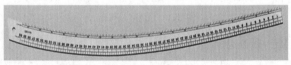

图 1-2-2　弯尺

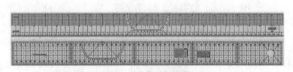

图 1-2-3　放码尺

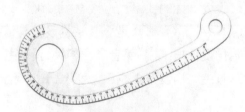

图 1-2-4　D 尺

图 1-2-5　软尺

图 1-2-6　自由曲线尺

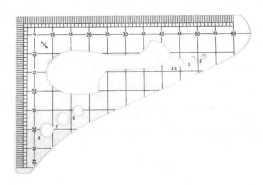

图 1-2-7 缩尺

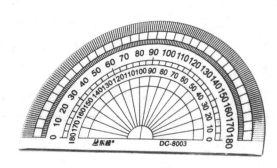

图 1-2-8 量角器

图 1-2-9 熨斗

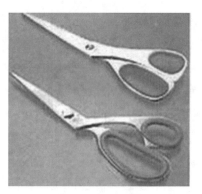

图 1-2-10 剪刀

图 1-2-11 铅笔

图 1-2-12 活动铅笔

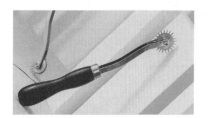

图 1-2-13 点线器

图 1-2-14 镇铁

图 1-2-15 圆规

（1）L 尺（图 1-2-1）：直角兼有弧线尺。主要用于测量直角和弧线，有缩小比例度数，即可做比例尺。

（2）弯尺（图 1-2-2）：形状略呈弧形。用于画裙子、裤子的侧缝、下裆、袖缝及衣下摆等弧线。

（3）放码尺（图 1-2-3）：又名方格尺。用于绘平行线、放缝份和缩放规格，长度常见有 45cm、60cm。

（4）D 尺（图 1-2-4）：又名袖窿尺。用于画袖窿弧、领圈弧、袖山弧等曲线。

（5）软尺（图 1-2-5）：用于人体测量或量取弧线长度的皮尺。

（6）自由曲线尺（图 1-2-6）：又名蛇尺。可自由折成各种弧线形状，用于测量弧线长度。

（7）缩尺（图 1-2-7）：又名比例尺。用于绘制缩小图。其刻度根据实际尺寸按比例缩小，一般有 1/2、1/3、1/4、1/5 的缩图比例。

（8）量角器（图 1-2-8）：作图时用于肩斜度、省道角度等的测量。

（9）熨斗（图 1-2-9）：裁剪缝制时不可缺少的工具，选用蒸汽熨斗为佳，保持熨斗底面干净。

（10）剪刀（图 1-2-10）：是服装制图、裁剪中的剪纸与剪布的工具。

（11）铅笔（图 1-2-11）：制图用，通常用 2B、HB 等。

（12）活动铅笔（图 1-2-12）：铅芯有 0.3mm、0.5mm、0.7mm、0.9mm。根据作图要求选用。

（13）点线器（图 1-2-13）：又名滚轮。用于将布上样线拷贝、描画到纸样上。

（14）镇铁（图 1-2-14）：作图、剪布时，压住纸或布使之不移动，便于操作。

（15）圆规（图 1-2-15）：作图时画圆和弧线，也用于交点求同尺寸。

二、制图的基本常识

（一）制图线条与符号

表 1-2-1　制图线条与符号

名　称	说　明	线条、符号与应用
轮廓线	图样的边线。虚线（影示线）为下层边线	
连折线	对折线。表示左右上下相连对折，不裁开	
辅助线	制图基础线、框架线	
等分线	将某线段划分成若干等份	
直丝线	表示面料的经向	
方向线	表示样版、衣片的方向，面料倒顺毛，工艺连续性	顺毛　倒毛
省缝线	需要缝进去的线	
缝缩线	衣片吃势、收缩、抽细褶	
同长符号	线段相等	△ ▲ ○ ● ◎　□ ■ ◇ ◆ ☆ ★

续表

名　称	说　　明	线条、符号与应用
交叉符号	两片重叠交叉,等长	
褶裥符号	需要折叠的部分,斜线上方要折在上层	对褶 / 单褶
归拔符号	需要归拔熨烫、拉伸熨烫部位	
合并符号	图样合并,两片合成一片,两线并为一线	
直角符号	两线垂直相交成90°	
切开符号	沿图样中线剪切开	
扣眼符号	表示纽扣眼的位置、大小及钉扣位置	钉扣位置 / 纽扣大小
纽扣符号	表示钉扣位置	
缝止位置	表示缝线止口及拉链缝止的位置	

(二)服装部位名称、中英文对照表

表 1-2-2　服装部位名称、中英文对照表　　　　　　续表

中文	英文	代号	中文	英文	代号
胸围	Bust	B	乳高点	Bust Point	BP
腰围	Waist	W	肩颈点	Side Neck Point	SNP
臀围	Hip	H	肩端点	Shoulder Point	SP
颈围	Neck	N	前颈中心点	Front Neck Point	FNP
胸围线	Bust Line	BL	后颈椎点	Back Neck Point	BNP
腰围线	Waist Line	WL	长度	Length	L
臀围线	Hip Line	HL	袖长	Sleeve Length	SL
中臀围线	Middle Hip Line	MHL	袖窿周长	Arm Holl	AH
肘线	Elbow Line	EL	袖口	Sleeve Opening	CW
膝线	Knee Line	KL	裤脚口	Bottom Leg Opening	SB

(三)服装术语

服装术语是服装行业经常用于交流的语言。我国各地使用的服装术语大致有三种来源。一是外来语,主要来源于英语的读音和日语的汉字,如克夫、塔克、补正等;二是民间服装的工艺术语,如领子、袖头、撇门等;三是其他工程技术术语的移植,如轮廓线、结构图等。下面介绍一些与服装结构制图相关的服装术语。

1. 衣身(body piece):覆合于人体躯干部位的服装样片,分前衣身、后衣身。

2. 领子(collar):围绕人体颈部,起保护和装饰作用的领子样片。

3. 翻领(lapel):领子自翻折线至领外口的部分。

4. 底领(collar stand):也称"领座",领子自翻折线至领下口的部分。

5. 领窝(neckline):又称"领口、领圈",根据人体颈部形态,在衣片上绘制的弧形结构线,即与领子缝合衣片领口线。

6. 领嘴(notch):领底口末端至门里襟止口的部位。

7. 领上口(fold line of collar):领子外翻的连折线。

8. 领下口(under line of collar):与领窝缝合的领片下口线。

9. 领外口(collar edge):领子的外沿边。

10. 领串口(roll line of collar):领面与挂面的缝合线。

11. 领豁口(of collar):领嘴与领尖的最大距离。

12. 驳头(lapel):门里襟上部翻折部位。

13. 驳口(roll line):驳头翻折部位。

14. 平驳头(notch lapel):与上领片的夹角呈三角形缺口的方角驳头。

15. 戗驳头(peak lapel):驳角向上形成尖角的驳头。

16. 串口(gorge):领面与驳头面缝合处。

17. 单排扣(single breasted):里襟钉一排纽扣。

18. 双排扣(double breasted):门里襟各钉一排纽扣。

19. 袖窿(armhole):前后衣身片绱袖的部位。

20. 袖子(sleeve):覆合于人体手臂的服装样片。一般指袖子,有时也包括与袖子相连的部分衣身。

21. 袖山(sleeve top):袖子上部与衣身袖窿缝合的凸状部位。

22. 袖缝(sleeve seam):衣袖的缝合线。

23. 袖口(sleeve opening):袖子下口边沿。

24. 大袖(top sleeve):多片袖的大袖片。

25. 小袖(under sleeve):多片袖的小袖片。

26. 克夫、袖头(cuff):夹克衫与衣身下面缝接的部分与袖子下口缝接的部件,起束紧与装饰作用。

27. 腰头(waistband):与裤身、裙身缝合的部件,起束腰与护腰作用。

28. 口袋(pocket):插手和盛装物品的部件。分别有插袋(insert pocket)、贴袋(patch pocket)、立体袋(accordion pocket)、双嵌线袋(double welt pocket)、单嵌线袋(single welt pocket)、手巾袋(breast pocket)。

29. 袢(tab):起扣紧、牵吊等功能与装饰作用的部件。分别有领袢(collar tab)、吊袢(hanger

loop)、肩袢(shoulder tab；epaulet)、腰袢(waist tab)、袖袢(sleeve tab)。

30. 总肩宽(across back shoulder)：从左肩端至右肩端的部位。

31. 育克(yoke)：外来语,也称约克,指前后衣身上面分割缝接的部位。也称过肩、肩育克。现也指用于裙、裤片结构中的腰、腹、臀部位的腰育克。

32. 门襟(front fly)、里襟(under lap)：叠在外开扣眼的衣片称门襟,叠在里钉纽扣的衣片称里襟。

33. 搭门(front overlap)：也称叠门。门里襟左右重叠的部分。根据服装面料厚薄、纽扣大小,搭门量可以不同,在2~8cm的范围。

34. 挂面(facing)：上衣门、里襟反面的贴边。

35. 门襟止口(front edge)：门襟的边沿。止口可缉明线,也可不缉。

36. 背缝(center back seam)：为贴合人体后身造型需要,在后身中间设纵向分割缝接线。

37. 侧缝(side seam)：前后衣身、前后裙片、裤片的缝接线,也称"摆缝"。

38. 背衩(back vent)：也叫背开衩,指在背缝下部的开衩。

39. 摆衩(side slit)：又叫侧摆衩,指侧摆缝下部的开衩。

40. 省(dart)：指将人体躯干部位的凹凸型之间的多余量缝合,也称省道。不同位置分别叫领省(neck dart)、肩省(shoulder dart)、袖窿省(armhole dart)、腋下省(underarm dart)、横省(side dart)、腰省(waist dart)、门襟省(front dart)、肚省(fish dart)等。

41. 裥(pleat)：衣身、裙、裤的前身在裁片上预留出的宽松量,通常经熨烫定出裥形,在装饰的同时增加可运动松量。

42. 塔克(tuck)：服装上有规则的装饰褶子。

43. 公主线(princess seam)：从肩缝或袖窿处通过腰部至下摆底部的开刀缝。最早由欧洲的公主所采用,在视觉造型上表现为展宽肩部、丰满胸部、收缩腰部和放宽臀摆的三围轮廓效果。

44. 上裆(seat)：也称直裆、立裆。腰头上口至裤腿分叉处横裆线的部位,是裤子舒适与造型的重要部位。

45. 中裆(leg width)：指人体膝盖附近的部位,大约在裤脚口至臀围线的1/2处,是决定裤管造型的主要因素。

46. 下裆缝(inside seam)：指裤子横裆至裤脚口的内侧缝。

47. 横裆(thigh)：指上裆下部的最宽处,对应于人体的大腿围度。

48. 烫迹线(crease line)：又叫挺缝线或裤中线,指裤腿前后片的中心直线。

49. 翻脚口(turn-up bottom)：指裤脚口往上外翻的部位。

50. 裤脚口(bottom leg opening)：指裤腿下口边沿。

51. 小裆缝(front crutch)：裤子前身小裆缝合的缝子。

52. 后裆缝(back rise)：裤子后身裆部缝合的缝子。

第三节　人体体表特征分析与人体测量

服装穿在人身上,服务的对象是人,可以说服装是人体的第二层皮肤,是人体的软雕塑、外包装,就好像精美的礼品包装一样,所以不管是服装款式设计还是纸样设计,都是围绕人体为核心而展开设计的技术工作。长期以来,做衣服讲究"量体裁衣",即通过人体测量得到人体各部位的数据进行服装结构设计,才能保证服装适合人体体型特征,舒适美观。"量体裁衣"四个字精辟地概括了人体与服装的关系,由此我们首先要了解人体结构及其特征,进行人体测量。

一、人体体表特征分析

(一)人体比例(图1-3-1)

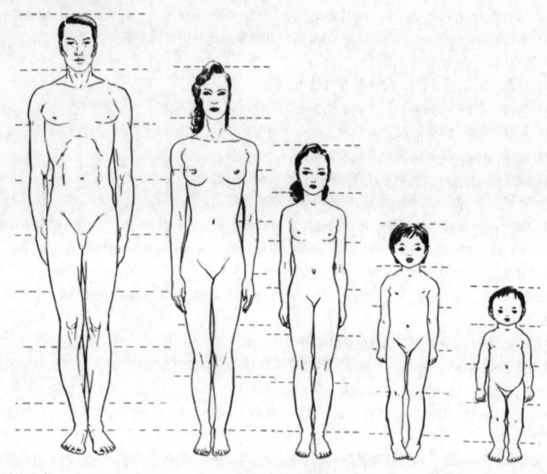

图1-3-1　人体比例

1. 男性(正常):约7个半至8个头高。头顶—下巴—胸下—腰节—耻骨(臀下)—大腿中—膝下—小腿下—足(半个头高)。

2. 女性(正常):7个至7个半头高。头顶—下巴—乳点—腰节—耻骨(臀下)—大腿中—膝下—足。

3. 青少年:8至14岁(小学生)5个半头高。

14至16岁(中学生)6个头高(头顶—下巴—胸下—中臀—大腿中—膝下—足)。

16岁至20岁(高中生)6个半头高。

20岁至25岁(大学生)达到成人比例(7个头高)。

4. 儿童:3至4岁4个半头高。

5至7岁5个头高[头顶—下巴—胸下—耻骨(臀下)—膝—足]。

5. 婴儿:1至2岁4个头高(头顶—下巴—腰节—大腿—足)。

(二)人体部位和体表区分

在人体皮肤上设定基础线、方向及各部位的名称,即为人体的部位、体表的区分,对服装结构设计起着指导作用。

1. 部位专用语(图 1-3-2)

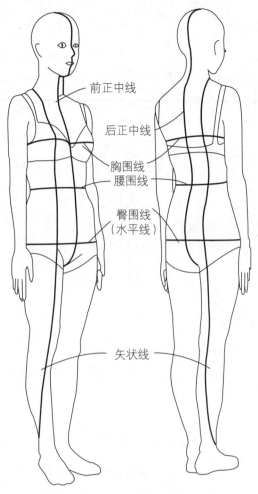

图 1-3-2　部位专用语

① 前身——脸、前颈、胸、前腰、腹、前膝等。

② 后身——头后、后颈、背、后腰、臀、后膝等。

③ 侧身——前身和后身之间的部位。

④ 前正中线——人体前身左右对称的中央线。

⑤ 后正中线——人体后身左右对称的中央线。

⑥ 矢状线——经乳点、肩胛凸点,与正中垂线平行的线。

⑦ 水平线——胸围、腰围和臀围等处于水平面的线。

此外,了解人体的水平与垂直断面形状是了解人体体型厚度、宽度的手段,对服装制版至关重要(图 1-3-3)。

① 正中垂直断面——经前后正中线切成断面。位于人体正中,有头部无乳房及臀部突出,无下肢,是制作裤子时了解腰以下裤裆形状厚度的重要部位。

② 矢状垂直断面——经前后矢状线切成断面。无头部形状,乳房及臀部突出明显,下肢根据断面位置不同而形状不同。

③ 水平断面——经胸围、腰围和臀围等水平线的断面。将躯干各部位的水平断面作比较,能了解人体突出程度、立体形状(厚度、宽度的平衡),在样版制作上能确定省和褶裥量。

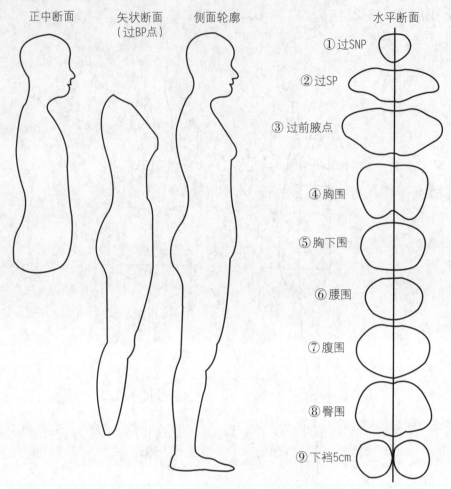

图 1-3-3　人体垂直与水平断面图

（三）人体体表与服装裁片区分

1. 头、颈部位：是服装的帽、领裁片的依据，头高、头围、颈围决定帽、领裁片的大小。

2. 躯干部位：人体躯干部位的肩、胸、前腰、腹等是服装前衣身片的依据；肩、背、后腰、臀等是服装后衣身片的依据。肩部是前后衣片的分界线、主要支撑点，肩斜度决定肩线，女肩斜度大于男肩斜度；女士胸部隆起，通过收省、褶裥、分割缝使女装合体。

3. 上肢（臂、手）：是服装袖片的依据，男女上肢差异决定男袖肥长，女袖细短。

4. 腰、腹臀+下肢（腿、足）：是下装（裤片、裙片）的依据。腹臀属于躯干，但其与下肢紧密相连形成下装裁片。

（四）人体特征及男女体型差异

人体特征是展开服装设计制作无可置疑的核心问题，而男女有别首指男女体型差异，我们只有充分认识男女不同的体型特征，才能更好地准确设计服装的样版，制作合体舒适美观的服装。

1. 颈部：呈上细下粗、不规则的圆台状，侧视呈前倾斜状。

差异：男性颈部较粗，喉结偏低，外凸明显；女性颈部较细，喉结偏高，平坦不显露。

2. 躯干：包括肩、胸、背、腰、腹、臀等部位。

正视差异：男躯干体呈倒梯形或 H 型。男士肩部宽平，腰臀宽小于肩宽，且腰臀差小；女躯干体呈正梯形或 X 形。早期女性肩部窄又斜，腰细臀宽，且臀腰差大，呈正梯形；部分现代女性肩部较宽，呈 X 形。

侧视差异:男躯干体近似长方形。男士的胸腰腹臀都显得平直,只是背部、后腰凹凸明显;女躯干体呈S形。女士胸部丰满隆挺,呈半圆球状,腰细、腹肚扁平,臀部后凸明显。

3. 上肢:由上臂、下臂和手掌组成。

差异:男性上肢较粗较长;女性上肢较细较短。

4. 下肢:由大腿、小腿和足组成。

差异:男性两腿细长,合并内侧可见间隙;女性大腿脂肪发达、粗短,两腿合并密不见间隙。

二、人体测量

(一)测量的工具

目前开发了许多人体测量器材,都难以完全测量人体,因人体是微妙的活动体,姿态各异,要根据测量目的、部位采用不同的测量器具。比如:胸围同样是84cm,但体厚度、体扁平度及乳房丰满度都不相同,则服装样版也不同。因此不仅要把握人体尺寸数值,还要把握形态特征。

1. 马丁测量:是卢道夫·马丁的学说,即马丁人体测量仪。在国际上广泛使用的二维人体测量仪,可根据需要选用各类测量器(图1-3-4、图1-3-5)。

图1-3-4 马丁测量仪

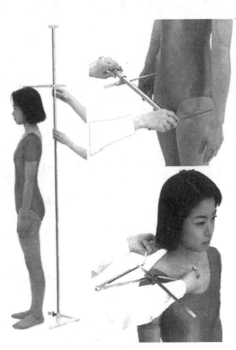

图1-3-5 马丁测量

1)量身高尺:最高部位装上两根横标尺,可测人体的宽度、厚度。

2)触角标尺:可测量人体凹凸部位的厚度。

3)定规:15cm定规,测量部分直线长度。

4)卷尺:即软尺。测量人体各部位的周长、体表长度的尺寸数值。

此外,有体重器、体脂肪器、角度器(量肩斜)、角尺(量乳房深度)、皮下脂肪尺(量皮肤厚度)等。

2. 滑动测量:受测者身体各部位用活动棒点出前后形状的测量法,有水平断面型与纵向断面型两种(图1-3-6)。

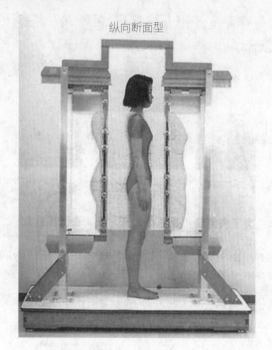
纵向断面型

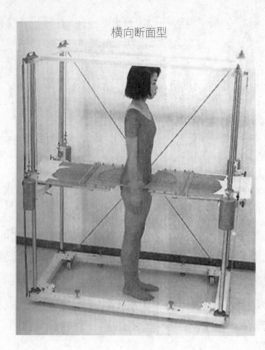
横向断面型

图 1-3-6 滑动测量仪

3. 石膏定型测量：石膏绷带贴在人体上拓出人体体表特征。

4. 自动体型摄影：适用于观察姿态、体型及身体歪斜特征。

5. 三维人体测量仪（图 1-3-7）：对人体使用微弱激光，并用照相摄下此光，测得人体三维形状。用专门分析软件把数值置换成图像数据，可了解（周长、厚度、宽度）距离数据、角度及断面形状数值。

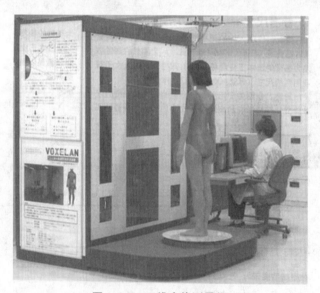

图 1-3-7 三维人体测量仪

（二）人体测量的点

人体测量根据人体结构的点、线、面而定，由点连成线，决定线的长度；由线构成面，形成服装的裁片。测量点和基准线的确定是根据人体测量的需要，测量点和基准线无论在谁身上都是固有的，一般多选在骨骼的端点，突起点和肌肉的沟槽等部位（图 1-3-8）。

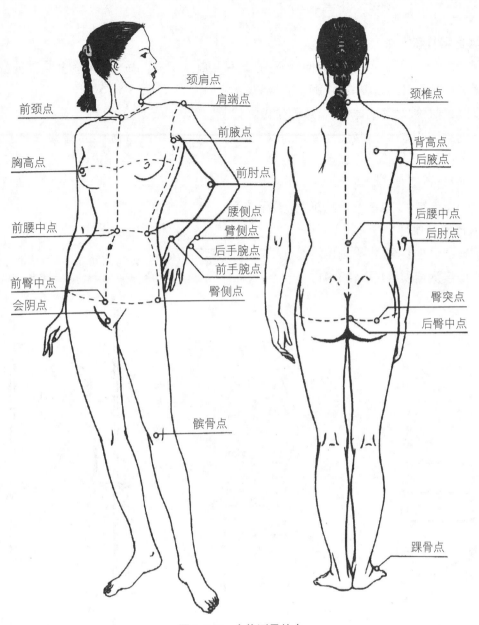

图 1-3-8 人体测量的点

1. 头顶点：头部保持水平时头部中央最高点。

2. 后颈椎点（BNP）：第七颈椎点突出处。

3. 侧颈点（SNP）：斜方肌前缘和肩交点。

4. 前颈点（FNP）：左右锁骨上沿与前中线交点。

5. 肩端点（SP）：手臂与肩交点,上臂正中央。

6. 前腋点：手臂与躯干在腋前交接产生皱褶点。

7. 后腋点：手臂与躯干在腋后交接产生皱褶点。

8. 胸高点（BP）：戴文胸时,乳房最高点。

9. 肘点（EP）：肘关节内侧点。

10. 手腕点：尺骨下端外侧突出点。

11. 臀突点：臀部最突出点。

12. 髌骨点：髌骨下端点。

13. 踝骨点:脚踝外侧突点。

(三)测量姿势和方法

1. 被测者站直、头部水平、背自然伸展不抬肩、双臂自然下垂、手心向内、保持自然姿势。

2. 测者站在被测者的右斜前方,测量右半体。

3. 测量时,观察被测者的体型,特殊部位做好记录。

4. 为准确测量净体尺寸,被测者需穿内衣、内裤,测量时保持纵直横平,以便设计者的发挥。

5. 测量围度:左手持软尺零起点,右手持软尺水平围绕一周,注意软尺贴紧测位,软尺不宜过松或过紧,既不脱落也没有扎紧感。

6. 软尺选厘米制,以求单位规范统一(国际认可)。

(四)人体测量项目

人体测量项目主要有:水平围度测量、长度测量、宽度测量等。

1. 水平围度测量项目(图 1-3-9)

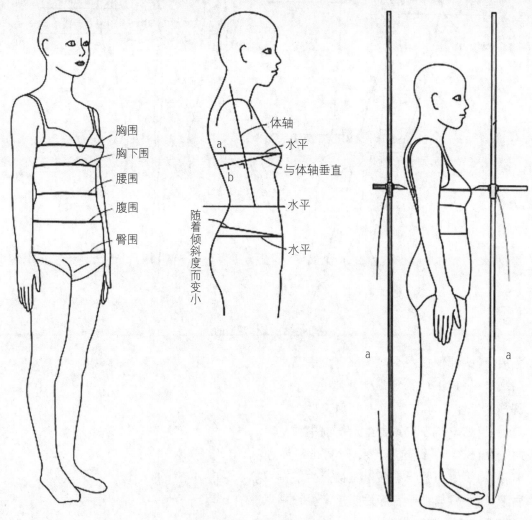

图 1-3-9　水平围度测量图

1)胸围:沿胸高 BP 点,水平围量一周。

2)胸下围:乳房下缘,水平围量一周。

3)腰围:腰部最细处围量一周。

4) 臀围:腹部贴塑料平面板,沿臀部最高点,水平围量一周。

5) 腹围:腰与臀之间中央水平围量一周。

2. 水平测量注意点

1) 胸围:身体轴线从腰往上大多向后倾斜,后背从肩胛骨到腰倾斜度大,量至后背时位置易下降,则尺寸比水平胸围尺寸要小。

为正确测量水平一周,用身高尺从地面量到 BP 点,用同尺寸在背面做记号,再沿这点放软尺水平测量。

2) 腹围:腰至臀部由细渐渐变大,腹围随着后部倾斜,软尺放上后会往上移动,尺寸也易变小。

3. 长度测量项目 (图 1-3-10)

1) 身高:从头骨顶点量至地面。

2) 颈椎点高:从 BNP 点量至地面。

3) 背长:后背贴塑料平面板,从 BNP 点量至腰节。

4) 后长:从 SNP 点经肩胛骨突出部位,直下量至腰节。

5) 前长:从 SNP 点经 BP 点,直下量至腰节。

6) 乳高:从 SNP 点直线量至 BP 点。

7) 前衣长:从 SNP 点经 BP 点,直下量至衣服所需长度。

8) 后衣长:从 SNP 点经肩胛骨突出部位,直下量至服装所需长度。

9) 腰高:从腰部垂直量到地面。

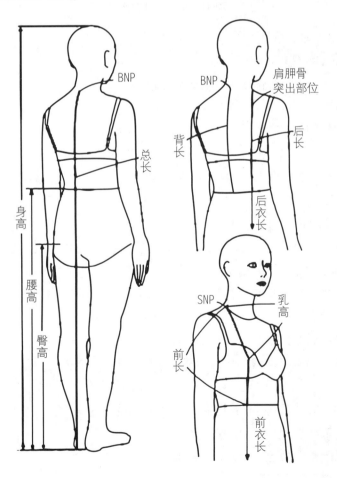

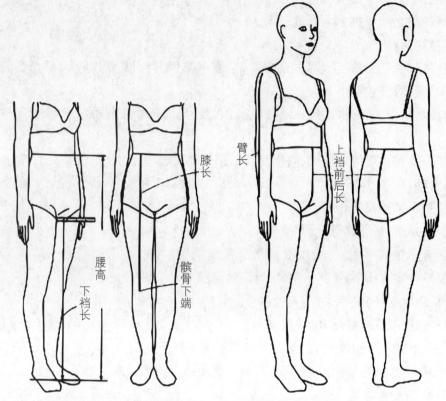

图 1-3-10　长度测量图

10）臀高：从臀突出点垂直量到地面。

11）腰长：也称臀长，腰围高减臀围高。

12）下裆长：腹股沟下方的大腿根部垂直量到地面。

13）上裆长：腰高减下裆长。

14）膝长：从腰部量至膑骨下端。

15）臂长：手臂自然下垂，从 SP 点经肘突出点，量至侧手腕尺骨突出处。

16）上裆前后长：从前腰顺前上裆，穿过裆底绕到后侧上裆，直至后腰，软尺不能拉得过紧或过松，是裤子结构设计的重要尺寸。

4．围度测量项目（图 1-3-11）

1）臂根围：从前腋点沿臂底（腋点）到后腋点，再经后腋点至 SP 点，最后回到前腋点。

2）臂围：上臂最粗处，水平围量一周。

3）肘围：肘关节的曲肘线突出点，放下手臂环绕一周。

4）手腕围：手腕桡骨突出部位，从大拇指侧经小指环绕一周。

5）头围：从眉间点到后脑最突出的位置，再回到眉间点，围量一周。

6）颈围：低头找第七颈椎点（BNP 点），抬正头，经 SNP 点、FNP 点，至另一 SNP 点回到 BNP 点，软尺竖立围量一周。

7）手掌围：大拇指往掌内收进，沿五指底部骨突出部位围量一周。

8）大腿围：在大腿最粗位置，水平围量一周。

9）小腿围：在小腿肚最粗位置，水平围量一周。

10）足围：从脚背至脚后跟围量一周。

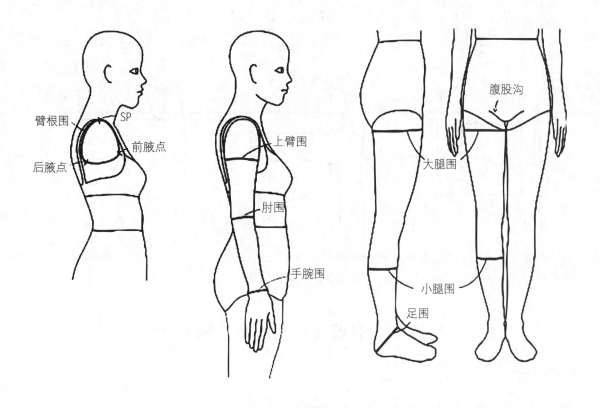

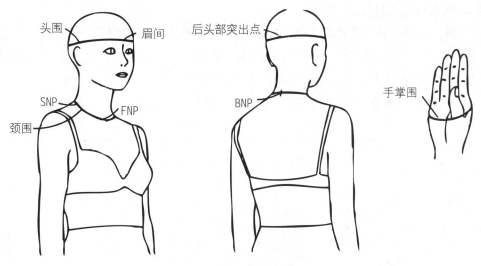

图 1-3-11　围度测量图

5. 宽度测量项目 (图 1-3-12)

1) 总肩宽:从后背左肩骨外端 SP 点,经 BNP 点,量至右肩 SP 点。

2) 背宽:后左腋点量至右腋点。

3) 胸宽:前左腋点量至右腋点,由于胸部隆起,有方向性倾斜,软尺在体表上呈弧线测量。

4) 乳距:即 BP 间距,两乳点之间的距离。

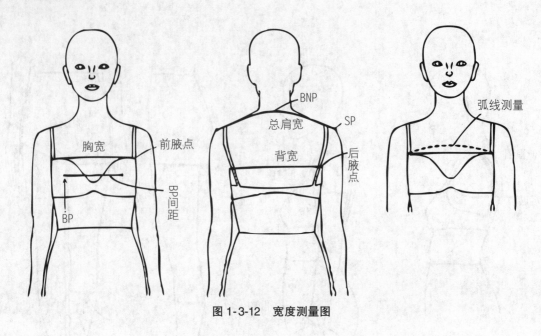

图 1-3-12　宽度测量图

第四节　服装号型与成衣规格设计

一、服装号型

标准服装号型规格是服装企业进行成衣纸样设计的尺寸依据。

(一)我国服装号型实施情况

国家标准服装号型数据不是随意创造的,是在全国范围以分层整群,随机抽样方案进行大量的人体测量,并对采集的人体尺寸数据进行科学的统计分析和处理,再经多次全国范围的讨论和反复验证,从而取得的号型标准数据,并得到国家技术监督部门认可。

人体测量方案:分层整群随机抽样,将全国分成 6 个自然区域,如表 1-4-1 所示。

表 1-4-1　全国 6 个自然区域分布表

层号	自然区域	省、市、自治区
1	东北华北区	黑龙江、吉林、辽宁、内蒙、河北、山东、北京、天津
2	中西部区	河南、山西、陕西、宁夏、甘肃、青海、新疆、西藏
3	长江下游区	江苏、浙江、安徽、上海
4	长江中游区	湖北、湖南、江西
5	两广福建区	广东、广西、海南、福建
6	云贵川区	云南、贵州、四川

注:此表引自 1981 年版《服装号型》系列标准,行政所属和现在有所不同。

在各层区域,抽选各个省、市、自治区,再随机抽取若干群体进行测量,且在一个自然群体单位,有意识地选择年龄段、人员籍贯的结构分配较为均衡的单位。如:

儿童(各地区幼儿园、小学生);

男女少年(各地区中学生);

男女青年(地方性大学生);

成年男女(各地区企事业单位);

中老年男女(各地区老年大学)。

(二)我国号型推行情况

1. 我国首次实施的是1981年制定的GB 1335—1981《服装号型》系列国家标准。

号型标志:

上装:身高/胸围(如:160/84);

下装:身高/腰围(如:160/68)。

号型系列标志:成人以5·4、5·3、5·2系列;

儿童81~130cm,以7·2系列;

儿童130~160cm,以5·3系列。

2. 随着人们生活水平的提高,消费者一季多衣,购买套装趋于普遍,对上、下装规格配套要求高。由上海服装研究所、中国服装工业总公司、中国服装研究设计中心、中国科学院系统研究所和中国标准化与信息分类编码研究所等单位联合,历时5年的测体、论证、修订,于1991年圆满完成GB 1335—1991《服装号型》系列新标准的修订工作,增设了Y、A、B、C四种体型类别。

号型标志:

上装:身高/胸围A(Y、B、C)(如:160/84A);

下装:身高/腰围A(Y、B、C)(如:160/68A);

号型系列标志不变。

3. 随着服装行业迅猛发展和消费者对服装的季节性、多样性、适体性的更进一步要求,为弥补GB 1335—1991《服装号型》系列标准的不足,由中国服装总公司、上海服装研究所、中国服装研究设计中心、中国科学院系统研究所、中国标准化与信息分类编码研究所、上海海螺集团、上海开开制衣公司、宁波一休集团股份有限公司等单位组成专家课题小组,于1997年修订形成GB 1335—1997《服装号型》系列新标准。

系列标志中成人以5·4和5·2系列为主,取消5·3系列;

新增:婴幼儿身高52~80cm,以7·4、7·3系列;

修改:儿童身高80~130cm,以10·4、10·3系列,儿童身高130~160cm,以5·4、5·3系列。

4. 近几年,我国引进了非接触的三次元的计测法(即电脑摄像和激光计测法)来剖析人体体型,由人类学专家及有关服装专业研究人员共同负责,分地区分点进行计测,采集人体数据与体型特征之后确定服装号型系列标准,成人也将分区域、分年龄段划分,以便于企业按品牌定位生产服装,也便于消费者更好地购买适体满意的服装。

(三)服装号型标准的相关概念

1. 号型定义:"号"指高度,以厘米表示人体的身高,是成衣结构设计与选购服装长度的依据;"型"指围度,以厘米表示人体净体胸围和腰围,是成衣结构设计与选购服装肥瘦的依据。即号(身高)、型(胸围、腰围)。

2. 号型标志(表1-4-2)。

表1-4-2 号型标志列表 (单位:cm)

号/型(体型类别)		中间体号型数
上装 (身高/胸围 体型类别)	男	170/88A
	女	160/84A
下装 (身高/腰围 体型类别)	男	170/74A
	女	160/68A

3. 号型系列定义:指号(身高)或型(胸围、腰围)以人体的中间体为中心,按一定规律向两边依次递增或递减。即身高(号)每档以5cm分档,共分7档,胸围以4cm、3cm分档、腰围(型)以4cm、3cm、2cm分档。

4. 号型系列标志:上装以身高与胸围搭配成5·4和5·3分档的系列数,下装以身高与腰围搭配成5·4、5·3、5·2分档的系列数。设计套装时,一个胸围只对应一个腰围,上下装实行5·4或5·3系列;一个胸围对应三个腰围(即腰围半档排列),上装实行5·4系列,下装实行5·2系列(表1-4-3)。

表1-4-3　号型系列标志列表　　　　　　　　　　　　　　　　　　　　　　　　(单位:cm)

A																					
腰围 身高 胸围	145			150			155			160			165			170			175		
72				54	56	58	54	56	58	54	56	58									
76	58	60	62	58	60	62	58	60	62	58	60	62	58	60	62						
80	62	64	66	62	64	66	62	64	62	62	64	66	62	64	66	62	64	66			
84	66	68	70	66	68	70	66	68	70	66	68	70	66	68	70	66	68	70	66	68	70
88	70	72	74	70	72	74	70	72	74	70	72	74	70	72	74	70	72	74	70	72	74
92				74	76	78	74	76	78	74	76	78	74	76	78	74	76	78	74	76	78
96							78	80	82	78	80	82	78	80	82	78	80	82	78	80	82

5. 体型类别

1) 体型类别定义:以胸腰落差将人体体型进行分类,分为Y(瘦体)、A(标准体)、B(偏胖体)、C(胖体)等类型。因人体有胖瘦之分,即使身高、胸围相同,而腰围会有差异。

2) 体型类别标志(表1-4-4)。

表1-4-4　体型类别标志列表　　　　　　　　　　　　(单位:cm)

体型类别		Y(瘦体)	A(标准体)	B(偏胖体)	C(胖体)
胸腰差	男	22~17	16~12	11~7	6~2
	女	24~19	18~14	13~9	8~4

例如:160/84A、160/68A,A表示:胸腰差=14~18cm;

160/64Y,Y表示:胸腰差=19~24cm;

注:男士比女士胸腰差要小;体型越瘦,胸腰差越大,体型越胖,胸腰差越小。

6. 系列号型配置

1) 一号一型同步配置(表1-4-5)。

表1-4-5　5·4A号型系列表　　　　　　　　　　　　(单位:cm)

		XXS	XS	S	M	L	XL	XXL
上装	男	155/76A	160/80A	165/84A	170/88A	175/92A	180/96A	185/100A
	女	145/72A	150/76A	155/80A	160/84A	165/88A	170/92A	175/96A
下装	男	155/62A	160/66A	165/70A	170/74A	175/78A	180/82A	185/86A
	女	145/56A	150/60A	155/64A	160/68A	165/72A	170/76A	175/80A

2）一号多型配置（表1-4-6）。

表1-4-6　5·4A女上装号型系列表　　　　　（单位：cm）

			160/80A			
145/72A	150/76A	155/80A	160/84A	165/88A	170/92A	175/96A
			160/88A			

3）多号一型配置（表1-4-7）。

表1-4-7　5·4A女上装号型系列表　　　　　（单位：cm）

			155/84A			
145/72A	150/76A	155/80A	160/84A	165/88A	170/92A	175/96A
			165/84A			

4）一号多型多类别配置（表1-4-8）。

表1-4-8　5·4女上装号型系列表　　　　　（单位：cm）

一号		Y	A	B	C
160	80	160/80Y	160/80A	160/80B	160/80C
	84	160/84Y	160/84A	160/84B	160/84C
	88	160/88Y	160/88A	160/88B	160/88C
165	84	165/84Y	165/84A	165/84B	165/84C
	88	165/88Y	165/88A	165/88B	165/88C
	92	165/92Y	165/92A	165/92B	165/92C

二、成衣规格设计

1. 成衣规格

成衣规格：服装成品的实际尺寸，以服装号型数据、服装式样为依据，加放适当松量等因素，设计服装成品规格。

成衣规格对服装工业至关重要，直接影响服装成品的销售和服装工业的发展。服装款式造型设计、工艺质量和成衣规格是服装成品构成的三大要素，缺一不可。

对于服装企业打版师而言，成衣尺码规格是展开样版设计的依据，否则无从下手，所以，掌握成衣规格设计知识是非常必要的。

2. 控制部位

所谓控制部位是指设计成衣规格时起主导作用的人体主要部位。在长度方面，有身高、颈椎点高、坐姿颈椎点高、全臂长、腰围高。在围度方面，有胸围、腰围、臀围、颈围及总肩宽（表1-4-9）。

表1-4-9　人体控制部位标准数据表　　　　　（单位：cm）

部位	男A型		女A型	
	中间体尺寸	档差	中间体尺寸	档差
身　高	170	5	160	5
颈椎点高	145	4	136	4
坐姿颈椎点高	66.5	2	62.5	2
全臂长	55.5	1.5	50.5	1.5

续表

部位	男 A 型		女 A 型	
	中间体尺寸	档差	中间体尺寸	档差
腰围高	102.5	3	98	3
胸　围	88	4	84	4
颈　围	36.8	1	33.6	0.8
总肩宽(净体)	43.6	1.2	39.4	1
腰　围	74	4	68	4
臀　围	90	3.2	90	3.6

3. 规格设计

1) 长度规格:一般是号的比例数,加减变量来确定服装的衣长、袖长、裤长、裙长等。长度规格计算公式:

L(腰节长、短裙长) = 号/4;

L(短衣长、及膝裙长) = 3/10 号+0~6;

L(外衣长、中裙长) = 2/5 号+[0(女)~6(男)];

L(短大衣长、长裙) = 1/2 号±(0~4);

L(中长大衣长、裤长) = 3/5 号±(0~4);

L(长大衣长、连衣裙长) = 7/10 号±(0~4);

SL(短袖长) = 号/10±(0~4);

SL(长袖长) = 3/10 号+[6(女)~8(男)]+(1~2)(垫肩厚)。

2) 围度规格:用型加放松量来确定服装的胸围、腰围,而颈围、总肩宽、臀围的规格必须查阅控制部位中颈围、总肩宽、臀围的数值再加放松量取得。围度规格计算公式:

B(胸围) = B* +内穿厚(0~3~5~8)+松量(8~12~16);

W(腰围) = W* +内穿厚(0~2);

H(臀围) = H* +内穿厚(0~3~5)+松量(0~6~12~20);

N(领围) = N* +(松量)1.5~2.5(合体);

$\qquad\qquad\qquad$ 3~4(春季外衣);

$\qquad\qquad\qquad$ 6~7(春秋外衣);

$\qquad\qquad\qquad$ 8~10(秋冬外衣)。

3) 宽度规格计算公式:

S(肩宽) = 总肩宽* +变量(1~2~3~5);

胸宽/2 = 0.15B* +(4~5);

背宽/2 = 0.15B* +(5~6);

4) 细部规格计算公式:

袖窿深 = 0.15B* +(7~8)+变量;

袖口宽 = 0.1B* +(3~5);

直裆 = 0.1L+0.1H+(6~8)或号/8+6(净)+(1~2)(空隙量);

腹臀宽 = 0.16H*;

大裆宽 = 0.1H*;

小裆宽＝0.045H*；

裤口宽＝0.2H*＋（3～5）（松量）。

课后作业

一、思考与简答题

1. 服装结构设计方法包括哪些类型？各有什么特点？

2. 服装结构制图的常用工具有哪些？

3. 人体有哪些基本构造？

4. 常用人体测量工具有哪些？

5. 人体测量时，应该注意哪些问题？

6. 服装号型中"号"和"型"指的是什么？"体型类别"有些什么？

二、项目练习

1. 熟悉服装常用术语、结构制图的常用符号与部位代号。

2. 三人一组，使用马丁测量仪，互相进行人体测量，熟悉人体测量的方法和步骤。

3. 对采集的人体数据进行总结、分析，找出测量项目间的数据关系。

4. 查阅资料，收集亚洲、欧美等国家的服装号型资料，并与我国现行服装号型标准进行比较。

第二章　服装基础结构制图与结构变化原理

【学习目标】

通过本章学习,掌握新文化原型的基本结构与制图方法、制图要求与规范;并掌握裙子、衣身省道转移原理、分割结构设计原理及褶裥结构设计原理,从而掌握结构变化原理,培养举一反三、灵活运用的能力,为后期的服装款式结构设计打好基础。

【能力设计】

1. 充分理解原型的设计原理,培养学生原型制图能力,达到结构制图的比例准确、图线清晰、标注规范的要求。

2. 根据裙子、衣身款式结构变化,分别进行衣身省道、分割和褶裥的结构设计,并具备结构变化设计的制图能力。

当前我国服装行业中使用的女装原型种类众多,原型又叫母型、基型,只是服装平面制图的基础,不是正式的服装裁剪图。它是以人的净尺寸数值为依据,将人体平面展开后加入基本放松量制成的服装基本型,然后以此为基础进行各种服装款式变化,如根据款式造型的需要,在某些部位作收省、褶裥、分割、拼接等处理,按季节和穿着的需要增减放松度等。在本教材中我们采用的是日本文化式新原型。

第一节　原型概述

一、原型简况

所谓的原型是从日语翻译而来的,意指与人体某部位对应的基本样版,又名基本纸样。原型种类很多,首先按不同的国家、不同的人种,有不同的原型。如分别有英式原型、美式原型、日式原型和中式原型等,而日式原型又有文化式、登丽美式、田中式等。我国与日本同属亚洲,人体形态特征相近,由此,我国通常引用日式原型,尤其是文化式原型运用较广泛。

二、原型的产生与发展

原型产生于日本,日本人于 1901 年开始制作原型,当时原型是没有收省的宽松式。日本昭和十年(1935 年),日本人通过石膏模来剖析人体体型,建立文化式原型。随着服装科学的进步,原型经过很多变化与发展。后来日本三吉满智子教授发明了水平断面针二次元的计测法,现又发展了非接触的三次元的计测法(三维人体测量仪),即通过电脑摄像和激光计测法来剖析人体体型,于日本平成十三年(2001 年)建立第八代文化式原型(即新文化原型)。

三、我国原型应用情况

随着我国改革开放,服装进入大中专院校的课堂,并成为一门学科。随之日本的原型结构制图法传播到我国,特别是随着服装业的发展,与我国的比例法、短寸法等结构制图法比较,证明了其科学性与先进性。多年来,我国大多数院校服装平面结构设计课程吸取日本文化原型的精华,采用国际通用的原型应用理论和应用方法进行教学,收到较好的教学效果和社会效果,并受到社会的普遍认可和服装企业的欢迎。

随着服装科技的进步,旧文化原型存在不完善的地方,三吉满智子教授带领 40 人通过三年多的研究否定旧文化原型,于 2001 年创立了更科学、更符合现代人体型的新文化原型,2003 年传授至我国。由此,我国采用新文化原型的结构设计原理展开教学。

四、原型种类

(1) 按覆盖部位的种类——上半身用原型(衣身原型)、上肢袖原型、裙原型、裤原型、上下连体原型;

(2) 按性别–年龄差的种类——幼儿原型、少年原型、少女原型、成人女性原型、成人男性原型;

(3) 按加放松量的种类——紧身原型、合身原型、宽松原型;

(4) 按作图法的种类——胸度式作图法原型、短寸式作图法原型、立体裁剪法原型。

第二节　服装基础结构制图

原型是人体相应部位的基本样版,按人体相应部位进行分类,原型分为裙原型、衣身原型、袖原型等,下面分别介绍这几个原型的结构制图方法。

一、裙原型结构制图

裙原型即紧身裙、基本裙,是覆盖女性腰腹臀的下半身服装,我们先了解女下体体型特征(图 2-2-1)。

(一)裙原型各部位主要结构线的名称(图 2-2-2)

(二)制图规格(表 2-2-1)

表 2-2-1　裙原型制图规格　　　　　　　　　　(单位:cm)

号型	部位名称	裙长(L)	腰围(W)	臀围(H)	臀长	腰头宽
160/66A	净体尺寸	60	66	90	18	3
	成品尺寸	60	66	92	18	3

(三)制图方法及步骤(注:图中 W 为净腰围,H 为净臀围)

1. 绘制基础线(图 2-2-3)

纵向绘制裙长,为总裙长减去腰头宽。横向绘制臀围大,为净臀围/2 加 2cm 的松量。根据臀长 = 18cm,绘制臀围线。将臀围大二等分,中点偏左 1cm(为前后差),绘制前后片分界线(侧缝基础线)。

2. 绘制侧缝线和腰围线(图 2-2-4)

先确定前后腰围大,前腰围大 $=\dfrac{W}{4}+2$(前后差),后腰围大 $=\dfrac{W}{4}-2$(前后差)。腰部和臀部的前后差是由人体体型特点决定的,设置前后差的目的是使侧缝线位置比较均衡(图 2-2-1),臀部的前后差

服装基础结构制图与结构变化原理

可适当减小。

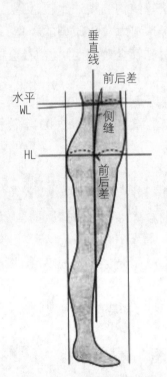

图 2-2-1 标准女下体体型

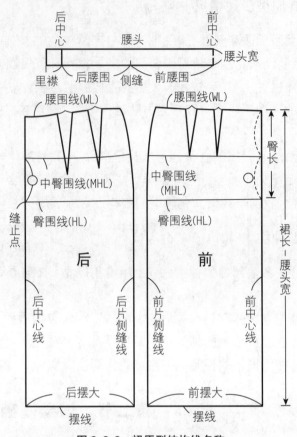

图 2-2-2 裙原型结构线名称

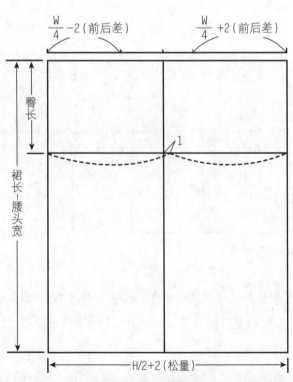

图 2-2-3 裙原型结构的基础线

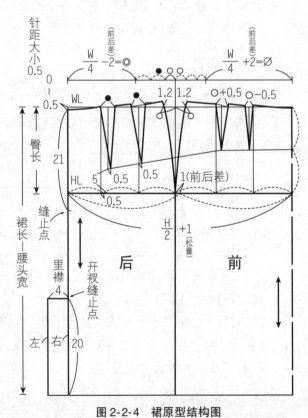

图 2-2-4 裙原型结构图

　　腰围确定之后,将余量进行等分,确定侧缝收腰的量,然后从腰到臀绘制弧线,弧线的形态要符合从腰到臀侧体的曲面形态。弧线在腰围线上起翘 1.2cm,后腰中点下落 0~0.5cm,是为了适应体型的变化绘制前后腰围线。

　　3. 确定省道位(图 2-2-4)

　　为了达到均衡美观的视觉效果,省道位置应位于臀围的三等分处。以此为基准来确定省道的具体位置。

　　4. 绘制省道(图 2-2-4)

　　根据人体体型特征,裙原型的省道有以下几个特点:一是前片的总省量小于后片的总省量。这是因为人体臀部突起大,腹部突起小。二是前片省道的长度小于后片省道的长度。这是因为省尖都是指向突起点的,而臀部突起位置偏下,腹部突起位置偏上,所以前后省道长度不一样。三是前片的两个省道大小不一样。这是因为人体腹部的曲面有变化,靠人体侧身部位由于大腿以及腹股沟的影响,曲面较大,所以省道较大,而靠前中心的省道偏小。

　　5. 绘制开衩以及腰头(图 2-2-4)

　　开衩的长度要根据裙长来确定。通常开衩止点位于人体臀下 10cm 至膝关节之间,既方便行走,又遮羞,开衩的宽度为 4cm,裙子的腰头宽一般为 3cm,长度为裙子成衣腰围再加上叠门宽。

　　6. 加粗结构线,标注纱向以及衣片名称(图 2-2-4)

　　在绘制好的结构图上,进行结构线的加粗,如图所示。然后在每个衣片上标注纱向以及衣片的名称。最后再标注记号,主要是后中心拉链缝止点。

二、衣身原型结构制图

　　衣身原型是覆盖腰节以上躯干部位的基本样版,以第八代文化式原型(即新文化原型)为标准制作样版。

　　(一)衣身原型各部位主要结构线的名称(图 2-2-5)

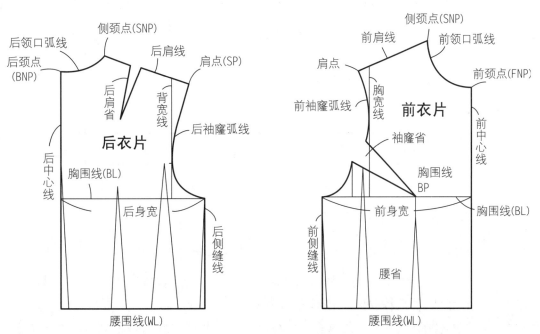

图 2-2-5　衣身原型结构线名称

服装基础结构制图与结构变化原理

(二)制图规格(表 2-2-2)

表 2-2-2 衣身原型制图规格 (单位:cm)

号型	部位名称	背长	胸围(B)
160/84A	净体尺寸	38	84
	成品尺寸	38	96

(三)制图方法及步骤(注:图中 B 指净胸围)

1. 绘制基础线(图 2-2-6)

纵向为背长①,横向为胸围大$\frac{B}{2}$+6(松量)②。绘制前中心线④。以后袖窿深=$\frac{B}{12}$+13.7③为基准,绘制胸围线。取后背宽=$\frac{B}{8}$+7.4⑤,绘制背宽线⑥,并绘制后上平线⑦。后上平线下落 8cm,绘制肩胛骨处的辅助线⑧。前袖窿深=$\frac{B}{5}$+8.3⑨,前胸宽=$\frac{B}{8}$+6.2⑪,然后绘制前上平线⑩和胸宽线⑫。在胸围线上将前胸宽等分,中点偏左 0.7cm⑬,为 BP 点的位置。在袖窿处做两条辅助线确定 G 点,如图 2-2-7 绘制侧缝线⑭。

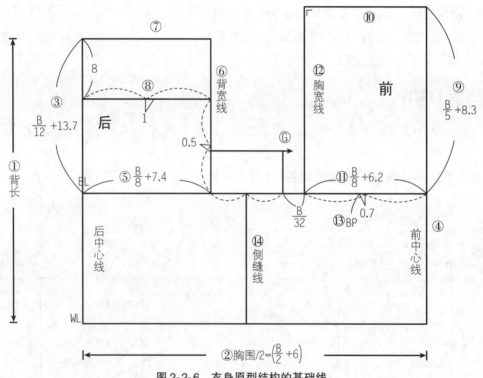

图 2-2-6 衣身原型结构的基础线

2. 绘制前领口弧线、前肩线(图 2-2-7)

前领宽=$\frac{B}{24}$+3.4,前领深为前领宽+0.5,绘制矩形框,连接对角线并进行三等分,最下方的等分点向下 0.5cm 作为一个辅助点,绘制前领口弧线。前肩斜为 22°,绘制肩线。

3. 绘制后领口弧线、后肩线,标注后肩省(图 2-2-7)

后领宽=前领宽+0.2,后领深为后领宽/3。绘制后领口弧线。后肩斜为 18°,后肩宽为前肩宽加肩省大$\frac{B}{32}$-0.8。

4. 标注袖窿省,绘制袖窿弧线(图 2-2-7)

袖窿省的两条省线之间的夹角为($\frac{B}{4}$-2.5)°,省线长度相等。寻找辅助点,绘制袖窿弧线。

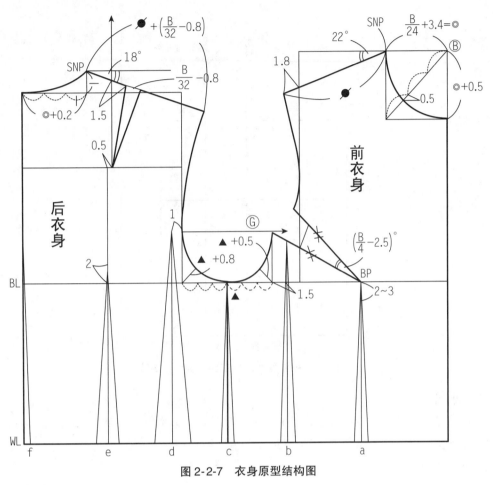

图 2-2-7　衣身原型结构图

5. 绘制腰省,省道的大小及分配比率(表 2-2-3)

表 2-2-3　腰省大小分配比率表

总省量	f	e	d	c	b	a
100%	7%	18%	35%	11%	15%	14%
9	0.630	1.620	3.150	0.990	1.350	1.260
10	0.700	1.800	3.500	1.100	1.500	1.400
11	0.770	1.980	3.850	1.210	1.650	1.540
12	0.840	2.160	4.200	1.320	1.800	1.680
12.5	0.875	2.250	4.375	1.375	1.875	1.750
13	0.910	2.340	4.550	1.430	1.950	1.820
14	0.980	2.520	4.900	1.540	2.100	1.960
15	1.050	2.70	5.250	1.650	2.250	2.100

6. 加粗结构线,标注纱向以及衣片名称。

服装基础结构制图与结构变化原理

三、袖原型结构制图

（一）袖原型各部位主要结构线的名称（图2-2-8）

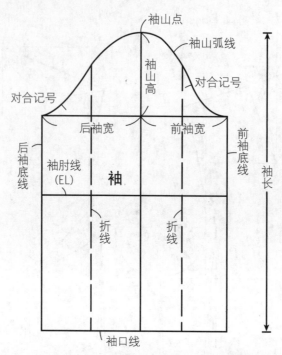

图2-2-8　袖原型各部位主要结构线的名称

（二）制图规格

绘制袖原型需要的尺寸是袖长，按照160/84A的人体基本尺寸，臂长＝52cm（肩端点经手肘至手腕围凸点的长度），成品袖长＝臂长+5＝57cm（肩端点经手肘至手掌/3的长度）。

（三）制图方法及步骤

1. 确定袖山高（图2-2-9）

将衣身原型的袖窿部分拷贝出来，并且合并前片的袖窿省。将衣身侧缝线向上延长，从前后肩端点分别做水平线。将前后肩端点高度差等分，再从等分点到腋下点之间进行6等分，袖山高＝袖窿深的5/6。

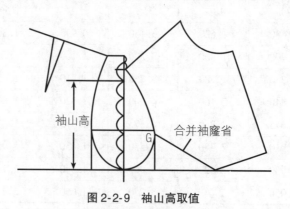

图2-2-9　袖山高取值

2. 绘制前后袖山斜线，前袖山斜线长＝前AH，后袖山斜线长＝后AH+1+△（图2-2-10）。

注:△为调节量，随人体净胸围变化而变化（表2-2-4）。

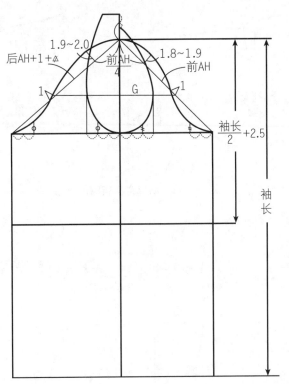

图 2-2-10　袖原型结构图

表 2-2-4　后袖山斜线调节量(△)取值表　　　　　　　　(单位:cm)

净胸围	77~84	85~89	90~94	95~99	100~104
△值	0	0.1	0.2	0.3	0.4

3. 确定袖长,绘制前后袖缝线,袖口线,袖肘线(图 2-2-10)。

4. 绘制袖山弧线,先确定一些辅助定位点,如图 2-2-10 所示。圆顺地连接这些点,完成袖山弧线。

四、原型的样版修正

原型绘制完还要对纸样中的线条进行样版修正,才能用于裁剪缝制。下面就裙、衣身、袖原型展开修正。

1. 省的修正

在原型制图完成后,将各个省道模拟缝合效果进行折叠,省道所在的边会发生凹进或不圆顺的现象,需重新画顺边线,然后展开,补齐修正后的线条如图 2-2-11,图 2-2-12,图 2-2-13,图 2-2-14 所示。

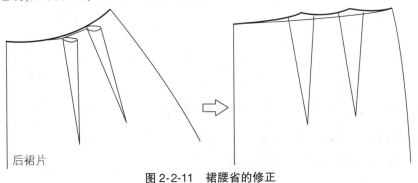

图 2-2-11　裙腰省的修正

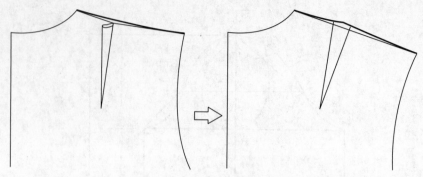

图 2-2-12　后衣身肩省的修正

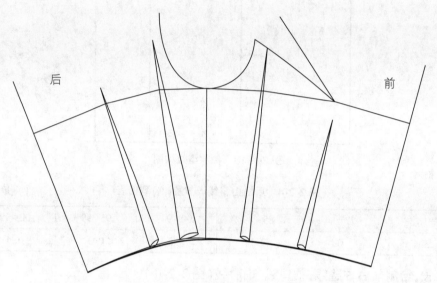

图 2-2-13　衣身腰省及侧缝的修正

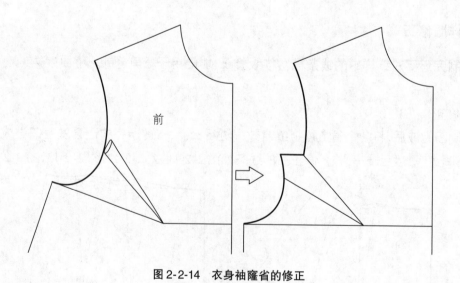

图 2-2-14　衣身袖窿省的修正

2. 袖窿和领口的修正

袖窿和领口的修正如图 2-2-15 和图 2-2-16 所示。

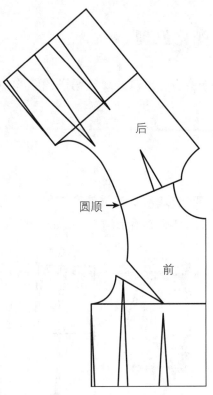

图 2-2-15 衣身袖窿弧线的修正

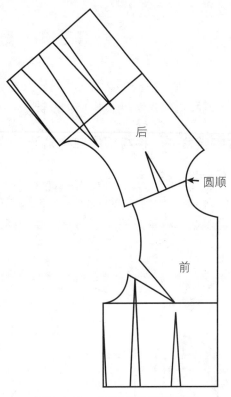

图 2-2-16 衣身领口弧线的修正

3. 袖山弧线的修正

将袖原型纸样沿袖折线向中间折叠,对合前后袖缝,将袖山弧线修圆顺,如图 2-2-17 所示。

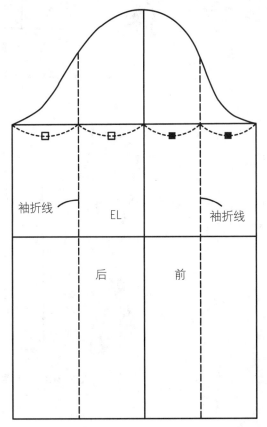

图 2-2-17 袖山弧线的修正

<h1 style="text-align:center">第三节　裙子结构变化原理</h1>

裙子款式变化繁多,可以通过各种变化手法,创造出千变万化的款式。在裙子的结构中,经常通过省移、分割和褶裥来实现结构变化设计。

一、裙片腰省合并转移与切展结构设计

(一)合并省展开法

通过对裙原型中省道的合并转移,来实现裙子款式的变化,通常是将裙腰省转移至下摆,根据实际款式,可以选择将省道完全或部分合并转移,如图2-3-1、图2-3-2所示。

图2-3-1　腰省完全转移至下摆

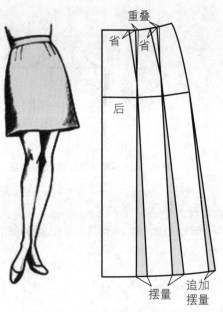

图2-3-2　腰省部分转移至下摆

(二)扇形展开法

在裙片中设置切展线,切展线的一端拉展,另一端不加量,这种展开方式叫做扇形展开法(图2-3-3)。

(三)梯形展开法与平行展开法

在裙片中设置切展线,切展线的两端都进行展开。当两端展开的量相同时,叫做平行展开(图2-3-4);当两端展开的量不相同时,一端展开量多,另一端展开量少,叫作梯形展开(图2-3-5)。

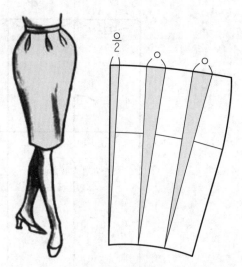

图2-3-3　扇形展开

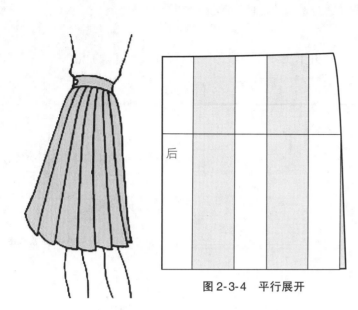

图 2-3-4　平行展开

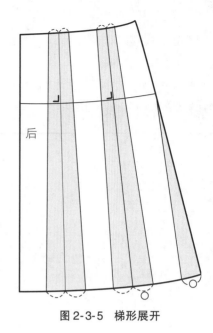

图 2-3-5　梯形展开

二、裙片分割结构设计

在裙片上设立各种分割线,既具装饰性,也具有使裙子合体的功能性。在裙子款式中,常见的分割线分为纵向分割、横向分割和斜向分割。

(一)纵向分割设计

纵向分割裙就是所谓的多片裙,有偶数片分割,如四片裙、六片裙、八片裙等;也有奇数片分割,如三片裙、五片裙、七片裙等。纵向分割关键是裙原型省道和裙摆大小的结构处理。

实例一:四片喇叭裙

款式特点:本款为四片裙,无腰省,裙摆顺势变大呈喇叭状,故称四片喇叭裙(图 2-3-6)。

结构要点:此款可以利用合并省展开法,将原型腰部的省道合并转移至下摆,具体操作如图 2-3-7 所示。

图 2-3-6　四片喇叭裙款式图

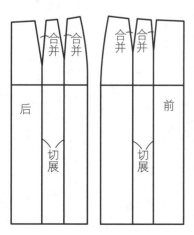

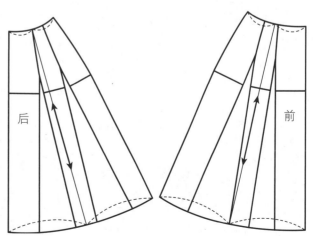

图 2-3-7　四片喇叭裙结构设计

实例二:四片 A 字裙

款式特点:本款为四片裙,无腰省,裙摆适当变大呈 A 字状,故称四片 A 字裙(图 2-3-8)。

结构要点:此款将原型腰部的一个省道合并转移至下摆,另一腰省在侧缝或前后中分割线中收去。具体操作如图 2-3-9 所示。

图 2-3-8　四片 A 字裙款式图

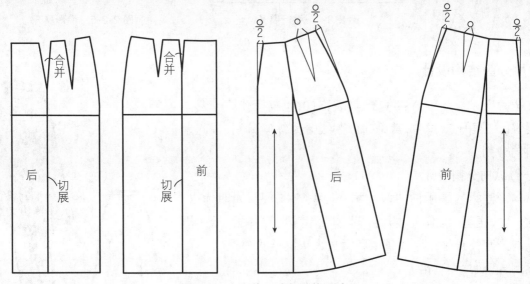

图 2-3-9　四片 A 字裙结构设计

实例三:六片 A 字裙

款式特点:本款为六片裙,无腰省,裙摆适当变大呈 A 字状,故称六片 A 字裙(图 2-3-10)。

结构要点:靠近前后中心线的腰省尖垂下至下摆设分割线,前后中下摆斜出 2~3cm;另一腰省合并转移至下摆,具体操作如图 2-3-11 所示。

图 2-3-10　六片 A 字裙款式图

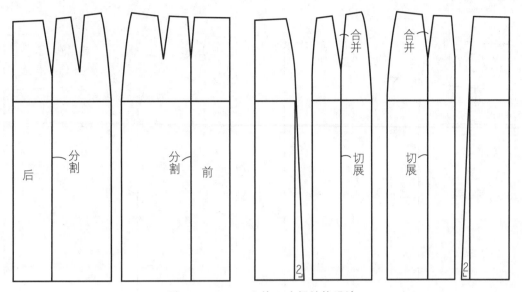

图 2-3-11(a)　六片 A 字裙结构设计

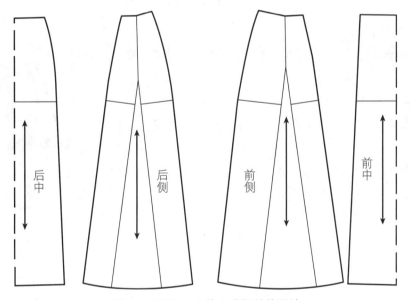

图 2-3-11(b)　六片 A 字裙结构设计

(二)横向分割设计

横向分割设计中,比较常见的是分割线位于腰臀之间,这种分割通常叫做育克分割(或约克分割)。

实例:育克筒裙

款式特点:本款式无腰省,中臀位横向分割,直筒裙身(图 2-3-12)。

结构要点:此款可在腰省尖附近设横向分割线,将省道合并为育克片。具体操作如图 2-3-13 所示。

图 2-3-12　育克筒裙款式图

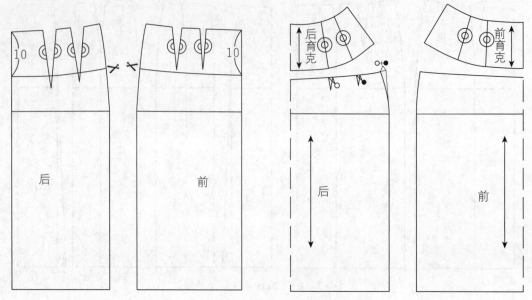

图 2-3-13　育克筒裙结构设计

(三) 交叉分割设计

在裙子分割设计中,横向分割和纵向分割可以组合起来,变化出更多的款式。

实例:六片 A 字育克裙

款式特点:本款式造型相似于六片 A 字裙,侧身横向育克分割线 (图 2-3-14)。

结构要点:靠近前后中心线的腰省尖垂下至下摆设分割线,裙片下摆均斜出 2~3cm;另一腰省尖附近设横向分割线,合并腰省为育克片。具体操作如图 2-3-15 所示。

图 2-3-14　六片 A 字育克裙款式图

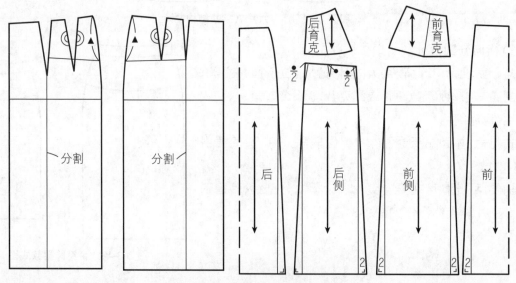

图 2-3-15　六片 A 字育克裙结构设计

三、裙子褶裥结构设计

褶裥是服装结构设计中的重要设计方法之一,在裙子中的运用广泛,各种褶裥设计使裙子富有动感,并具备多层次的立体效果,且达到视觉上的装饰效果。在裙子中,常见的褶裥形式有以下几种:

1. 按褶裥的线型分类:可分为直线褶、斜线褶和曲线褶(图 2-3-16)。

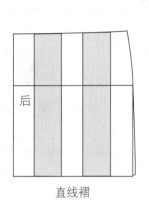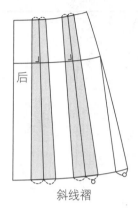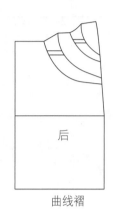

直线褶　　　　　　　　　斜线褶　　　　　　　　　曲线褶

图 2-3-16　褶裥的线型

2. 按褶裥的形态:可分为顺褶(倒褶)、对褶和碎褶(图 2-3-17)。

顺褶　　　　　　　　　对褶　　　　　　　　　碎褶

图 2-3-17　褶裥的形态

3. 按褶裥的方式分类:可分为自然褶和规律褶。自然褶是自然皱缩形成的,其褶裥位置和大小都不确定,自然褶又可分波形褶和碎褶(图 2-3-18、图 2-3-19)。而规律褶的褶裥位置和大小已确定(图 2-3-20)。

图 2-3-18　波形褶　　　　　　　图 2-3-19　碎褶　　　　　　　图 2-3-20　规律褶

实例一:鱼尾裙

款式特点:本款式基于裙原型的膝盖以下做分割,使裙摆形成鱼尾造型(图2-3-21)。

结构要点:根据款式,在侧裙摆设分割线,各纵向分割线扇形展开获得波形裙摆(图2-3-22)。

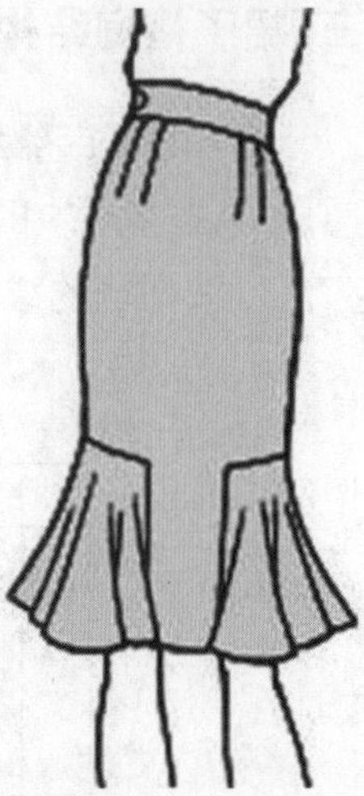

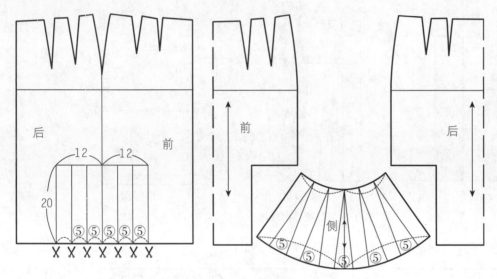

图 2-3-22　鱼尾裙结构设计

图 2-3-21　鱼尾裙
款式图

实例二:宝剑分割喇叭裙

款式特点:本款臀位宝剑分割,左右各一腰省,裙摆呈喇叭形(图2-3-23)。

结构要点:先将原型一个腰省合并转移至下摆,在臀位线做斜线分割,下摆扇形展开达到喇叭形效果。具体操作如图2-3-24所示。

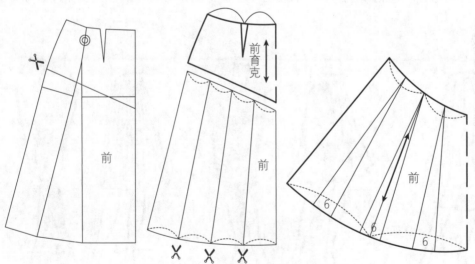

图 2-3-24(a)　宝剑分割喇叭裙结构设计

图 2-3-23　宝剑分割
喇叭裙款式图

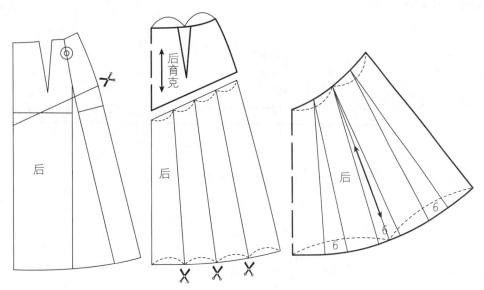

图 2-3-24（b） 宝剑分割喇叭裙结构设计

实例三：育克碎褶 A 字裙

款式特点：本款前身腰部宝剑育克分割，裙片抽碎褶；后片育克与腰省设计（图 2-3-25）。

结构要点：前裙片育克分割，腰省合并，省尖垂下剪开，平行拉展 2.5cm 褶量；后身靠近后中心的腰省尖垂下至下摆设分割线，部分腰省转为 5cm 摆量，后另一腰省合并，前后育克拼连。具体操作如图 2-3-26 所示。

图 2-3-25 育克碎褶
A 字裙款式图

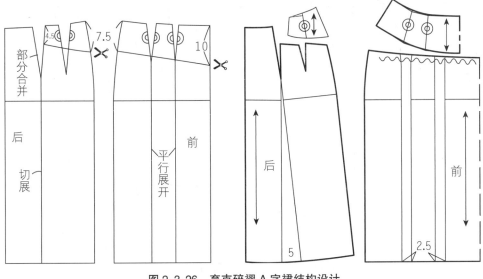

图 2-3-26 育克碎褶 A 字裙结构设计

实例四：育克对褶裙

款式特点：本款腰育克分割，裙子左右各设两个对褶，呈 A 字造型（图 2-3-27）。

结构要点：将原型腰省通过育克分割合并，裙身根据款式在臀围线等分处设垂直剪开线，平行展开加入对褶量，后余下省量分在对褶边

图 2-3-27 育克对褶裙款式图

线。具体操作如图 2-3-28 所示。

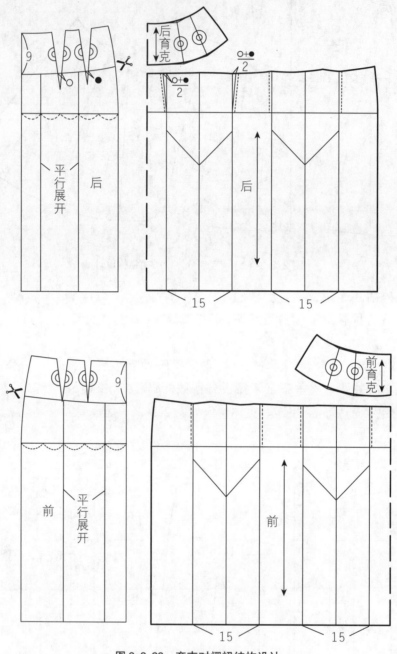

图 2-3-28 育克对褶裙结构设计

第四节　衣身结构变化原理

一、衣身省移结构设计原理

省道是用平面的布包覆人体曲面时,根据曲面曲率的大小而折缝的多余部分,人体上半身的明显凸点是胸凸和肩胛凸。胸凸比肩胛凸突出而确定,因此在设计与应用中,胸凸要比肩胛凸应用范围广而复杂。

(一)胸省的分解

胸省是衣身原型前片省道的总称。根据省道的位置不同,可以把胸省分为以下几种(图2-4-1):

①肩省;

②领省(领口省);

③中心省(门襟省);

④腰省;

⑤腋下省(侧缝省、横省);

⑥袖窿省。

原型前衣身片含有袖窿省和腰省,其中省尖指向 BP 点的袖窿省和腰省以 BP 点为中心进行 360°转移,而不指向 BP 点的腰省根据服装的合体度决定去留量。

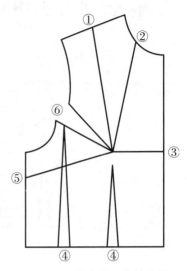

图2-4-1　前衣身设省的位置

(二)省道转移的方法

省道转移常用的方法有以下几种:

1. 剪开法:将新省道位置与 BP 点连线,沿这条线剪开,闭合原来的省道,省量就转移到剪开处,完成转移(图2-4-2)。

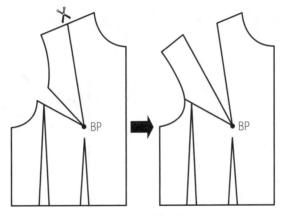

图2-4-2　剪开法

2. 旋转法:将新省道位置与 BP 点连线,按住 BP 点不动,将原型旋转,使原来的省道边线吻合,描画从新省道到原省道之间的轮廓线(图2-4-3)。

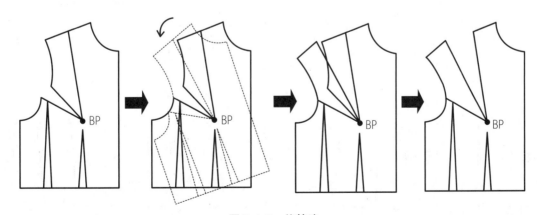

图2-4-3　旋转法

（三）各种省道转移操作实例

1. 袖窿省转移的操作

1）袖窿省全部转移的操作如图2-4-4所示；

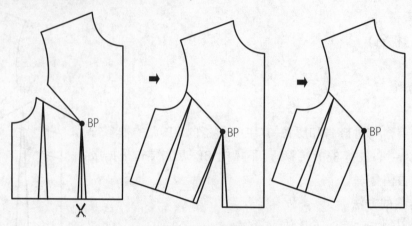

图2-4-4 袖窿省转移为腰省

2）袖窿省分散转移的操作如图2-4-5所示。

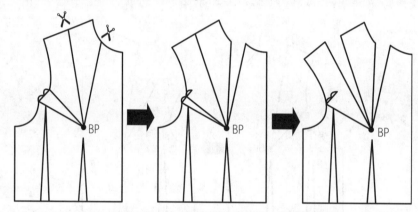

图2-4-5 袖窿省分散转移至领省与肩省

2. 腰省转移的操作

省尖点不指向凸点（BP点）的侧腰省不参与转移。对于较宽松的服装，它的省量可以作为腰部的松量，将省道忽略。对于紧身款式的服装，将侧腰省直接闭合（图2-4-6、图2-4-7）。

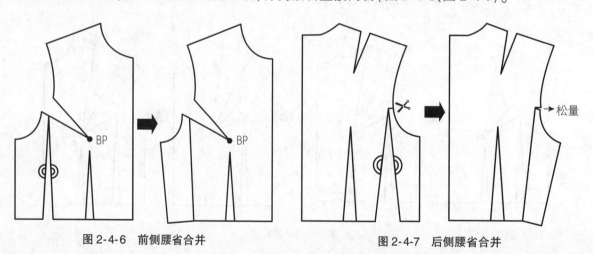

图2-4-6 前侧腰省合并   图2-4-7 后侧腰省合并

3. 后肩省转移的操作

后肩省是肩胛凸而产生的省量,一般为180°转移,通常转移到袖窿部位和领口部位,成为袖窿省、领省;或者通过转移分散到袖窿、领口作为松量或者缩缝量。常见的有以下几种情况:

1) 肩省转移为领省(图2-4-8),肩省转移为袖窿省(图2-4-9);

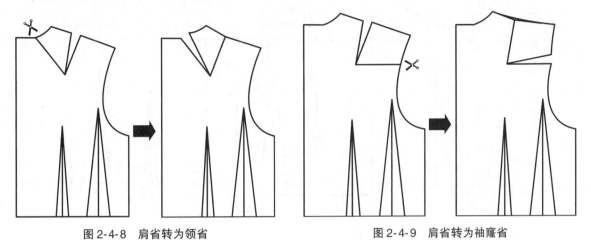

图2-4-8　肩省转为领省　　　　　　图2-4-9　肩省转为袖窿省

2) 肩省转移为肩部的缩缝量和袖窿的松量(图2-4-10);

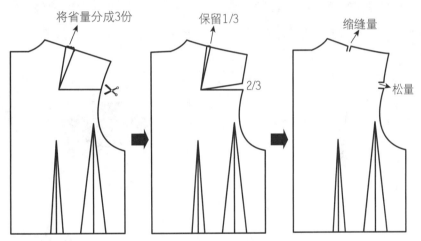

图2-4-10　肩省分解为缝缩量和袖窿松量

3) 肩省转移为肩部的缩缝量和领口的松量(图2-4-11);

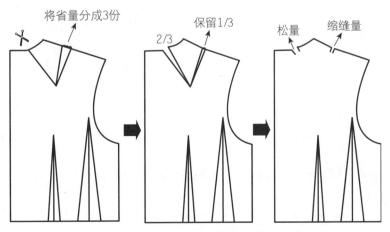

图2-4-11　肩省分解为缝缩量和领口松量

服装基础结构制图与结构变化原理

4) 肩省转移为领口和袖窿的松量(图2-4-12)。

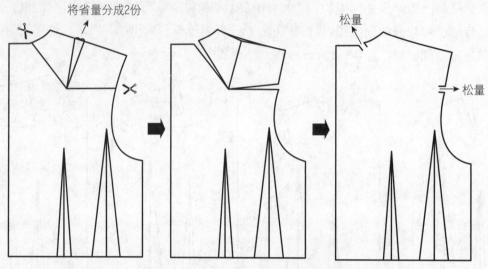

图2-4-12 肩省转为领口和袖窿的松量

(四)省尖位置的修正

前衣身胸省进行转移时,省尖点都直接落在BP点上,然而在实际的纸样设计中,为了美观,省尖点要离开BP点一定的距离。所以省道转移后,还需要对省尖点的位置进行修正。一般情况下,腰省、袖窿省、腋下省、中心省的省尖点距离BP点2~3cm,领省、肩省的省尖点距离BP点4~5cm,如图2-4-13所示。

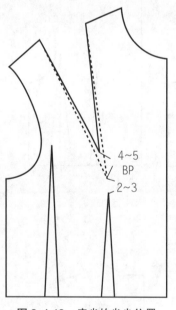

图2-4-13 肩省的省尖位置

图2-4-14 横省和腰省款式图

(五)胸省转移实例

实例一:横省和腰省设计

款式特点:本款前衣片含有一个横省和一个腰省(图2-4-14)。

结构要点(图2-4-15):

1. 根据款式将侧腰省直接闭合,设置横省的位置线;

2. 将袖窿省量转移到横省;

3. 最后修正省尖点,距 BP 点 2~3cm。

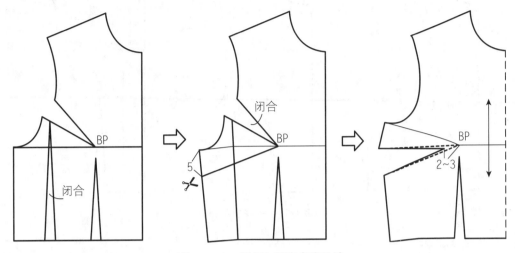

图 2-4-15　横省和腰省省移设计

实例二:胸上开门襟后育克设计

款式特点:本款前片设一个门襟省,上半部分开门襟,后片育克分割(图 2-4-16)。

结构要点:如图 2-4-17、图 2-4-18 所示。

1. 前片

1)根据款式,胸围线上 2cm 处设置门襟省的位置线;

2)侧腰省直接闭合,胸腰省及袖窿省转移至前中门襟省位;

3)并在前上半部分加 1~1.5cm 的叠门量。

2. 后片

1)先闭合侧腰省;

2)过肩省尖点设置育克分割线;

3)将肩省转移至分割线。

图 2-4-16　胸上开门襟后育克款式图

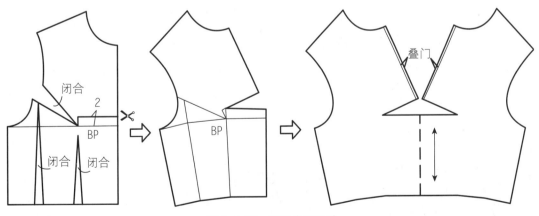

图 2-4-17　前身省移设计

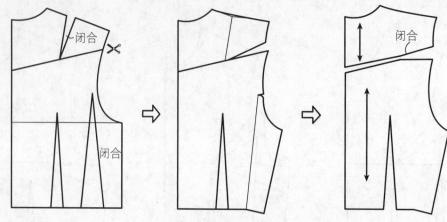

图 2-4-18 后身省移设计

实例三:平行双腰省设计

款式特点:本款前片设两个平行腰省(图 2-4-19)。

结构要点(图 2-4-20):

1. 根据款式先将侧腰省直接闭合,然后设置横省位,将袖窿省转移至横省;

2. 距第一个腰省 4~6cm,设置平行的第二个腰省位;

3. 将横省等分转移至两个腰省中,横省量转移时,有部分留在胸部做浮余量(图中阴影部分);

4. 最后修正实际省尖点,距 BP 点 2~3cm。

图 2-4-19 平行双腰省款式图

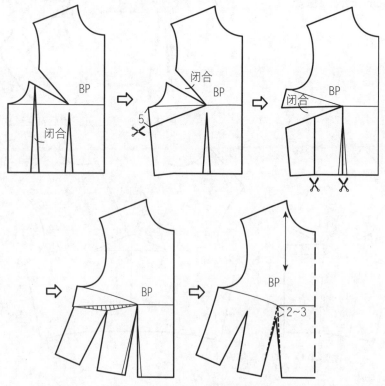

图 2-4-20 平行双腰省省移设计

实例四:不对称平行省设计

款式特点:本款前衣片设左右不对称的平行省道,一个是肩省,另一个是腰省(图2-4-21)。

结构要点(图2-4-22):

1. 根据款式先把侧腰省闭合,腰省量转移至袖窿省;

2. 将衣片对称展开,根据款式确定新省道位置;

3. 将袖窿省量转移至新省道处;

4. 最后修正实际省尖点,肩省尖距BP点4~5cm,腰省尖距BP点2~3cm。

图2-4-21 不对称平行省款式图

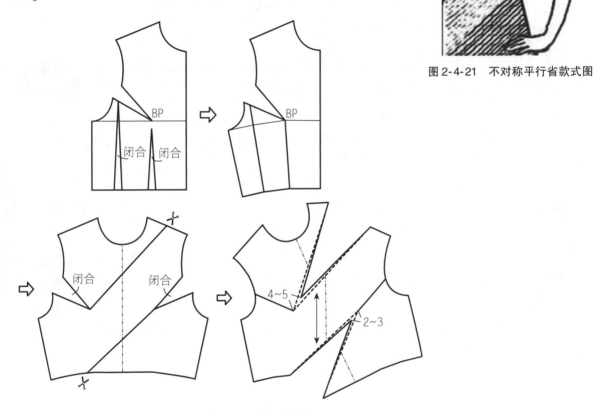

图2-4-22 不对称平行省省移设计

实例五:Y字型中心省设计

款式特点:本款前衣片设一个斜向的Y字型中心省(图2-4-23)。

结构要点(图2-4-24):

1. 根据款式先闭合侧腰省,将腰省量转移到袖窿省,设置新省道位置;

2. 将袖窿省量转移至新省位;

3. 最后修正实际省尖点,距BP点2~3cm。

图2-4-23 Y字型中心省款式图

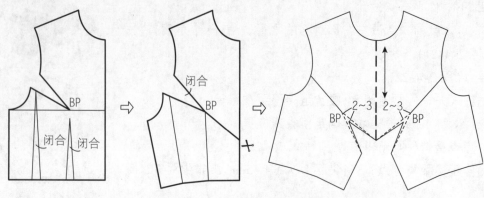

图 2-4-24　Y 字型中心省省移设计

二、衣身分割结构设计原理

　　所谓分割结构设计就是将服装的衣片,根据款式需要分割成多个衣片再缝接,服装中分割线具有两种功能,一种是装饰,在视觉上达到美观的效果;另一种是实现服装的合体性,将各部位多余的量在分割线处修剪掉(与省道功能类似),则分割的基本原理就是连省成缝。

　　实例一:刀背分割线设计

　　款式特点:本款是女装中经典的刀背线分割,曲面立体,造型美观(图 2-4-25)。

　　结构要点(图 2-4-26、图 2-4-27):

　　1. 前身

　　1) 将侧腰省闭合,根据款式中分割线的位置,将腰省位向侧缝方向平移 2~3cm 量;

图 2-4-25　刀背分割线设计款式图

　　2) 再用圆顺的弧线连接两个省道(注意:a. △ ≈ 肩端点至前腋点的距离;b. 连接的两条弧线需要在胸围线附近相切 4~5cm)。

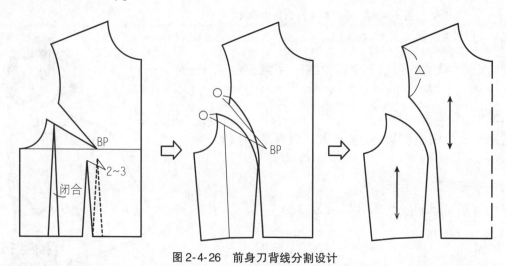

图 2-4-26　前身刀背线分割设计

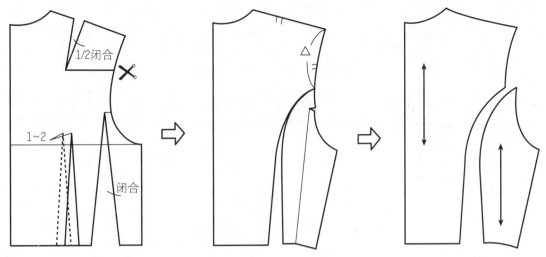

图 2-4-27　后身刀背线分割设计

2. 后身

1) 将后肩省的二分之一转移到袖窿,后肩省量和袖窿的省量作为吃势松量;

2) 根据款式需要将侧腰省闭合,将腰省向侧缝方向平移 1~2cm 量,从袖窿至腰省画圆顺分割弧线。

实例二:公主分割线设计

款式特点:本款是女装中经典的公主线分割,常应用在女上装结构设计中(图 2-4-28)。

结构要点(图 2-4-29、图 2-4-30):

1. 前身

1) 将侧腰省闭合;根据款式中分割线的位置,将腰省位向侧缝方向平移 1~2cm 量,顺势确定肩省稍偏移 1cm 左右量;

2) 用圆顺的弧线连接两个省道(注意:连接的两条弧线需要在胸围线附近相切 4~5cm)。

2. 后身

1) 闭合侧腰省,根据前肩省的位置,调整后肩省和腰省位置;

2) 用圆顺的弧线连接后肩省和腰省(注意:连接的两条弧线需要在肩胛凸处相切 6~8cm)。

图 2-4-28　公主分割线设计款式图

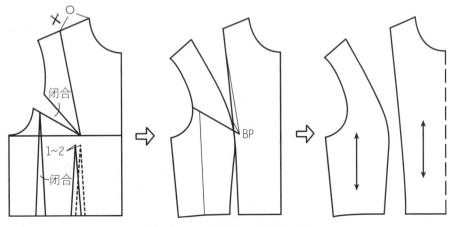

图 2-4-29　前身公主分割线设计

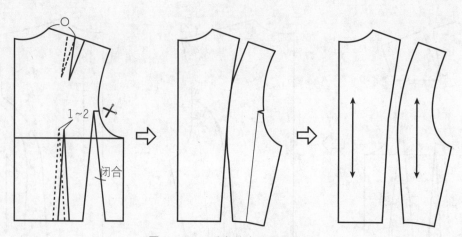

图 2-4-30　后身公主分割线设计

实例三：弯弧分割设计

款式特点：本款中的分割线根据连省成缝的原理，前衣片腋下横省和腰省连接，从侧缝到腰围弯弧分割设计（图2-4-31）。

结构要点（图2-4-32）：

1. 将侧腰省闭合后，根据款式设置横省的位置线，将袖窿省量转移至横省；

2. 用圆顺的弧线连接两个省道（注意：连接的两条弧线需要在 BP 点附近相切4cm 左右）。

图 2-4-31　弯弧分割设计款式图

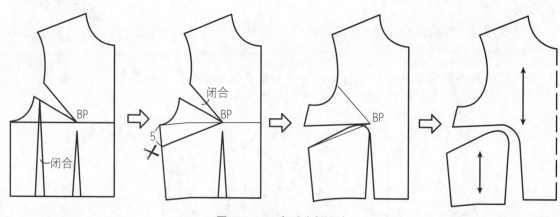

图 2-4-32　弯弧分割设计

实例四:波浪弧分割设计(本例使用老原型更简便)。

款式特点:本款是由斜侧缝省形成波浪弧线的分割设计(图2-4-33)。

结构要点(图2-4-34):

1. 根据款式,绘制一条从BP点通到侧缝的弧型省位线;

2. 将腰省量转移至侧缝弧型省,将波浪型弧线延长至前中线;

3. 修改波浪弧线(注意:连接的两条弧线需要在BP点附近相切4cm左右),将衣片一分为二。

图2-4-33 波浪弧分割设计款式图

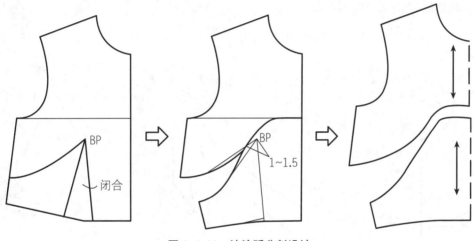

图2-4-34 波浪弧分割设计

三、衣身褶裥结构设计

褶裥设计是服装结构造型设计的主要手段,在服装中常见的褶裥设计有两种情况:一种是省量(浮余量)转化成褶裥量,另一种是当不能进行省道转移或者省量(浮余量)不够时,考虑衣片剪切拉展。褶裥设计在视觉上既能起到使服装合体并且更具有立体感的效果,又能达到褶裥艺术的立体效果。

实例一:前中心碎褶设计

款式特点:本款在前中心抽碎褶,常应用于连衣裙、晚礼服结构设计,起到塑胸造型的作用(图2-4-35)。

结构要点(图2-4-36):

1. 根据款式先将胸省和腰省量转移至前中心;

2. 设定抽褶的范围,并修顺前中心线。

图2-4-35 前中心碎褶设计款式图

55

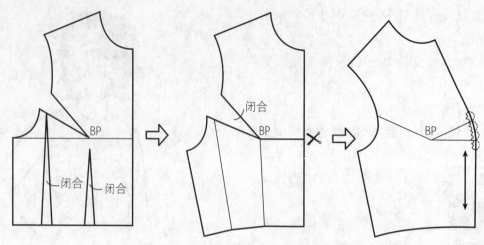

图 2-4-36　前中心碎褶设计

实例二：单肩顺褶设计

款式特点：本款为左右不对称设计的款式，在左肩部设有四个顺褶（图 2-4-37）。

结构要点：此款褶量先通过省道调整，再转移获得（图 2-4-38）。

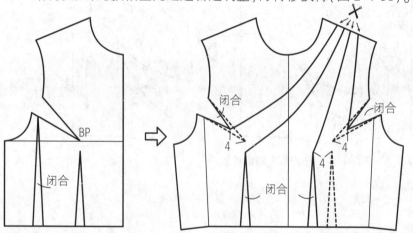

图 2-4-37　单肩顺褶设计款式图

图 2-4-38　单肩顺褶设计

1. 先闭合侧腰省；

2. 根据款式将衣片对称展开，根据款式确定新褶位置，同时调整左右袖窿省尖缩进4cm，将右腰省向左平移4cm，与新四褶连点；

3. 四个省道分别转移为对应的褶裥位。

实例三：腰省抽褶设计

款式特点：本款是在腰省处一侧抽碎褶（图2-4-39）。

结构要点：此款褶量不是通过省道转移获得，需要用直接切展的方法获得褶量（图2-4-40）。

1. 先闭合侧腰省，同时将袖窿省量转移至腰省；

2. 在腰省左侧片进行等分，依次连接各等分点做切展线；

3. 根据款式中对褶量的要求，进行单侧展开，各拉展4cm量；

4. 修顺展开后的线条，并修正实际省尖点，距BP点2~3cm。

图2-4-39 腰省抽褶设计款式图

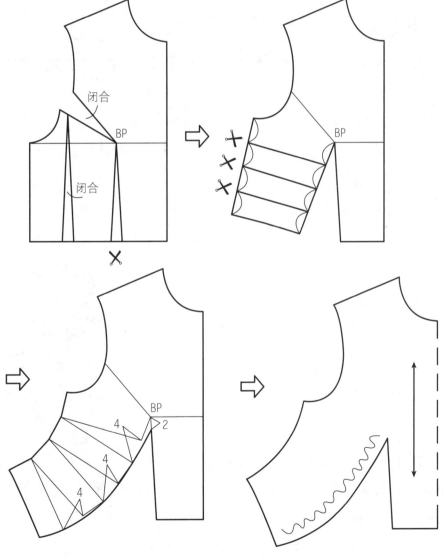

图2-4-40 腰省抽褶设计

实例四：后肩育克抽褶设计

款式特点：本款是后身肩背育克分割，衣身抽褶（图2-4-41）。

结构要点：因为款式宽松，所以忽略腰部的省道（图2-4-42）。

1. 将肩省转移至袖窿，并做水平的育克分割线，修顺育克片的轮廓线；

2. 后片加宽，加宽背宽的三分之一量，作为抽褶量。

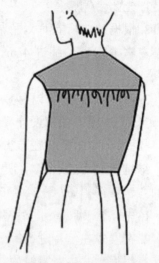

图2-4-41　后肩育克抽褶设计款式图

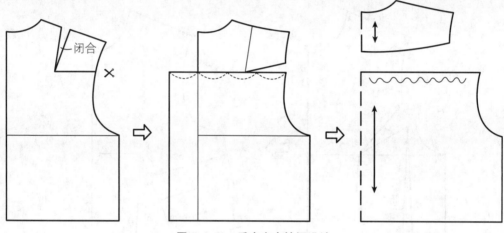

图2-4-42　后肩育克抽褶设计

实例五：腰育克胸下褶裥设计

款式特点：本款是胸下宝剑型分割为腰育克，胸下分割线处胸部附近有三个褶裥（图2-4-43）。

结构要点（图2-4-44）：

1. 闭合侧腰省，将袖窿省量转移至腰省；

2. 先根据款式画分割线并剪开；

3. 将衣片的下半部分省道合并并修顺轮廓线；

4. 根据款式需要从袖窿到分割线绘制两条切展线，进行单侧展开，展开量2cm左右。

图2-4-43　腰育克胸下褶裥设计款式图

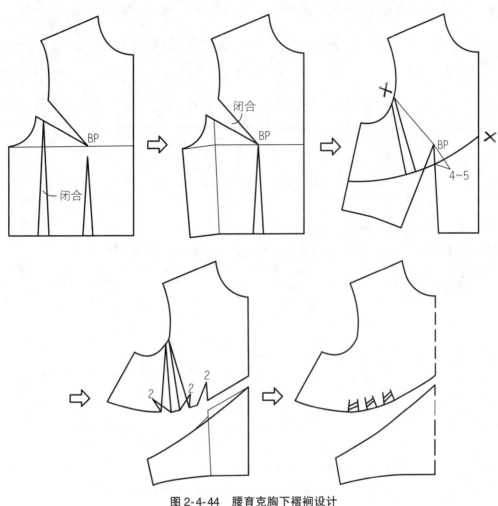

图 2-4-44 腰育克胸下褶裥设计

课后作业

一、思考与简答题

1. 描述裙原型各腰省的差别和特点,并说明原因。

2. 进行省道转移的思路是什么?

3. 进行分割结构设计的原理和思路是什么?

4. 褶裥结构设计时,褶裥的量可以通过几种方式获得?

二、项目练习

1. 课内练习:

1) 分别进行裙原型、衣身原型、袖原型的结构制图,制图比例为 1:1 和 1:3(或 1:5)的缩小图。

2) 5 款胸省转移实例中,有选择性地练习 3~4 款,制图比例为 1:3 或 1:5。

3) 4 款分割设计实例中,有选择性地练习 2~3 款,制图比例为 1:3 或 1:5。

4) 5 款褶裥设计实例中,有选择性地练习 3~4 款,制图比例为 1:3 或 1:5。

2. 课外练习:

1) 以下 4 款分别在新原型的基础上进行省道转移设计。

操作要求:制图比例 1:3,要求有款式图、转移操作过程,且标注工整、明确。

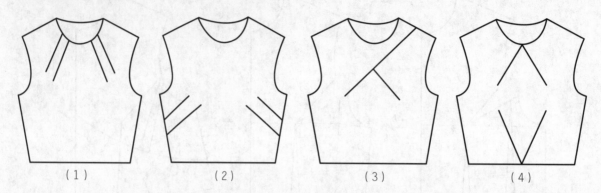

（1） （2） （3） （4）

2）以下三款分别在新原型的基础上进行分割设计。

操作要求:制图比例 1:3,要求有款式图、转移操作过程,且标注工整明确。

（1） （2） （3）

3）以下 6 款分别在新原型的基础上进行褶裥设计。

操作要求:制图比例 1:3,要求有款式图、转移操作过程,且标注工整明确。

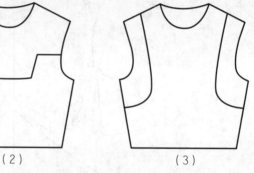
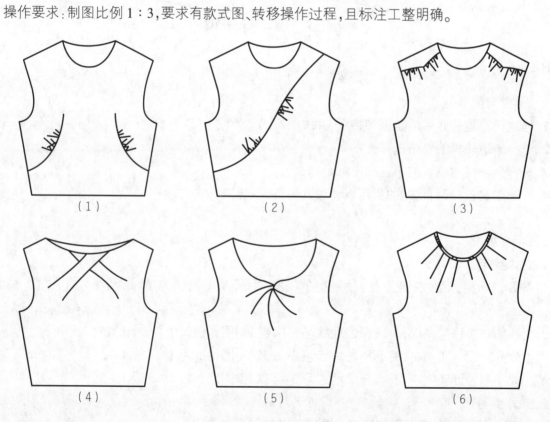

（1） （2） （3）

（4） （5） （6）

第三章　裙子结构设计与纸样

【学习目标】

通过本章学习,了解裙子的种类,学习与掌握变化裙款、时尚裙款的结构设计与纸样制作,从而掌握裙子结构变化设计,培养举一反三、灵活运用的能力,为后期的裙子缝制工艺做好样版制作的准备。

【能力设计】

1.充分理解裙子结构设计原理,培养学生裙子结构制图与纸样制作能力,达到专业制图的比例准确、图线清晰、标注规范的要求。

2.根据不同造型的裙款,分别进行相应的结构设计与纸样制作。

裙子是覆盖女性下半身的服装之一,在女性的服装历史中是最早的,早期曾称为"腰衣",裙子英语为 skirt,法语称 gupe,日语称スカート,穿裙子不受性别限制,在英格兰也有男性穿裙子。裙子结构是服装中最简单的结构设计,主要是解决臀腰间的余缺量,但裙子款式变化丰富,最能体现女性魅力,从古至今,深受女性青睐。

第一节　裙子的种类

一、裙子的种类

裙子的种类很多,根据不同的分类方法,可以对裙子进行以下几种分类:

(一)按裙子的长度分类(图 3-1-1)

1.超短裙:也称迷你裙,裙长在臀部以下大腿上部。最早流行于红灯街区女郎,凸现性感美;后来受少女喜好,给人可爱之感。

2.短裙:裙长在大腿中部或偏下,也适合少女穿着。

3.及膝裙:裙长在膝盖位置。

4.中裙:也称中庸裙,裙长在膝盖以下小腿肚以上。及膝裙和中裙的裙长均有不长不短之感,但实用。

5.长裙:裙长在小腿肚以下至踝骨以上,具有飘逸潇洒之感。

6.曳地长裙:裙长至地面,常见于舞台裙、晚礼服。

(二)按裙子的廓型分类(图 3-1-2)

1.紧身裙:从腰部到臀部的松量小,比较贴体,从臀围至下摆为直线型,为基本裙;从臀围至下摆逐渐变窄,为窄裙;为方便行走,下

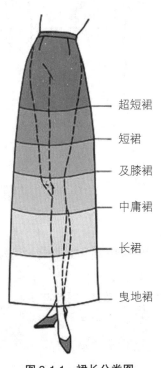

图 3-1-1　裙长分类图

超短裙
短裙
及膝裙
中庸裙
长裙
曳地裙

裙子结构设计与纸样

摆加入裥或开衩,称西装裙。

2.半紧身裙:呈 A 字廓型,也称 A 字裙。腰部合体,臀部有一定的松量,下摆稍微扩展,行走方便。

3.斜裙:腰部紧身合体,臀部和下摆顺势放大,下摆微有波浪褶。

4.圆裙:从腰部至下摆放大,垂挂形成波浪褶,下摆展开为圆形为圆摆裙;为半圆形则为半圆摆裙;整体造型像牵牛花开放的形状,由此而得名"喇叭裙"。

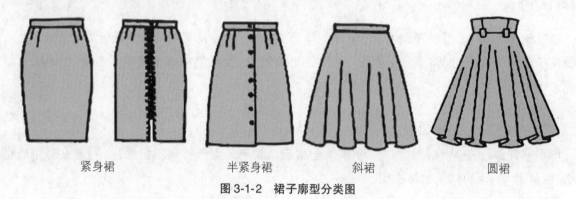

| 紧身裙 | 半紧身裙 | 斜裙 | 圆裙 |

图 3-1-2 裙子廓型分类图

(三)按裙子的腰位分类(图 3-1-3)

1.束腰裙:裙子的腰头位于人体腰围线上。

2.无腰裙:正常腰位,但是没有装腰头,采用腰贴或滚边工艺。

3.连腰裙:正常腰位,腰头与裙片连裁,常采用腰贴工艺。

4.低腰裙:腰位落在正常腰围以下,采用腰贴或滚边工艺。

5.高腰裙:结构与连腰裙类似,腰位抬高至胸下部位。

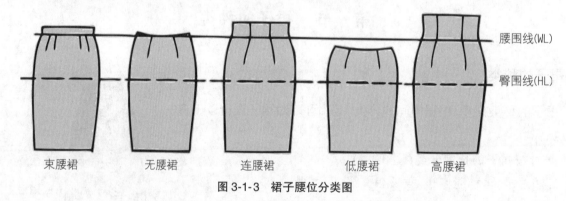

腰围线(WL)

臀围线(HL)

| 束腰裙 | 无腰裙 | 连腰裙 | 低腰裙 | 高腰裙 |

图 3-1-3 裙子腰位分类图

第二节 变化裙款结构设计与纸样

一、半紧身裙(A 字裙)结构设计与纸样

(一)款式、面料与规格

1.款式特点

半紧身裙从腰部到中臀围附近比较贴体,裙摆顺势稍大,造型呈 A 字型,也称 A 字裙。裙长一般在膝盖上下。本款装腰头,前、后裙片左右各设一腰省,侧缝装隐形拉链。此款式不受年龄和体型

限制,穿着场合也较广泛(图3-2-1)。

2.面料

半紧身裙根据裙子造型,一般适合选用有一定厚度和挺括度的面料,可选用棉、麻、呢绒以及化纤面料。比如棉卡其、华达呢、凡立丁、麦尔登等等。

用料:面布幅宽110~150cm,用量60cm。

3.规格设计

表3-2-1所示为半紧身裙规格表。

表3-2-1 半紧身裙规格表 (单位:cm)

号 型	部位名称	裙长(L)	腰围(W)	臀围(H)	臀长	腰头宽
160/66A	净体尺寸	/	66	90	18	/
	成品尺寸	48	66	94	18	3

(二)结构要点

1.原型法结构要点(图3-2-2)

1)设定裙片切开线:过省尖点画垂线至裙摆[图3-2-2(a)]。

2)裙摆的切展:各切展量=3cm,为使裙摆造型均匀,在侧缝处追加切展量1.5cm[图3-2-2(b)]。

3)将前后裙片其中一个的省道量在侧缝处去掉,确定裙长−腰头宽=45cm,并绘制裙摆线。标注拉链的缝止点[图3-2-2(c)]。

4)绘制裙腰:腰头宽=3cm,长=W^*+3(叠门量)[图3-2-2(d)]。

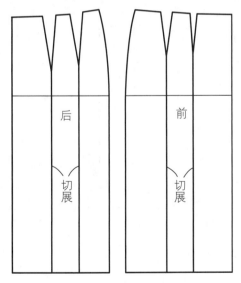

图3-2-2(a) 设切展线

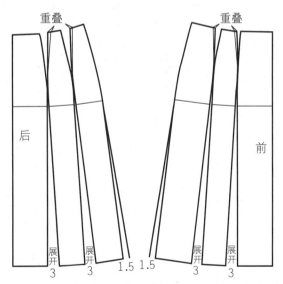

图3-2-2(b) 裙片切展

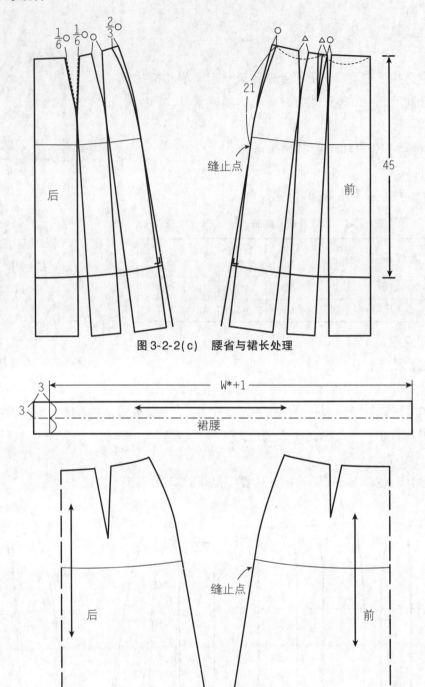

图 3-2-2(c) 腰省与裙长处理

图 3-2-2(d) 半紧身裙净样

图 3-2-2 半紧身裙原型法结构设计步骤

2. 比例法结构要点(图 3-2-3)

1) 基本框架线绘制。裙长−腰头宽＝48−3＝45cm，臀长＝18cm，前臀围＝$\dfrac{H}{4}$+1(松量)+1，后臀围

＝$\dfrac{H}{4}$+1−1，画基本框架线。

2) 裙子侧缝的倾斜度为 10：1.5，在前后片臀围线处绘制直角三角形，确定侧缝斜度。

3) 省道的位置根据腰围、臀围大的二等分确定，这样会使省道分布均匀、美观。

4) 裙下摆三等分,在三分之一处向侧缝作垂线,确定裙摆起翘量,前后片起翘量相等。

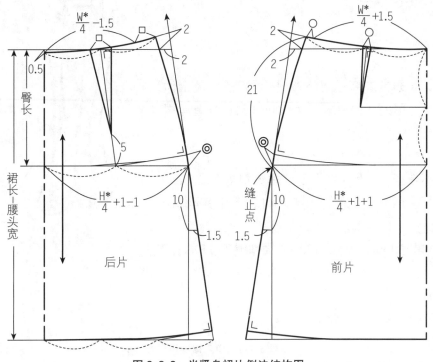

图 3-2-3　半紧身裙比例法结构图

(三)样版制作(图 3-2-4)

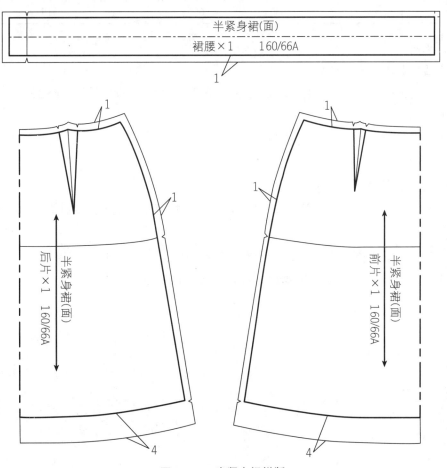

图 3-2-4　半紧身裙样版

二、鱼尾裙结构设计与纸样

(一)款式、面料与规格

1.款式特点(图3-2-5)

鱼尾裙的裙长通常在膝盖以下,从腰到膝盖比较合体,膝盖以下展开像鱼尾的造型。本款为纵向分割八片鱼尾裙,侧缝装隐形拉链。

2.面料

根据鱼尾裙造型,一般适合选用悬垂性良好的面料,可选用丝绸、精仿呢绒及垂感好的化纤面料。比如真丝四维呢、华达呢、化纤针织面料等。

用料:面料幅宽150cm,用量180cm;面料幅宽110cm,用量230cm。

3.规格设计

表3-2-2所示为鱼尾裙规格表。

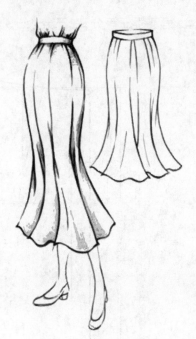

图3-2-5　鱼尾裙款式图

表3-2-2　鱼尾裙规格表　　　　　　　　　　　　　　　　　(单位:cm)

号　型	部位名称	裙长(L)	腰围(W)	臀围(H)	臀长	腰头宽
160/66A	净体尺寸	/	66	90	18	/
	成品尺寸	83	66	92	18	3

(二)结构要点

1.原型法结构要点(图3-2-6)

1)确定裙片切开基线:后片过省尖点至裙摆画垂直线为裙片切开基线;前臀围中点向前中心偏2cm设切开基线。

2)确定腰部的省缝量,其中一个省道放在分割线中,另一个省量在侧缝、后中去掉。

3)确定裙摆增大的量,并修顺裙下摆。

2.比例法结构要点(图3-2-7)

1)前、后裙片臀围的中点向前、后中心偏移1cm设定切开基线,腰臀余缺量在侧缝、切开基线及后中处去除。

2)臀围线至裙摆的长度三等分,第一个等分点为鱼尾造型的起始点。

3)根据面料和裙摆造型,设定裙摆增大量,并修顺下摆线以及分割线。

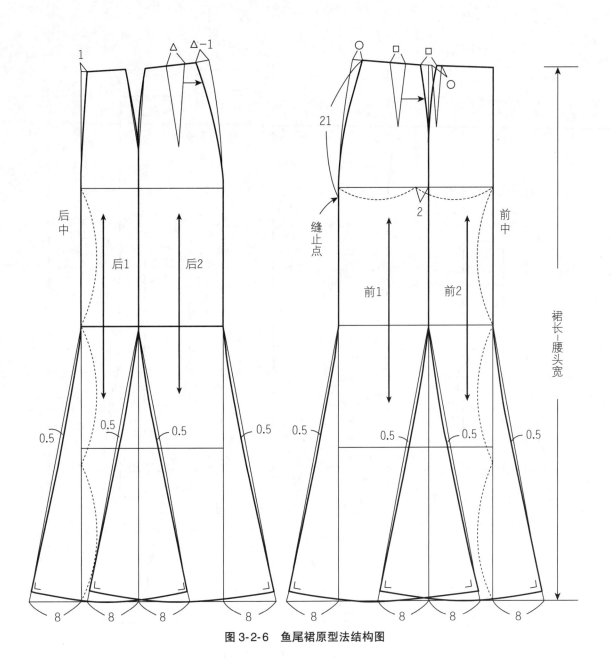

图 3-2-6　鱼尾裙原型法结构图

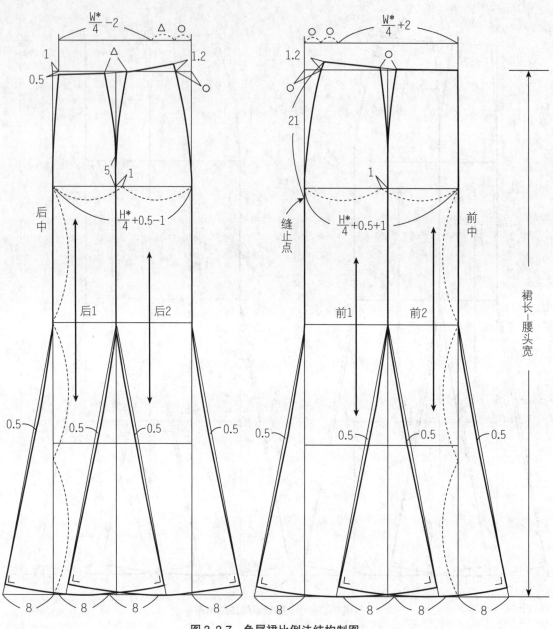

$\dfrac{W^*}{4}-2$

1

0.5

1.2

后中

5　1

$\dfrac{H^*}{4}+0.5-1$

后1　后2

0.5　0.5　0.5　0.5

8　8　8　8

$\dfrac{W^*}{4}+2$

1.2

21

缝止点

1

$\dfrac{H^*}{4}+0.5+1$

前中

前1　前2

0.5　0.5　0.5　0.5

8　8　8　8

裙长-腰头宽

图 3-2-7　鱼尾裙比例法结构制图

(三)样版制作(图 3-2-8)

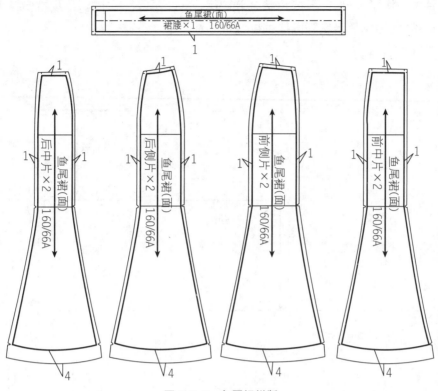

图 3-2-8 鱼尾裙样版

三、多节裙结构设计与纸样

(一)款式、面料与规格

1. 款式特点(图 3-2-9)

多节裙的裙片横向分割成多节,下节裙片抽褶与上节裙片缝接,裙摆逐渐增大。裙长至小腿部位,侧缝装隐形拉链。

2. 面料

多节裙根据裙子造型和特点,一般适合轻薄并有一定悬垂感的面料,可选用棉、麻、丝绸以及化纤面料。比如薄棉平布、印花布、雪纺、电力纺素绉缎等。

用料:面料幅宽 150cm,用量 140cm;面料幅宽 110cm,用量 210cm。

3. 规格设计

表 3-2-3 所示为多节裙规格表。

图 3-2-9 多节裙款式图

表 3-2-3 多节裙规格表　　　　　　　　　　　(单位:cm)

号　型	部位名称	裙长(L)	腰围(W)	臀长	腰头宽
160/66A	净体尺寸	/	66	18	/
	成品尺寸	73	66	18	3

(二)结构要点(图3-2-10)

1. 每节裙片的长度不一样,一般采用黄金分割比,从上到下逐渐加宽,体现视觉的稳定均衡感。
2. 根据面料不同,抽褶量为实际围度的1/2或2/3。
3. 后中心下落0.5cm。

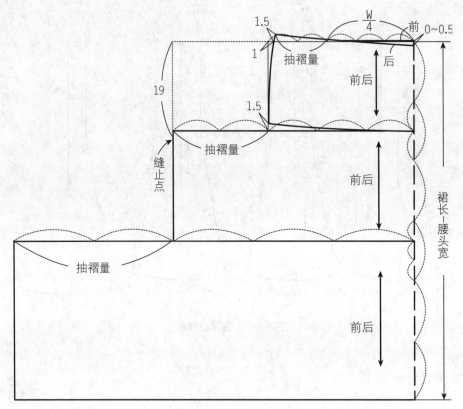

图3-2-10 多节裙结构制图

(三)样版制作(略)

多节裙样版制作比较简单,缝份一般都是1cm,下摆根据需要,缝份=1~2.5cm。

四、低腰牛仔裙结构设计与纸样

(一)款式、面料与规格

1. 款式特点(图3-2-11)

本款低腰小A型牛仔裙,裙长在大腿中部。裙子无腰省,后片的横向分割线为育克和裙身片,前插袋,后贴袋,前中心装门襟拉链。

2. 面料

根据裙子造型和特点,一般适合中厚度挺括的面料,可选用中厚牛仔布、灯芯绒、卡其布、呢绒面料等。

用料:面料幅宽150cm或110cm,用量60cm。

3. 规格设计

表3-2-4所示为低腰牛仔裙规格表。

图3-2-11 低腰牛仔裙款式图

表 3-2-4　低腰牛仔裙规格表　　　　　　　　　　　　（单位：cm）

号　型	部位名称	裙长（L）	腰围（W）	臀围（H）	臀长	腰头宽
160/66A	净体尺寸	/	66	90	18	/
	成品尺寸	40	/	92	14	4

（二）结构要点

1. 原型法结构要点（图 3-2-12）

1）确定裙长：腰围线向下取成品裙长+低腰线下移 4cm＝44cm。

2）腰围线下移 4cm，再下取低腰腰头宽＝4cm，后片再下取育克分割线。

2）设定裙片切开线：过省尖点垂直至裙摆的切开线[图 3-2-12（a）]。

3）合并裙腰头、后育克的腰省，前腰中心加出 3cm 叠门宽。

4）裙摆处理：微展开裙摆，前片将剩余省量移至袋口，通过工艺去掉余省量[图 3-2-12（b）]。

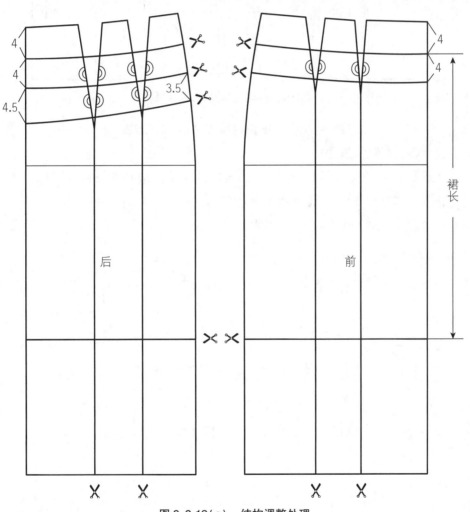

图 3-2-12（a）　结构调整处理

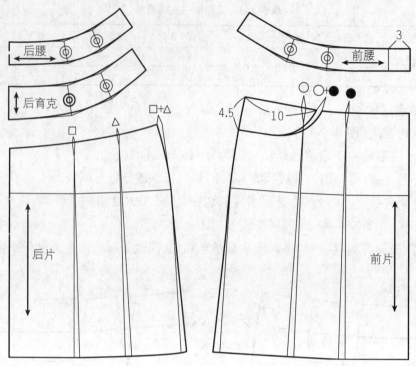

图 3-2-12(b) 裁片合并、切展

图 3-2-12 低腰牛仔裙原型法结构制图步骤

2. 比例法结构要点(图 3-2-13)

1)定裙长:低腰裙一般先绘制正常腰位,所以绘制的长度为成品裙长+低腰量。

2)裙子侧缝的倾斜度为 10:1,臀围线上翘成弧线。

3)绘制前后片腰头宽、后片育克宽、前片插袋和门襟。

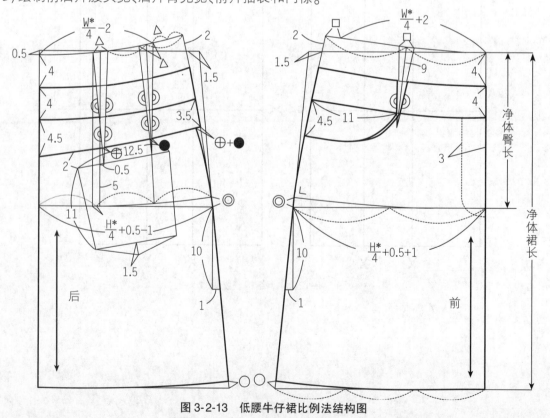

图 3-2-13 低腰牛仔裙比例法结构图

(三)样版制作

1.裙片样版(图3-2-14)

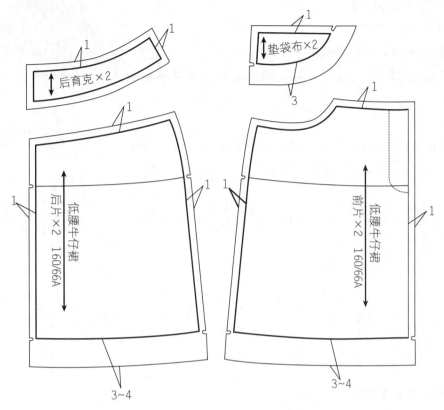

图 3-2-14　低腰牛仔裙裙片样版

2.零部件样版(图3-2-15)

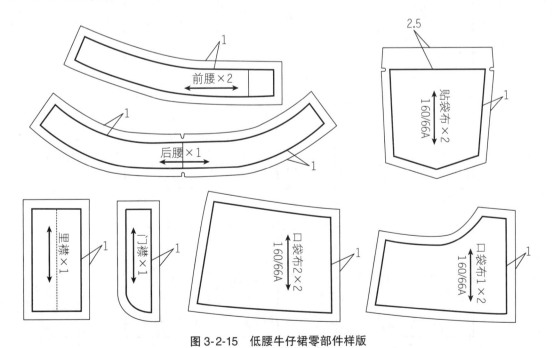

图 3-2-15　低腰牛仔裙零部件样版

五、百褶裙结构设计与纸样

(一)款式、面料与规格

1.款式特点(图3-2-16)

此款百褶裙为低腰小A型短裙,裙长在大腿中部。横向分割线将裙子分为上下两部分,上片左右各两个省道,下面为百褶裙,侧缝装隐形拉链。款式青春活泼,适合年轻女性穿着。

2.面料

根据百褶裙造型,一般适合选用有一定厚度和挺括度及褶裥保持性的面料,可选用呢绒、毛涤混纺或以涤纶为主的化纤面料等。

用料:面料幅宽110~150cm,用量80cm。

3.规格设计

表3-2-5所示为百褶裙规格表。

图3-2-16　百褶裙款式图

表3-2-5　百褶裙规格表　　　　　　　　　(单位:cm)

号　型	部位名称	裙长(L)	腰围(W)	臀围(H)	臀长
160/66A	净体尺寸	/	66	90	18
	成品尺寸	36	/	92	14

(二)原型法结构要点(图3-2-17)

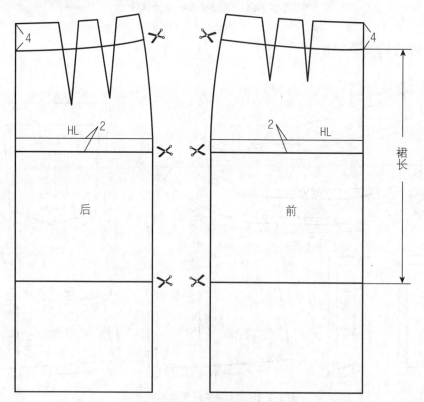

图3-2-17　百褶裙原型法结构图

1. 确定低腰位:从原型腰围线下落4cm。

2. 确定裙长:从低腰的位置量取裙长36cm。

3. 设定育克分割线:根据款式,设定育克在臀围线下2cm处横向分割。

(三)样版制作

1. 样版处理(图3-2-18)

1) 在裙片上设定褶裥等分线为褶裥的展开位。

2) 将前后裙片展开。

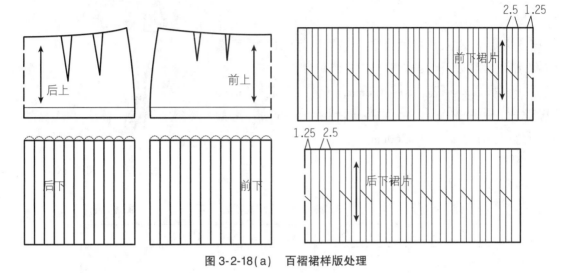

图3-2-18(a)　百褶裙样版处理

图3-2-18(b)　百褶裙样版

六、圆裙结构设计与纸样

(一)款式、面料与规格

1. 款式特点(图 3-2-19)

圆裙的裙摆波浪大,富有动感。根据裙摆大小,可分为圆裙和半圆裙。即裙摆摊平为 360°的圆环或者 180°的半圆环。裙长可以根据款式进行变化,适合各年龄女性穿着。

2. 面料

根据圆裙裙子造型,一般适合选用悬垂性好的面料,可选用丝织物、精纺呢绒以及化纤面料。

用料:圆裙:面料幅宽 110～150cm,用量:当幅宽 150cm 时,用量偏大,最多 240cm。半圆裙:面料幅宽 150cm,用量 140cm;面料幅宽 110cm,用量 260cm。

图 3-2-19　圆裙款式图

3. 规格设计

表 3-2-6 所示为圆裙规格表。

表 3-2-6　圆裙规格表　　　　　　　(单位:cm)

号　型	部位名称	裙长(L)	腰围(W)	腰头宽
160/66A	净体尺寸	/	66	/
	成品尺寸	60	66	3

(二)结构要点(图 3-2-20、3-2-21)

1. 利用圆周率,根据腰围尺寸计算圆的半径=(W+1)/2π,绘制圆裙的四分之一片(注:π=3.14)。

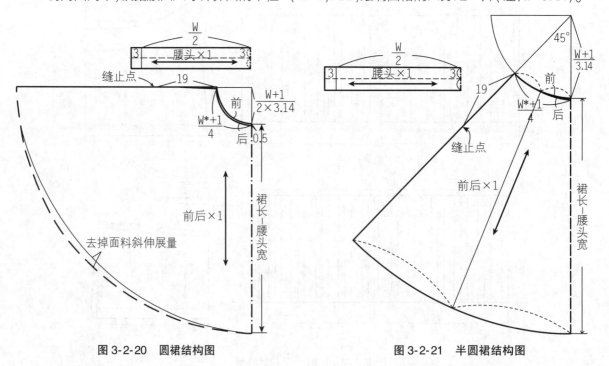

图 3-2-20　圆裙结构图　　　　　　　　　图 3-2-21　半圆裙结构图

2. 如果是半圆裙,半径=(W+1)/π,绘制半圆的四分之一片。

3.确定裙长,并绘制裙摆圆弧线。

4.修画后腰围线和裙摆弧线,标注纱向。

(三)样版制作(略)

圆裙样版制作比较简单,缝份一般都是1cm,下摆根据需要,缝份=1~2.5cm。

第三节　时尚裙款结构设计与纸样

一、荷叶边裙结构设计与纸样

(一)款式、面料与规格

1.款式特点(图3-3-1)

此款荷叶边裙为低腰短裙,裙长在膝盖上。斜向分割线将裙子分为上下两部分,上为育克,下面为双层荷叶边,侧缝装隐形拉链。款式活泼富有动感,适合年轻女性穿着。

2.面料

根据裙子造型,适合选用有一定厚度和悬垂性的面料,可选用丝绸、精仿呢绒及化纤面料,或化纤和羊毛混纺面料等。

用料:面料幅宽150cm,用量80cm;面料幅宽110cm,用量120cm。里料幅宽150,用量35cm。

3.规格设计

表3-3-1所示为荷叶边裙规格表。

图3-3-1　荷叶边裙款式图

表 **3-3-1**　荷叶边裙规格表　　　　　　　　　　　　　　(单位:cm)

号　　型	部位名称	裙长(L)	腰围(W)	臀围(H)	臀长
160/66A	净体尺寸	/	66	90	18
	成品尺寸	45	/	100	14

(二)原型法结构要点(图3-3-2)

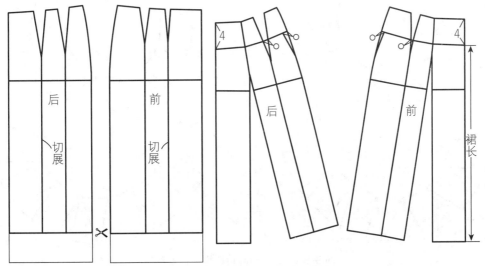

图3-3-2(a)　荷叶边裙原型结构处理

1）确定裙长，前后片靠近侧缝的省道合并转为下摆量，腰围线下移4cm，绘制低腰围线。将新腰围线上剩余的省道量放在侧缝[图3-3-2(a)]。

2）根据款式，设定荷叶边的位置和宽度[图3-3-2(b)]。

3）设荷叶边切展线[图3-3-2(c)]。

4）将荷叶边进行展开，由于是斜向荷叶边，考虑到重力问题，荷叶边的展开量是不平均的，展开后荷叶边的纱向为：与上下边线中点连线成45°方向[图3-3-2(d)]。

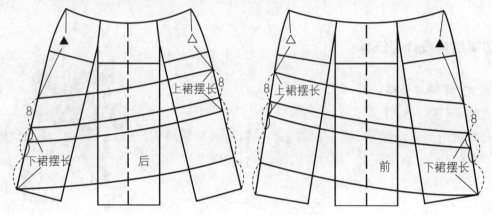

图3-3-2(b) 荷叶边裙结构设计

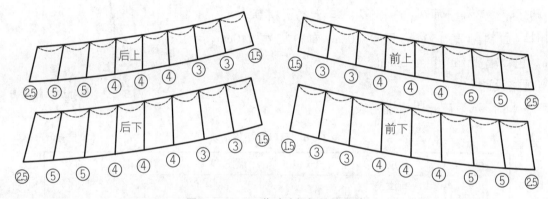

图3-3-2(c) 荷叶边裙摆结构设计

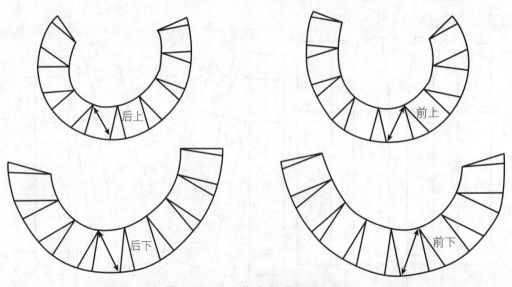

图3-3-2(d) 荷叶边裙摆结构处理

（二）样版制作（图3-3-3、图3-3-4）

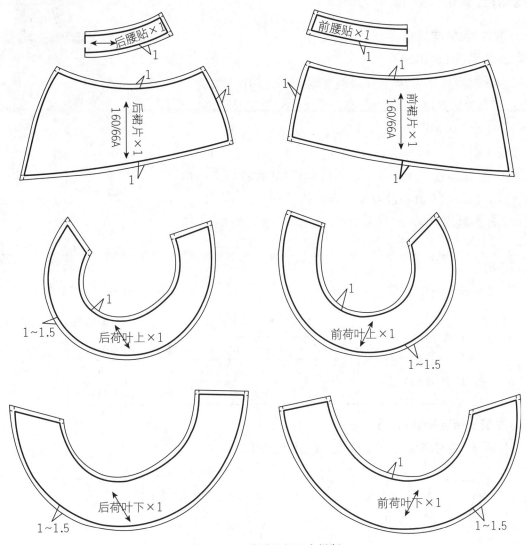

图 3-3-3　荷叶边裙面布样版

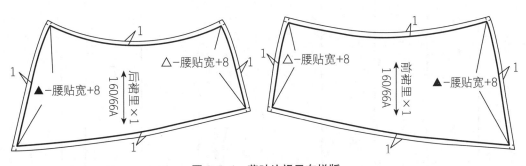

图 3-3-4　荷叶边裙里布样版

二、灯笼裙(蓬蓬裙)结构设计与纸样

(一)款式、面料与规格

1. 款式特点(图3-3-5)

此款为无腰短灯笼裙,裙长在膝盖附近,横向分割,上面为无腰省育克,下面为灯笼裙身,侧边各有一个大的立体贴袋,侧缝装隐形拉链。此款式风格活泼,造型独特,适合年轻女性穿着。

2. 面料

根据裙子造型,适合选用有一定厚度和挺括的面料,可选用棉、麻及化纤面料,如卡其布、棉平布、棉缎等。

用料:面料幅宽150cm,用量100cm;里料幅宽110cm,用量100cm。

3. 规格设计

表3-3-2所示为灯笼裙规格表。

图3-3-5　灯笼裙款式图

表3-3-2　灯笼裙规格表　　　　　(单位:cm)

号　型	部位名称	裙长(L)	腰围(W)	臀长
160/66A	净体尺寸	/	66	18
	成品尺寸	50	66	18

(二)原型法结构要点(图3-3-6)

1. 确定裙长,绘制育克分割线和裙片切展线[图3-3-6(a)]。

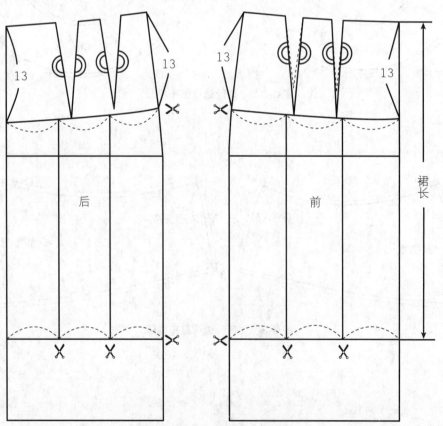

图3-3-6(a)　灯笼裙结构设计

2. 合并前后育克,并修顺弧线,在育克上标注腰带袢。

3. 将前后裙片进行展开,并加出翻折部分的长度 6cm[图 3-3-6(b)]。

4. 口袋合并、切展[图 3-3-6(c)]。

5. 绘制裙里[图 3-3-6(d)]。

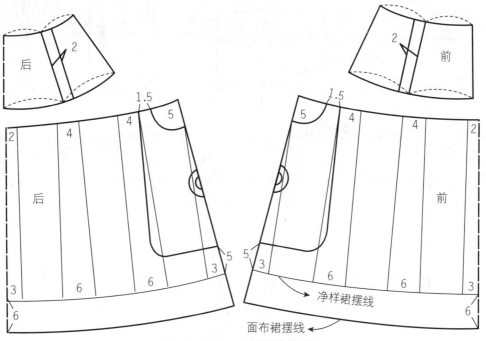

图 3-3-6(b)　灯笼裙结构处理

图 3-3-6(c)　灯笼裙侧袋结构处理

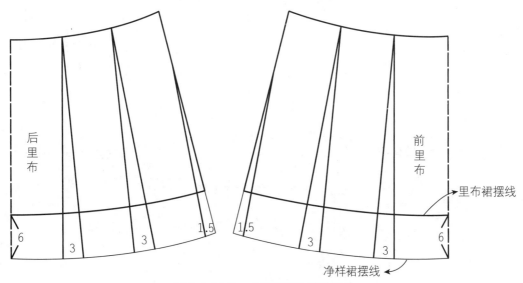

图 3-3-6(d)　灯笼裙里布结构设计

（二）样版制作（图3-3-7、图3-3-8）

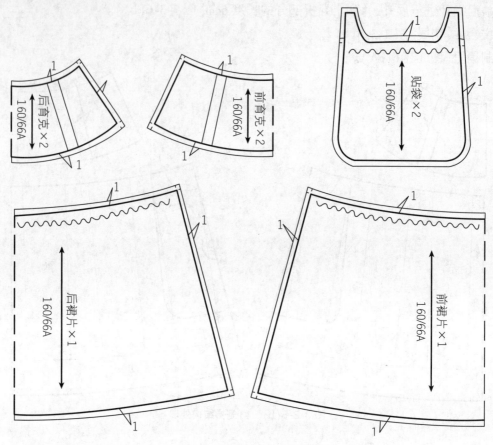

图3-3-7　灯笼裙面布样版

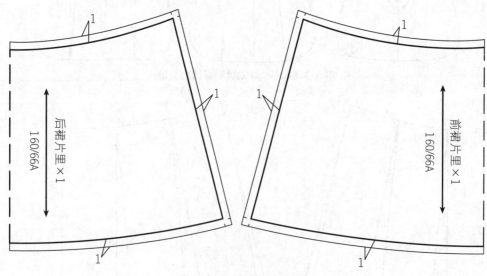

图3-3-8　灯笼裙里布样版

三、褶皱裙结构设计与纸样

(一)款式、面料与规格

1. 款式特点(图 3-3-9)

此款为合体褶皱裙,裙长在膝盖附近,前片纵向分割无腰省,侧片抽褶;后片弧线分割,左右各设一腰省,后中装隐形拉链。款式造型独特,适合年轻女性穿着。

2. 面料

根据裙子造型,适合选用有一定厚度和挺括的面料,可选用棉、麻以及化纤面料,如卡其布、棉平布、棉缎等。

用料:面料幅宽 150cm,用量 70cm;面料幅宽 110cm,用量 100cm;里料幅宽 110cm,用量 50cm。

3. 规格设计

表 3-3-3 所示为褶皱裙规格表。

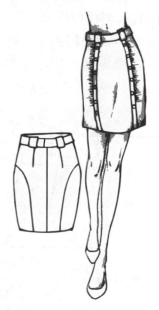

图 3-3-9 褶皱裙款式图

表 3-3-3 褶皱裙规格表 (单位:cm)

号 型	部位名称	裙长(L)	腰围(W)	臀长
160/66A	净体尺寸	/	66	18
	成品尺寸	50	/	18

(二)原型法结构要点(图 3-3-10)

1. 确定裙长和腰头分割线,后片绘制弧形分割线,下摆分割线处去掉 1cm;前臀围/2 处确定纵向分割线,前一腰省移至纵分割线处,并标注纽扣位置(图 3-3-10)。

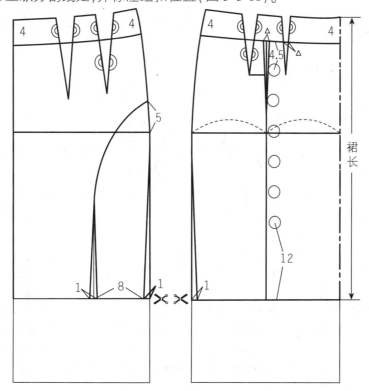

图 3-3-10 褶皱裙原型法结构图

(三)样版制作

1. 样版处理(图3-3-11)

1)腰头的腰省合并,将前、后侧腰省转移至分割线。

2)前侧片设切展线,并扇形拉展。

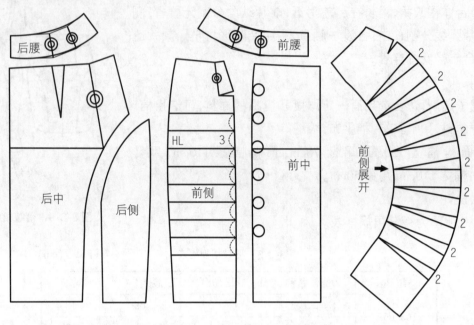

图3-3-11 褶皱裙各片样版处理

2. 褶皱裙面布样版(图3-3-12)

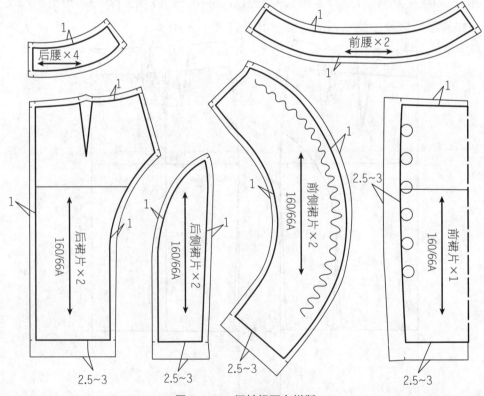

图3-3-12 褶皱裙面布样版

3. 褶皱裙里布样版(图3-3-13)

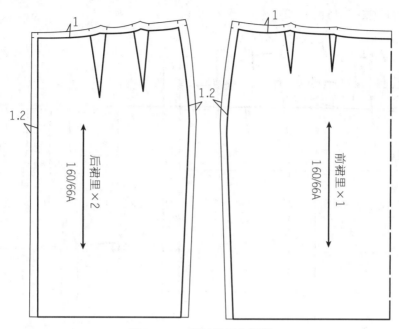

图3-3-13　褶皱裙里布样版

四、高腰背带裙结构设计与纸样

(一)款式、面料与规格

1. 款式特点(图3-3-14)

此款为高腰背带短裙,裙长在膝盖上,裙子横向分割,上为高腰部分,下为短筒裙,后中装隐形拉链。款式风格休闲中带优雅,适合年轻女性穿着。

2. 面料

根据裙子造型,适合选用有一定厚度和挺括的面料,可选用棉、麻及化纤面料,如卡其布、棉平布、棉缎等。

用料:面料幅宽110~150cm,用量75cm;里料幅宽110cm,用量50cm。

3. 规格设计

表3-3-4所示为高腰背带裙规格表。

图3-3-14　高腰背带裙款式图

表3-3-4　高腰背带裙规格表　　　(单位:cm)

号　型	部位名称	裙长(L)	腰围(W)	臀长
160/66A	净体尺寸	/	66	18
	成品尺寸	52(不含背带)	68~69	18

(二)原型法结构要点(图3-3-15)

1. 在裙原型腰线向上追加高腰量6cm,并延长省道,基础腰线下5cm设横向分割线,再从高腰位向下定裙长[图3-3-15(a)]。

2. 剪切高腰片,合并侧腰省。

3. 侧下摆收进 1.5cm,后片侧腰省移至侧缝和后中去掉;前片两腰省间设纵向切展线[图 3-3-15(b)]。

4. 展开前裙片[图 3-3-15(c)]。

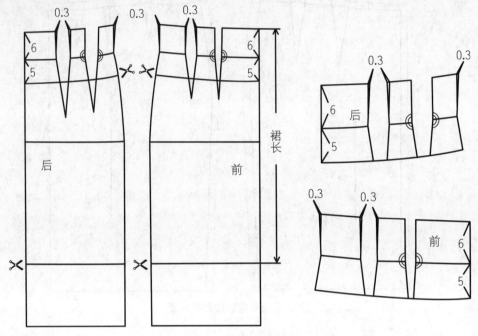

图 3-3-15(a)　高腰背带裙结构设计

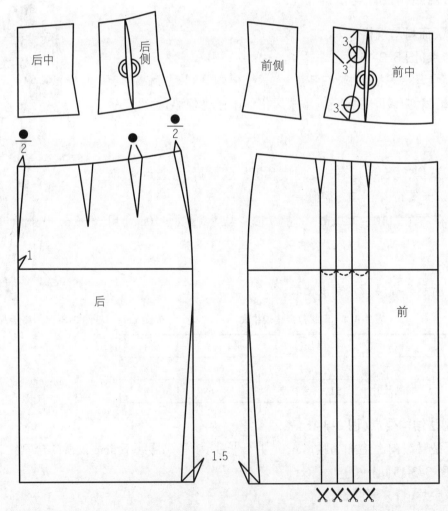

图 3-3-15(b)　高腰背带裙结构处理

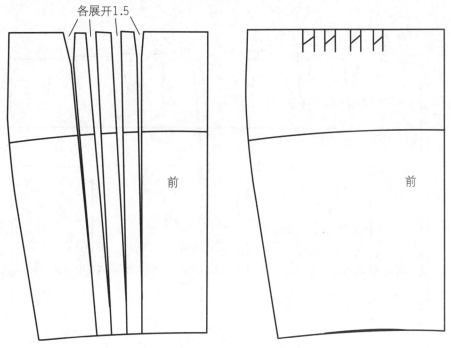

图 3-3-15(c) 裙身展开

(三)样版制作(图 3-3-16、图 3-3-17)

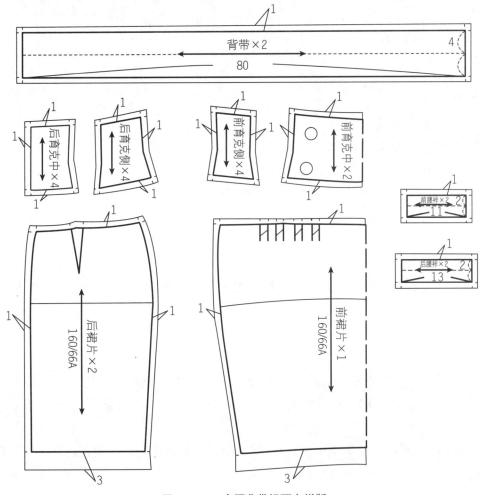

图 3-3-16 高腰背带裙面布样版

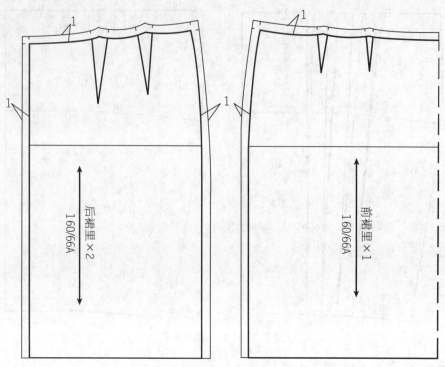

图 3-3-17 高腰背带裙里布样版

课后作业

一、简答题

1. 裙子可按哪几种形式分类？

2. 裙子从廓型上分有哪几类？

3. 基本裙结构中,前后腰省如何设置,有何差异？

4. 鱼尾裙款式中,常见分割结构设计有哪几种？

5. 裙款中,常见的褶裥设计有那几种？

二、项目练习

1. 对本章的变化裙款有选择性地进行结构制图与纸样制作,制图比例分别为 1：1 和 1：3(或 1：5) 的缩小图。

2. 对本章的时尚裙款有选择性地进行结构制图与纸样制作,制图比例分别为 1：1 和 1：3(或 1：5) 的缩小图。

3. 市场调研,收集时尚流行裙款,归类整理,图文并茂。并根据收集的时尚流行裙款和"女装设计(一) "课程中自行设计的裙款中,选择 1~3 款展开 1：1 结构制图与纸样制作,培养举一反三、灵活应用的能力。

结构制图与纸样制作要求:制图步骤合理,基础图线与轮廓线清晰分明、公式尺寸、纱向、符号标注工整明确。

第四章 裤子结构设计与纸样

【学习目标】

通过本章学习,了解裤子的种类,学习与掌握基本裤款的结构制图方法、制图要求与规范;并掌握裤子变化款、时尚款的结构设计与纸样制作能力,从而掌握裤子结构变化原理,培养举一反三、灵活运用的能力,为后期的裤子缝制工艺做好裤子样版的准备。

【能力设计】

1. 充分理解裤子结构设计原理,培养学生裤子结构制图与纸样制作的能力,达到专业制图的比例准确、图线清晰、标注规范的要求。

2. 根据不同裤子款式,分别进行相应的结构设计与纸样制作。

裤子是围包人体腰腹臀部,臀底分开包裹双腿的下装。易于下肢运动且功能性好的裤子,最初是男性的主要下装,历史悠久,而女裤始于19世纪末20世纪初。

裤子的称呼多种多样,美国称 pantaloon(简语 pants),英国称 trousers 或 slacks,法国称 pantalon,日本称ズボン。

裤子名称随时代的变迁有不同的变化,根据造型、款式、裤长及材料和用途,也有各种各样的名称。如与男西服和礼服配套的正装西裤,与毛衣、衬衣配穿的单品西裤,蓬松圆型的灯笼裤,马裤,牛仔裤,宽松裤、短裤等等。

第一节 裤子的种类与面辅料

一、裤子的种类

裤子种类很多,根据观察角度的不同有不同的分类形式,一般有如下几种分类:

(一)按裤子长度分类(图 4-1-1)

1. 热裤(hot pants)、迷你短裤(mini pants):或称超短裤,裤长至大腿根部。

2. 牙买加短裤(Jamaica shorts):裤长至大腿中部,因西印度群岛避暑地牙买加岛而得名。

3. 百慕大短裤(Bermuda shorts):裤长至膝盖以上,裤口较细。因美国北卡罗来纳州避暑地百慕大群岛而得名。

4. 甲板短裤(deck pants):或称及膝裤、五分裤、中裤,

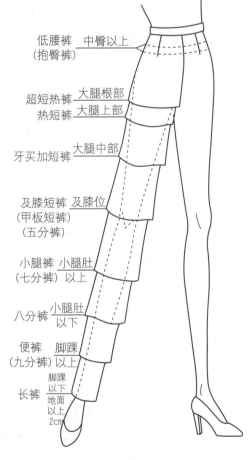

图 4-1-1 裤长分类图

低腰裤(抱臀裤) —— 中臀以上
超短热裤 —— 大腿根部
热短裤 —— 大腿上部
牙买加短裤 —— 大腿中部
及膝短裤(甲板短裤)(五分裤) —— 及膝位
小腿裤(七分裤) —— 小腿肚以上
八分裤 —— 小腿肚以下
便裤(九分裤) —— 脚踝以上
长裤 —— 脚踝以下地面以上2cm

裤长至膝盖位。

5. 中长骑车裤(pedal pushers):或称七分裤、小腿裤,裤长至小腿肚以上。

6. 短长裤(maxi-shorts):或称八分裤,裤长至小腿肚以下。

7. 卡普里裤(Capri pants):或称九分裤、便裤,裤长至脚踝或脚踝以上。

8. 长裤:通常配有跟的鞋,裤长至鞋跟的中上部或至地面以上2~3cm处。

(二)按裤子腰位高低分类(图4-1-2)

①束腰裤:正常腰位,装腰带,是最常见的裤款。

②无腰头裤:正常腰位,装腰贴或腰位包条缝而不装腰带。

③连腰裤:腰带部分与裤身片相连裁制的裤款。

④低腰裤:腰位落在正常腰位以下3~5cm处,露肚脐的紧身裤。

⑤高腰裤:结构类似于连腰裤,只是腰位抬高至胸下部位。

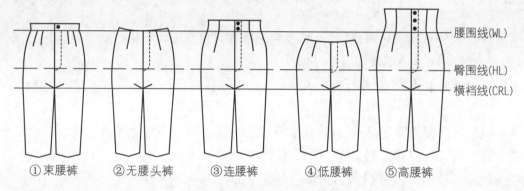

①束腰裤　②无腰头裤　③连腰裤　④低腰裤　⑤高腰裤

腰围线(WL)

臀围线(HL)

横裆线(CRL)

图4-1-2　裤子腰位分类图

(三)按加放的松量分类(图4-1-3)

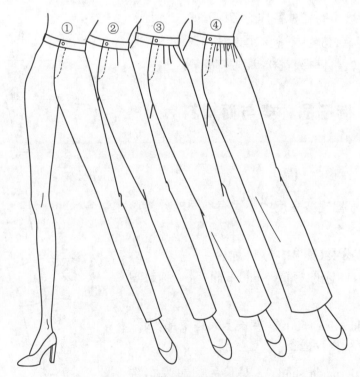

图4-1-3　裤子宽松程度分类图

①紧身裤(贴体裤):臀围松量较少或没有,腰部无褶设省,甚至无省。

②合体裤(基本裤、西裤):臀围松量适宜,前腰部设一至二省。

③较宽松裤:臀围松量较多,前腰部设一至二褶。

④宽松裤:臀围松量多,前腰部设两个以上的褶。

(四)按裤子廓型外观分类

1. 直线型:裤管从上至下成笔直的直线形状,根据松量、长度的变化有各种各样的款式。如卷烟裤、直筒裤、宽松筒裤或面袋裤、翻边裤等,见图4-1-4。

1) 卷烟裤:紧身细瘦,无中缝线的裤款,体现女性的曲线美,见图4-1-4(a)。

2) 直筒裤,即直筒西裤:裤管笔直,适当松量,穿着方便,见图4-1-4(b)。

3) 宽松筒裤(面袋裤):裤管宽松,直裆较深,由臀围的松量一直延伸至裤口,给人轻松舒适感,见图4-1-4(c)。

4) 翻边裤:前片腰围两个褶,裤管笔直,裤脚向外翻折边,前后片熨烫出笔直清晰的中缝线,见图4-1-4(d)。

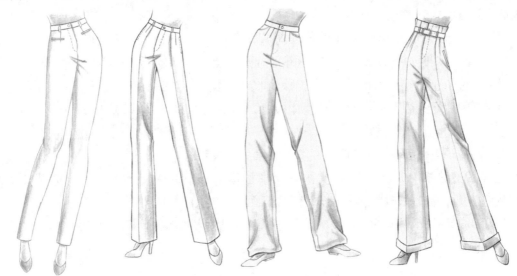

图4-1-4(a)卷烟裤　图4-1-4(b)直筒裤　图4-1-4(c)宽松筒裤(面袋裤)　图4-1-4(d)翻边裤

图4-1-4　直线型裤

图4-1-5(a)锥形裤(萝卜裤)　图4-1-5(b)陀螺裤　图4-1-6(a)大喇叭裤　图4-1-6(b)吊钟裤　图4-1-6(c)牧童裤

图4-1-5　倒梯型裤　　　　　　　**图4-1-6　帐篷型裤(喇叭裤)**

2. 倒梯型裤：呈上大下小状，即臀围松量较多，向裤口逐渐收细的裤型。如锥形裤、陀螺裤等，见图 4-1-5。

1）锥形裤（又名萝卜裤）：臀围加一定的松量，腰围加入褶或碎褶，从大腿向裤口逐渐变细，见图 4-1-5（a）。

2）陀螺裤：因造型像西洋陀螺而得名。强调腰部造型，臀部膨胀，从腿部向裤口逐渐变细，见图 4-1-5（b）。

3. 帐篷型裤（喇叭裤）：腰、臀和大腿部位合体，从臀围线或膝位线起，向下至裤口逐渐肥大的裤型。如大喇叭裤（又名水兵裤）、吊钟裤、牧童裤等，见图 4-1-6。

1）大喇叭裤：也称水兵裤。腰臀部合体，从腿根开始向裤口逐渐变大的裤款，见图 4-1-6（a）。

2）吊钟裤：腰、臀至大腿合体，从膝位以上向裤口逐渐变大，裤口宽大形成吊钟型的裤款，见图 4-1-6（b）。

3）牧童裤：起源于南美牧童穿的裤型，腰臀部合体，裤长至小腿肚，裤口宽松肥大的裤款，与现代的裙裤相似，见图 4-1-6（c）。

4）小喇叭裤：腰、臀至大腿合体，从膝位处向裤口稍变大，裤腿造型微喇的裤款。

4. 纺锤型裤：裤口通过褶或碎褶收紧，腿部形成蓬松造型的裤款，见图 4-1-7。

1）无带裤：裤子整体都有松量，裤口在脚踝处收紧安装带褶，见图 4-1-7（a）。

2）后妃裤：因后妃穿着而得名。裤子整体膨胀，裤口肥大，裤长至脚踝收紧而形成宽松型，见图 4-1-7（b）。

3）灯笼裤：裤子整体都有松量，裤口在膝下收紧后安装带褶。

4）布鲁姆式灯笼裤：19 世纪中叶，美国妇女解放运动先驱——女记者布鲁姆穿用的超短灯笼裤。裤腿松量充足，裤口收碎褶，形成气球造型，见图 4-1-7（c）。

5）马裤：即骑马裤，为方便骑马而设计，从膝部到大腿宽松膨胀，而膝下至脚踝合体，大多数安装纽扣或拉链，见图 4-1-7（d）。

图 4-1-7（a）无带裤　　　图 4-1-7（b）后妃裤　　　图 4-1-7（c）布鲁姆式灯笼裤　　图 4-1-7（d）马裤

图 4-1-7　纺锤型裤

5. 贴体裤型:裤子整体松量都较少,造型比较合体的裤款,见图4-1-8。

1) 细裤:也称细长裤、窄裤。臀部松量少,向裤口逐渐变细,图4-1-8(a)。

2) 斗牛士裤:是模仿西班牙斗牛士裤而设计的款式,裤管细长至小腿肚,裤口侧缝同骑车裤,见图4-1-8(b)。

3) 骑车裤:因方便骑车而得名,裤长至膝盖和小腿部,裤口侧缝开衩或开口,方便穿脱,见图4-1-8(c)。

4) 脚蹬裤:也称踏脚裤,因骑马时脚踏部位而得名。裤口连裁脚蹬或装松紧带,常用伸缩性好的弹性面料,见图4-1-8(d)。

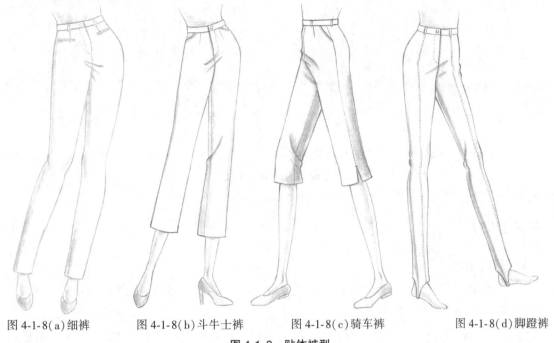

图4-1-8(a)细裤　　图4-1-8(b)斗牛士裤　　图4-1-8(c)骑车裤　　图4-1-8(d)脚蹬裤

图4-1-8　贴体裤型

6. 其他造型裤:见图4-1-9。

1) 褶裤:裤腰围加入褶裥,非常宽松,直裆长或无裆,裆部宽松肥大,裤口合体或收紧,见图4-1-9(a)。

2) 松腰裤:宽松造型,无腰带,在腰部加弹性橡筋,腰围可随意变化,见图4-1-9(b)。

3) 牛仔裤:起源于19世纪50年代,美国西部淘金劳动者穿着的裤款,在现代广泛流行,采用紧密结实的斜纹棉布制作,见图4-1-9(c)。

4) 工装裤:工作服装,在普通裤上加胸部肚兜和背带,见图4-1-9(d)。

此外还可按穿着场合、季节、年龄、职业、材料与用途等因素来分类命名。

图4-1-9(a)褶裤　　　图4-1-9(b)松腰裤　　　图4-1-9(c)牛仔裤　　　图4-1-9(d)工装裤

图4-1-9　其他造型裤

二、裤子的面辅料

（一）裤子的面料

在裤子设计中,面料起着重要的作用。裤子的面料可采用从薄织物到厚重型织物,种类非常丰富,包括各种纤维的机织物和针织物。一般裤料在强调穿着舒适之外,应选择织造细密坚实、具有一定的抗皱性、坚牢性、耐磨性和耐洗性的面料,由此,裤子通常选择质地组织紧密、布面效果相对平整而坚固的面料。

毛料、棉布是裤子的首选面料,不同的面料有不同的特性,适合不同风格的裤款。裤子的风格大体可分为西裤、时装裤、紧身裤、休闲裤和运动裤等。因此,要充分了解各种面料的特征,根据裤款作相应的选择。一般春秋季以涤、棉、毛、化纤及各种混纺织制的中厚型面料为主;夏季常用棉麻或化纤类轻薄凉爽的面料,追求休闲、飘逸的风格;冬季常用呢绒、皮革、起毛等厚重型面料。此外,裤子的款式与面料的风格要相得益彰。

（二）裤子的辅料

裤子的辅料主要包括里料、衬料、紧扣材料、缝线、商标等。

1. 里料:裤子里料的性能、颜色、质量、价格等要与面料协调统一。即里料的缩水率、耐热性、耐洗性及强度、厚度、重量等特性与面料相匹配,颜色相协调,色牢度好;且光滑、轻软、耐用。蓬松、易起球、生静电和弹性织物不宜作里料。休闲裤选用棉布里料,高档毛料裤选用真丝里料,中低档裤选用涤纶、锦纶、黏胶纤维、醋酯纤维等化纤里料。

2. 衬料:衬料是附在面料与里料之间的材料,并能赋予服装局部造型与保型的性能,并不影响面料手感和风格。裤子需粘衬的部位有裤腰带、裤脚折边、兜盖、袋口等,从而加强这些部位平整、抗皱、强度、不变形和可加工性。根据裤子不同部位用衬的特点,一是保证裤腰不倒不皱、富有弹性的腰衬,二是机织、针织或非织造的热熔胶黏合衬。

3. 紧扣材料:裤子紧扣材料有纽扣、拉链、挂钩、尼龙搭扣及绳带等辅料,同时,这些辅料又能起装饰作用。

1) 纽扣:裤子上使用较多的有用压扣机固定的非缝合的金属掀扣、电压扣和树脂扣。一般金属扣用在牛仔裤上,电压扣和树脂扣用于西裤、休闲裤。

2) 拉链:裤子上使用的拉链有闭尾的常规拉链和隐形拉链两种。一般常规的金属拉链用在牛仔裤上,涤纶、尼龙拉链用于西裤、休闲裤。

3) 挂钩:挂钩形状、规格多样,裤腰常用片状金属挂钩。钩状的上环装钉在绱门襟的腰头里侧,片状的底环装钉在绱里襟的腰头正面。

4) 尼龙搭扣:可作为拉链、纽扣的替代品,并可用来调节围度,它的一层为钩面,另一层为环面,两层相搭,就可以扣住。常用于裤腰头、贴袋或袋盖部位。

5) 绳带:装于腰头或裤侧腰缝处,抽束调节腰围量,能起到装饰作用。

第二节　基本裤结构设计与纸样

人体下体是一个复杂的曲面体,裤子是围包人体下体的下装,因此,裤子结构也较为复杂。在绘制裤子结构与样版前,要先了解裤子结构各部位结构线名称和作用及相关的专业术语。

一、裤子的结构名称、作用及专业术语

(一)裤子的结构名称和作用(图 4-2-1)

1. 前、后腰围线(FWL、BWL):根据人体腰部命名。人体做上下蹲运动时,臀部和膝部的横向与纵向的皮肤伸展变化明显,尤其是后中心线、臀沟的纵向伸展率最大,决定了前、后裆缝线结构的不同,形成前腰稍低、后腰稍高的穿着特点及前、后腰围线结构的不同。

2. 臀围线(HL):平行于腰部基础线以臀长取值的水平线即为臀围线。臀围线除确定臀围位置外,还控制臀围和松量的大小,且具有决定大小裆宽数据的作用。

3. 横裆线(CRL):平行于上平线,以上裆长(股上长)取值的水平线即为横裆线。该结构线的确定直接影响到裤子的功能性和舒适性。

4. 前、后中裆线:位于膝盖骨的位置,又称"膝位线、髌骨线"。该结构线可上下移动,是裤管造型设计的关键基准线。

5. 前、后裤口线:以裤长取值的水平线,是前、后裤口宽的结构线,亦称前、后脚口线。根据人体臀部大于腹部的结构特征,裤子的后片结构大于前片结构,由此,后裤口宽必定大于前裤口宽。

6. 前、后烫迹线:位于前、后裤片居中的垂直结构线。亦称"前、后挺缝线"。前、后烫迹线必须与面料的直丝绺保持一致,也是判断裤子造型及产品质量的重要依据。

7. 前、后裆弧线:前裆弧线指由腹部往裆底的一段凹弧结构线,由于腹凸偏上不明显,则其凹势小而平缓,亦称"小裆弯、前窿门";后裆弧线指由臀沟部往裆底的一段凹弧结构线,由于臀凸大且偏下,则其凹势大而陡,亦称"大裆弯、后窿门"。

8. 前、后中心线:位于人体腰臀的前、后中心位置,亦称"前、后上裆线"。前中心线由小裆弯和门襟劈势线两部分组成;后中心线由大裆弯和后裆困势线两部分组成。这两个结构线符合人体腰腹部和腰臀部的形状,考虑人体的活动性和舒适性,则前中心线为曲率小的短结构线,而后中心线为斜长的结构线。

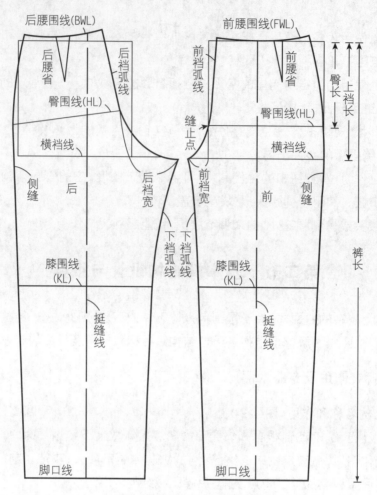

图 4-2-1　裤子的结构名称

9. 前、后内缝线：位于下肢内侧的结构线，亦称"前、后下裆线"。后内缝线曲率必大于前内缝线曲率，应采用吃势、拉伸、归拔的工艺，使两结构线的长度一致。

10. 前、后侧缝线：位于髋部和下肢外侧的结构线，亦称"前、后栋缝线"。后侧缝线曲率必大于前侧缝线曲率，也应采用吃势、拉伸、归拔的工艺，使两结构线的长度一致。

11. 落裆线：指后裆弧线低于前裆弧线的一条水平基准线，落裆的作用是使裤子穿着更适体。

12. 褶裥位线：裤子褶裥位于前烫迹线与前侧缝之间的腰围线。根据款式可有一至多个褶裥，有正反之分，以前身腰臀差决定褶裥量。

13. 后省线：位于后腰围线，根据款式可有一至两个腰省，以后身腰臀差决定后省量。

14. 后袋线：是有后袋的裤后身的款式特征，通常先确定袋口线，再绘制后省线。

（二）与裤子相关的专业术语（图 4-2-2）

1. 划顺：直线与弧线或弧线与弧线的连接。

2. 劈势：在垂直线上向里偏进需去掉的量，如裤前中心线、侧缝线。

3. 翘势：在水平线上逐渐抬高的量，如裤后腰口起翘。

4. 凹势：指轮廓线内凹的曲率程度。为划顺裤窿门、内缝线、外侧缝线等弧线所注明的尺寸。

5. 胖势：指轮廓线外凸的曲率程度，如裤片的腰臀间的侧缝线。

6. 困势：后裤片比前裤片倾斜偏移的程度，有侧缝困势和后裆缝困势。

7. 落裆量:裤子结构中,后裤片上裆深度大于前裤片上裆深度,前后上裆深度差称落裆量。

8. 上裆:又称"直裆"、"立裆",是指裤子横裆线以上的长度。

9. 下裆:是指裤子横裆线以下至裤口的长度。

10. 裤窿门宽:指裤子结构中,前、后裆宽间距,对应人体的腹臀厚。

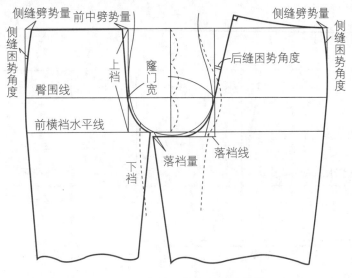

图4-2-2　与裤子相关的专业术语

二、女西裤结构设计与纸样

(一)款式、面料与规格

1. 款式特点(4-2-3)

女西裤为春秋季时装裤,是常与西服配套的下装,显示合体、庄重的风格特征。款式特点为束腰直筒裤,臀部有适当松量,前裤腰口处设一倒向侧缝的单褶和一小腰省,后裤腰口处设两腰省,侧缝直插兜,右侧开门缝拉链。穿西裤能弥补体型不足,适合任何人穿着。

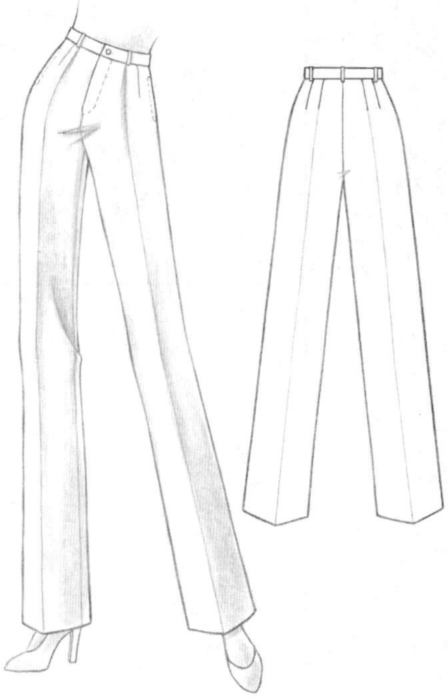

2. 面料

女西裤面料选用范围较广,毛料、棉布、呢绒及化纤等面料均可采用。如法兰绒、华达呢、美丽诺、哔叽、直贡呢、凡立丁、派力司、单面华达呢、隐条呢、哔叽、双面卡其、轧别丁等中厚型织物面料。

用料:面布幅宽150cm,用量110cm;面布幅宽110cm,用量160cm;里料幅宽100cm,用量40cm;黏合衬幅宽90cm,用量20cm。

图4-2-3　女西裤款式图

3. 规格设计

表4-2-1所示为女西裤规格表。此表以多数服装企业的母版号型规格的 M 号为例,表中规格尺寸不含其他影响成品规格的因素,如缩水率等。为方便结构处理,表中成品的臀长以不含腰头宽的裤片尺寸为依据。

裤子结构设计与纸样

表 4-2-1 女西裤规格表 （单位:cm）

号型	部位名称	腰围(W)	臀围(H)	裤长(L)	上裆(D)	臀长	裤口宽	腰头宽
160/66A	净体尺寸	66	90	100	28.5	17	/	/
	成品尺寸	66	98	100	28.5	17	21	3.5

（二）结构制图

1. 基础框架线绘制（图 4-2-4）

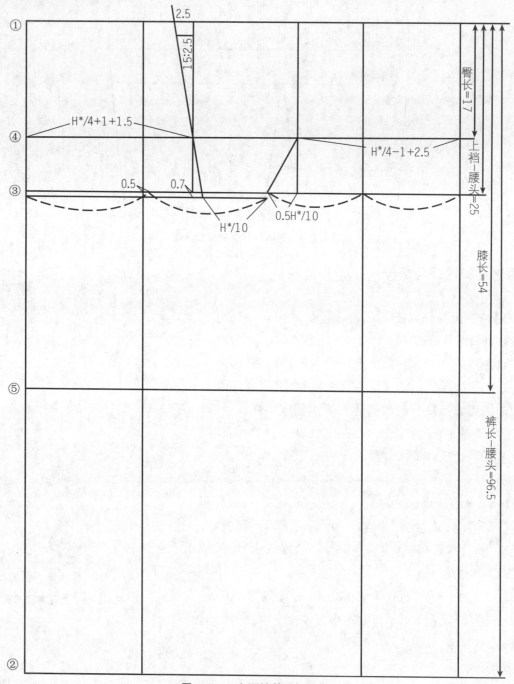

图 4-2-4 女西裤基础框架线

（1）五线定长：①上平线

　　　　　　②下平线：①~②间距＝裤长-3.5（腰带宽）＝96.5cm;

③横裆线:①~③间距=上裆长-3.5(腰带宽)=25cm;

④臀围线:①~④间距=臀长=17cm;

⑤中裆线:①~⑤间距=膝长=54cm。

(2)前臀围宽:$H^*/4-1+2.5=24cm$。

(3)前裆宽$=0.5 H^*/10=4.5cm$。

(4)前烫迹线(前挺缝线):前横裆宽/2=(前臀围宽+前裆宽)/2。

(5)腹臀宽$=1.6H^*/10$,后裆斜=15cm:2.5cm,后裆宽$=H^*/10=9cm$,后裆翘=2.5cm,落裆量=0.7cm。

(6)后臀围宽$=H^*/4+1+1.5=25cm$。

(7)后烫迹线(后挺缝线):后横裆宽/2=(后臀围宽+后裆宽)/2,再向侧缝偏移0.5cm。

(注:H^*、W^*表示净臀围、净腰围尺寸)

2.轮廓线绘制(图4-2-5)

(1)前中偏进1cm,下落=1cm,前侧腰偏进1~2cm,前腰$=W^*/4+1+$褶+小省,绘制前中线、腰围线和侧缝线(横裆线以上)。

(2)后侧腰偏进1~1.5cm,后腰$=W^*/4-1+$省,绘制后腰围线和横裆线以上的侧缝线。

(3)如图画前、后裆弧,前裆弧弯势=◆,后裆弧弯势=◆-0.5cm。

(4)前裤口=裤口宽-2cm,后裤口=裤口宽+2cm。

(5)前横裆侧与前裤口侧连线,在中裆线处凹弧1cm,并且此点至前烫迹线=△=前中裆宽/2,另后中裆宽=2×(△+2cm);从横裆、中裆至裤口依次连接下裆的侧缝与内裆缝。

3.内部结构及零部件绘制(图4-2-5)

(1)前腰褶从挺缝线起取,腰褶至侧腰的中间取前腰省。

(2)前门襟宽=3cm,止口在臀围线下1cm。

(3)前侧直插袋在腰线下3cm起,袋口长=15cm。

(4)后腰围三等分,各1/3处起向侧缝方向分别设腰省。

(5)裤袢大=4.5cm×1cm,分别位于后中腰,后侧缝偏进2.5cm,前挺缝线处。

(6)腰带$=(W^*+3cm)×3.5cm$的长方条。

(三)样版制作(图4-2-6)

1.缝份

(1)腰围、前裆弧的缝份1cm。

(2)侧缝、下裆内缝的缝份1.5cm。

(3)裤口折边4cm。

(4)后裆弧递增缝份1~2.5cm。

(5)前后裆弯转角做平角处理,裤口边转角做折角处理。

2.剪口与定位

臀围、横裆、中裆及侧直插袋位、省大、褶大等处剪口,在省道内距省尖2cm定位扎孔。

3.文字标注

各裁片标注纱向、款名、裁片名、号型、裁片数及面料等。

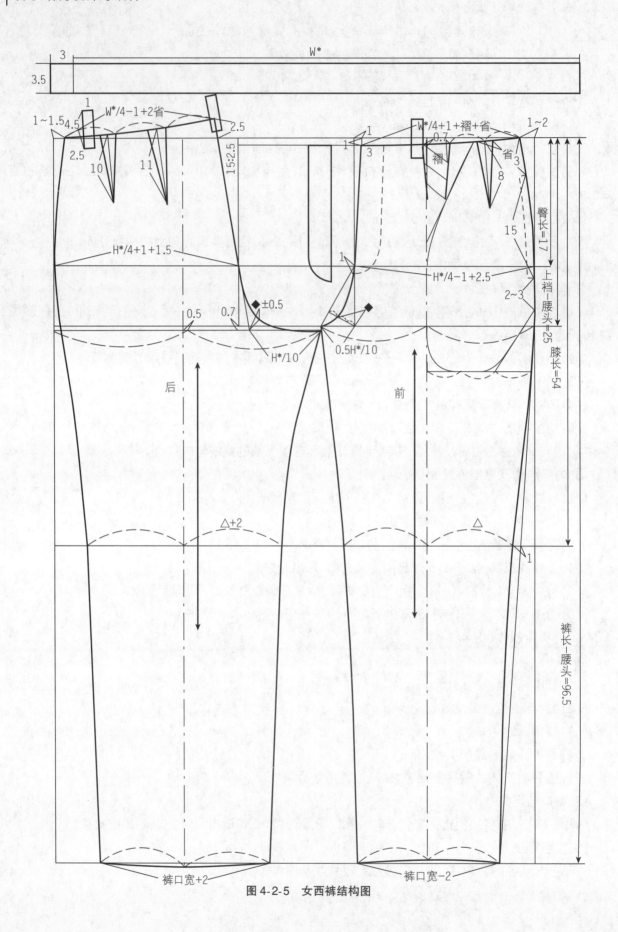

图 4-2-5　女西裤结构图

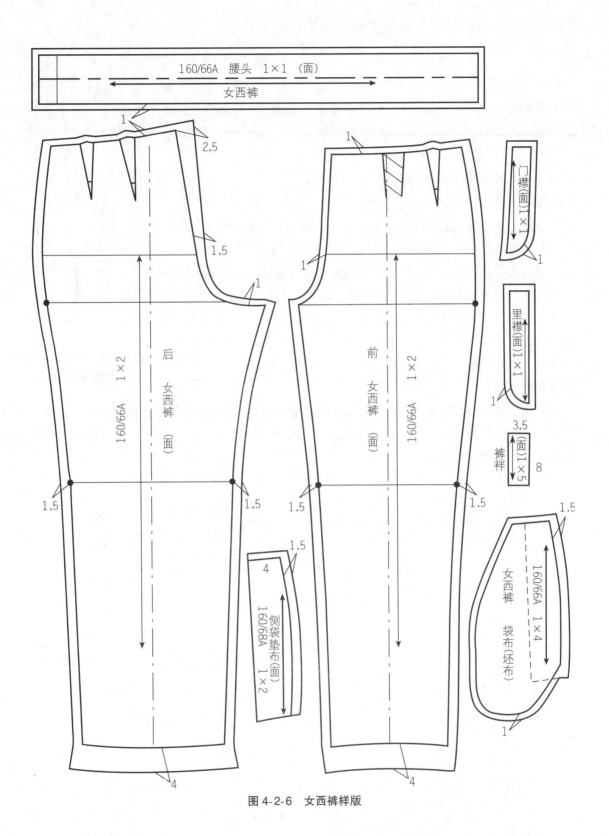

图 4-2-6　女西裤样版

三、人体下体静态与动态特征和裤子结构关系分析

裤子结构设计与人体下体特征及穿着者的合体性、舒适性息息相关，如果结构处理不当会影响穿着者的运动和工作。这就要求裤子结构设计不仅要考虑裤子的合体美观性，还要考虑穿着者的步行、坐、下蹲、上下楼梯等运动时的舒适感。下面就下肢特征及人体运动功能展开分析，探讨合理、科学的裤子结构参数。

（一）人体下体静态特征和裤子结构关系分析

1. 人体下体体表功能分布

图 4-2-7 显示了人体下体体表功能分布区。腰臀间为贴合区，由裤子的腰省、腰褶形成密切贴合区，臀沟至臀底（CR）为作用区，是考虑裤子运动功能的中心部位；臀底（CR）以下至大腿根为自由区，是人下体运动对臀底（CR）剧烈偏移调整用的空间，也是裤子裆部结构自由造型空间，下肢为裤管造型设计区。从功能上来看，可见腰臀部、臀沟至臀底（CR）是裤子结构设计的重点及难点之处，特别是女体起伏大。因此，下面阐述人体下体特征与运动功能，以此进行裤子结构参数研究。

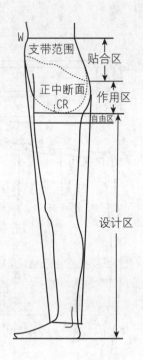

图 4-2-7 人体下体体表
功能分布图

2. 腰臀形态差

了解人体下体的水平与垂直断面形状是了解人体体型的厚度、宽度的手段，对裤子结构设计至关重要。将下体各部位的水平断面作比较，能了解人体突出程度，立体形状（厚度、宽度的平衡），在裤子结构设计上能确定腰省和褶裥的量。

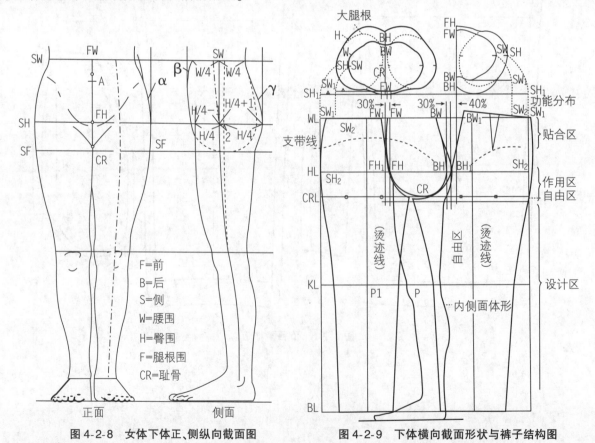

F=前
B=后
S=侧
W=腰围
H=臀围
F=腿根围
CR=耻骨

图 4-2-8　女体下体正、侧纵向截面图　　　　图 4-2-9　下体横向截面形状与裤子结构图

图 4-2-8 为女体下体正、侧纵面截面图,图 4-2-9 为人体下体横向截面形状与裤子结构图。前裤片覆合于人体的腹部、前下裆部;后裤片覆合于人体的臀部、后下裆部,CR 为人体会阴点。相对于裙子结构,裤装结构增加了裆部,WL—CRL 为裤子上裆,与人体臀底间有少量松量。FH—BH 为人体腹臀宽,FH_1—BH_1 为裤子裆宽,两者有着密切吻合的关系,且前后上裆的倾斜角与人体都有一定的对应关系。

(二)人体下体动态特征和裤子结构关系分析

裤子结构设计,不仅要考虑合体美观,还要考虑穿着者运动的舒适性,符合人体工学,富有运动机能。这就要求进行裤子结构设计时,不仅要考虑腰腹臀部舒适量的确定,也要考虑下肢的步行、坐、下蹲、上下楼梯等常规活动要求。

1. 腰围舒适量

人在席地而坐作90°前屈时,腰围增量为 2.5~3cm,呼吸、进餐、坐椅时,腰围增量为 1.5~2cm,则腰围一般舒适量为 2cm。由于腰围可塑性强,2~3cm 的压迫不会对人体腰部造成不适感,因此,腰围松量为 0~2cm,通常取净腰围不加松量。

2. 臀围舒适量

臀部肌肉组织发达有力,人在席地而坐作90°前屈时,臀围将会增量 4cm,呼吸、进餐、坐椅时,臀围将会增量 3cm,则臀围最小舒适量为 4cm。然而裤装根据宽松度变化可分为紧身裤型、贴体裤型、合体裤型和宽松裤型等几种形态,主要体现在臀围的加放松量多少。如:

紧身裤的臀围加放松量为 0~4cm(满足人体运动臀围的基本增量);

紧身裤采用伸长的弹力面料,臀围松量设计为 ≤4cm-面料弹性伸长量;

合体裤的臀围加放松量为 4~8cm;

较宽松裤的臀围加放松量为 8~12cm;

宽松裤的臀围加放松量为 12cm 以上。

3. 前后臀围松量分配

1) 长裤的前后臀围松量分配

通常在长裤结构设计中,臀围松量的分配是较平均地分配在前身、裤窿门、后身。然而人体下肢运动时,臀部和膝部的横向与纵向的皮肤伸展变化较其他部位明显,尤其是后中心线、臀沟、大腿内侧部位的纵向伸展率最大,即后裤片结构中的后翘的产生是与其分不开的。

人体前身运动时,在腹臀、膝盖处主要表现为横向伸展,其余部位皮肤大多呈缩折状态,对应的裤片部位也起皱,另人体下肢通常是前屈运动,则前身横向伸展率大;因此,考虑腿、膝前屈运动的横向伸展量和运动量,则大多数松量应加在前臀围较为合理,尤其宽松裤的大多数松量应放在前身,以腰部褶裥处理。

人体后身只有臀部有适量的横向伸展,但不及前身的横向伸展率大;因此,裤子前后臀围松量合理分配是:后臀围只需 1~4cm 的舒适量,使后臀部达到合体舒适即可,以腰省处理。一般情况下,即使是宽松裤,后臀围也无需太多松量,过多反而使穿着效果不美观、不服帖,如果是造型夸张的宽松裤,后臀围另加造型松量。

2) 短裤的前后臀围松量分配

在短裤结构设计中,由于没有涉及腿、膝前屈运动的横向伸展量和运动量,仅仅考虑臀沟、大腿内侧部位的纵向伸展率和臀部横向伸展量为主,所以臀围松量的分配可以前少后多或平均分配较为合理。

3）侧缝线位置的确定

由图4-2-8侧面可见，臀峰凸明显大于腹凸，如果前臀围=后臀围=H/4，侧缝太偏后，视觉上不美观，则前后臀围通常以前臀围=H/4-（1~2），后臀围=H/4+（1~2），前后差2~4cm，使侧缝前靠，既符合人体体型又达到视觉上的美观效果。

在传统裤子结构设计中，前后腰围结构处理同于前后臀围，即前腰围=W/4-1，后腰围=W/4+1，侧腰点偏前，使臀腰间侧缝前倾不顺直。从图4-2-8、4-2-9人体侧面纵向截面图和下体水平截面图可见人体腰臀形体特征，腰围相对于臀围居前，腰围应是不做前后差或前加后减才科学合理，即前腰围=后腰围=W/4或前腰围=W/4+1、后腰围=W/4-1，使侧缝达到顺直不前倾的效果。

4. 腰省（腰褶）结构处理

在裤子结构设计中，根据人体腰腹与腰臀的形态特征和裤子风格的不同，腰腹、腰臀间贴合程度也不同。前裤身除前中心、侧缝劈势外，设腰省或腰褶解决腰腹差，后裤身设腰省和后裆斜解决腰臀差，塑造腰腹与腰臀间的立体贴合状。根据人体腰腹形态特征，前裤身设凹形省或凹形褶裥的结构设计，根据人体腰臀形态特征，后腰处凹陷，臀部偏下隆凸，为适应浑圆形的凹凸腰臀部形态，故后裤身采用胖省，另根据后腰臀差量分配后裤身腰省量，如图4-2-10~图4-2-14所示。

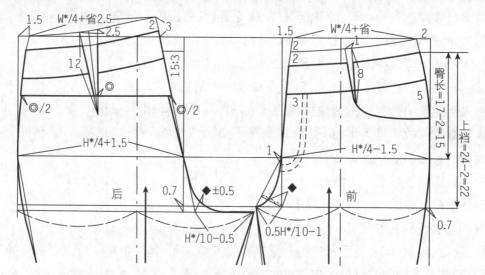

图4-2-10　紧身裤的腰臀结构处理

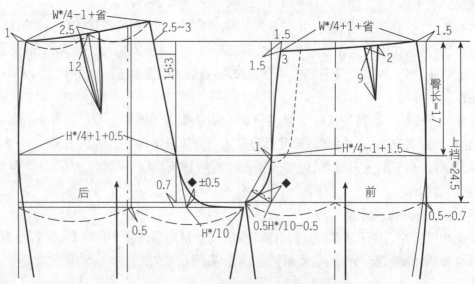

图4-2-11　合体裤的腰臀结构处理

如图 4-2-10 所示,紧身裤臀围松量为 0~2cm,腰臀差 = 90-68 = 22cm,且前后臀围差 3~4cm,则前腰腹差少,以侧缝、前中心的劈势处理即可,前腰省为 0~1cm;后腰除侧缝、后中斜的劈势外,在后腰口线/2 处设一个胖省,省量控制在 2~3cm,省尖稍过中臀围线。

如图 4-2-11 所示,合体裤臀围松量为 4cm 左右,腰臀差 = 90+4-68 = 26cm,前腰腹差除侧缝、前中心的劈势外,因烫迹线处的腹部曲率稍大,通常在烫迹线处设凹形省,且省宜小不宜大,控制在 1.5~2.5cm,省长居中臀围处(臀长/2 = 9cm);后腰臀结构处理相近于紧身裤。

如 4-2-12 所示,较宽松裤臀围松量为 8cm 左右,腰臀差 = 90+8-68 = 30cm,且前臀围松量分配较多,则前腰腹差较大,除侧缝、前中心的劈势外,在烫迹线处设凹形褶裥,为了完美体现腹部曲率形态,褶位偏离烫迹线 0.4~0.7cm,褶量控制在 3~4cm,靠烫迹线的褶量稍大,靠侧缝的褶(省)量稍小;后腰除侧缝、后中斜的劈势外,后腰口线三等分处设两个后腰省,靠近后中心线的省量控制在 2~3cm,省长稍过中臀围线,省长 11cm 左右;靠近侧缝线的省量控制在 1.5~2cm,省长 10cm。

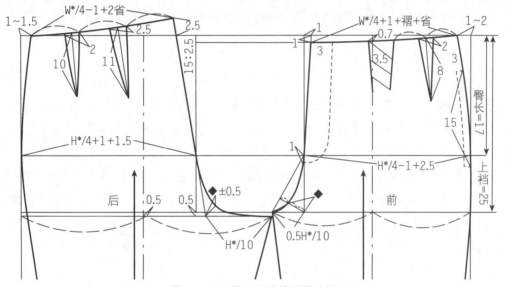

图 4-2-12　较宽松裤的腰臀结构处理

另男裤后裤身腰臀结构处理通常是后挖袋和两个胖省的结构设计。如图 4-2-13 所示,通常先设计袋位,再确定省。一般后袋线距腰口线 7~8cm,口袋位于侧缝与后中心线的中间,两省尖点分别距袋口两端各 2cm 左右,省中线垂直腰口线,两省量相等。

如图 4-2-14 所示,宽松裤臀围松量为 16cm 左右,腰臀差 = 90+16-68 = 38cm,且前臀围松量分配多,则前裤身腰腹差更大,除烫迹线处的凹形反褶外,反褶与侧缝之间再设一或两个反褶,后腰臀结构处理相近于较宽松裤。

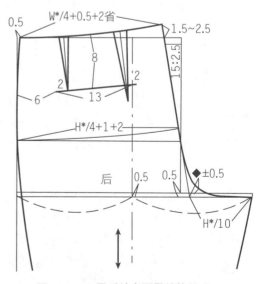

图 4-2-13　男后裤身腰臀结构处理

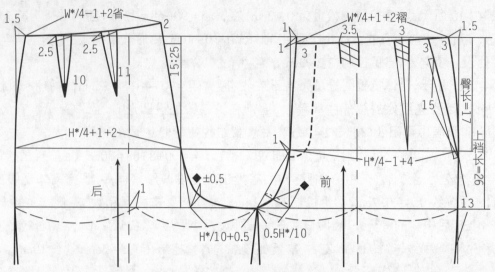

图 4-2-14　宽松裤的腰臀结构处理

5. 裤子上裆长与臀长的结构

裤子上裆长又称直裆深、立裆深,与人体的股上长紧密相关。从人体运动功能的合理性看,裤子上裆长低于人体股上长2~3cm,穿裤子时,裤腰向人体腰部移动,使裤子裆底贴近人体的臀底耻骨。在裤子结构设计中,裤子上裆长是裤子结构的关键部位,上裆长的深浅直接影响裤子裆底活动量大小与穿着的舒适性,裤子上裆长不宜过深或过浅。如果裤子上裆太深,会发生落裆现象,人行走时,裆底对下肢运动的牵制力就越大,裤子穿着的舒适性就越差;相反上裆太短会出现勒裆而有不适感,且腰口无法提至腰口线(指正常腰位裤子)。由此看来,无论贴体裤还是宽松裤的造型,其上裆长的结构是比较稳定和保守的,这对改善裤子的运动机能非常有利,因此裤子上裆长取值十分重要,要在一定的范围选取。标准女体160/66A,股上长为28.5cm(含腰头),当裤子腰口线位于正常腰位时,则裤子上裆长取值分别为:

合体裤的上裆长=28.5-3.5(腰头)=25cm,臀底留有0~1cm的活动间隙量;

宽松裤的上裆长=28.5-3.5(腰头)+(1~2)=26cm,臀底留有1~2cm左右的活动间隙量;

紧身裤的上裆长=28.5-3.5(腰头)-1=24cm,臀底紧贴无间隙;

低腰裤的腰口线位于正常腰位再下移2~4cm时,其上裆长=紧身裤的上裆长-(2~4)=20~22cm,臀底同紧身裤紧贴无间隙。

传统裤子的臀长取值随上裆长而变化,即臀长=上裆长2/3,此方法显然不太科学合理。由上述可知,上裆长随裤款不同而变化,主要体现在臀底的活动间隙量而增减0~2cm,其变化量不影响人体的腰臀间距,腰臀间距应是稳定和保守值,不应随上裆长而变化。标准女体160/68A,臀长=17cm左右。

6. 落裆量

在裤子结构设计中,后裤片横裆线在前裤片的横裆线基础上下落0.5~1.5cm为落裆量,符合人体臀底造型与人体运动学。其结构形成主要是前、后裆宽差值,裤长及前、后下裆内缝曲率不同而产生的,落裆量取值以保证前后下裆缝长相等或相近为目的。前后下裆内缝长差值越多,则落裆量偏大,前后下裆内缝长差值越少,则落裆量偏小。

7. 前、后裆宽的比例分配

裤子的前、后裆弧线是吻合人体前中腰腹、后中腰臀部和大腿根分叉所形成的结构特征。人体下体侧面的腰、腹、臀至股底是一个前倾的椭圆形,以耻骨为联合点作垂线,分为前裆弧线和后裆弧线。在裤子结构设计中,获取前、后裆弧线取决于前、后裆宽结构,前、后裆宽连接称为"裤窿门",即总裆宽,符合人体的腹臀宽,通常总裆宽 = 1.6H*/10,前、后裆宽比例约为 1:2,即前裆宽 = 1/3 总裆宽,后裆宽 = 2/3 总裆宽,由此可得,前裆宽 = 0.5H*/10 − (0~1),后裆宽 = H*/10 + (0~1),其中约 0.1H*/10 为后裆斜的底宽(图 4-2-15)。前裆宽、后裆斜底宽根据裤款松量变化而变化。

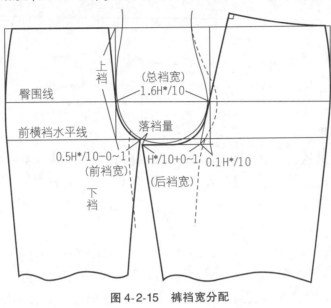

图 4-2-15　裤裆宽分配

8. 后裆翘量

后裆起翘量是由两方面因素决定的。一是人体常有下蹲、抬腿、向前弯曲等活动的动作(图 4-2-16),必须增加一定的后裆缝长度满足人体活动需要,因为倘若后裆缝过短会牵制人的下体活动,裆部会有吊紧的不舒服感。二是由于后裆缝困势的产生而形成的。如图 4-2-17 中可见角 α>90°,若两个大于 90° 的角缝缝合后会产生凹角,需补上一定的量来达到水平状态,且后裆缝困势角的大小直接影响起翘量的多少。

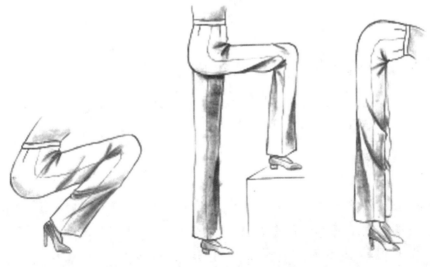

图 4-2-16　人下体活动动作

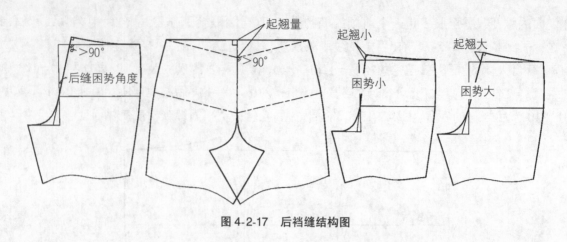

图 4-2-17 后裆缝结构图

9.烫迹线的合理设置

烫迹线设置在裤子结构设计中也是关键之一,其直接影响裤筒偏向及其与上裆的关系,也是判断裤子造型及产品质量的重要依据。通常裤子烫迹线设置有以下几种形式:

一是前后烫迹线均居前后横裆宽的中心位置。此结构的裤子在制作时不需归拔工艺,前后身烫迹线呈直线形状,常见于西裤和宽松裤。

二是前烫迹线居前横裆宽的中心位置,后挺缝线居后裆宽的中点向侧缝偏移 0~2cm。在面料拉伸性能好、能进行归拔工艺的情况下,允许后挺缝线居后裆宽的中点向侧缝偏移 0~2cm,通过归拔工艺使后挺缝线呈上凸下凹的合体型,凸状对应人体臀部,凹状对应人体大腿部,偏移量越大,后挺缝线贴体程度越高,常见于合体裤。

三是前后烫迹线分别进行一定量的偏移处理,即移转裤筒处理。由图 4-2-8 的女体下体正、侧纵向截面图可见女下体特征,则女紧身裤往往松量极少,腰、腹、臀及大腿部都呈贴体状,应选择可变形、可塑性的面料。且考虑人体大腿内侧肌肉发达,下肢的横向伸展率和前屈运动,为使紧身裤穿着平服,调整前挺缝线居前裆宽中点向内裆缝偏移 0~1cm,后挺缝线居后裆宽中点向侧缝偏移 0~1cm,常见于贴体紧身裤。

第三节　变化裤款结构设计与纸样

一、合体细裤结构设计与纸样

(一)款式、面料与规格

1. 款式特点(图 4-3-1)

合体细裤为时尚女裤,是女士春夏季青睐的裤款,可显现女性优美、端庄之气。款式特点是合体造型,臀部适当松量,裤管由上至下逐渐变细,裤长至脚背,给人轻快、简便之感。前后裤腰口处设一腰省,前单嵌线横挖袋,前开门缝装门里襟拉链。如将裤长减短可作为轻便的休闲裤、旅游裤。

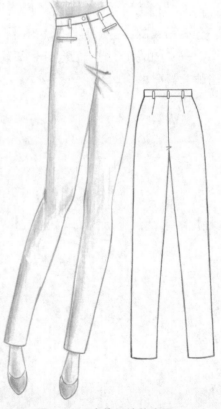

图 4-3-1 合体细裤款式图

2. 面料

合体细裤面料首选精纺缩绒羊毛面料与纯棉面料,如呢绒、斜纹棉布、灯芯绒、粗天鹅绒、帆布等。

用料:面布幅宽150cm,用量105cm;面布幅宽110cm,用量160cm;黏合衬幅宽90cm,用量20cm。

3. 规格设计

表4-3-1所示为女合体细裤规格表。

表4-3-1　女合体细裤规格表　　　　　　　　　　　　　　　　　（单位:cm）

号型	部位名称	腰围(W)	臀围(H)	裤长(L)	上裆(D)	臀长	裤口宽	腰头宽
160/66A	净体尺寸	66	90	100	28.5	17	/	/
	成品尺寸	66	94	100−2.5=97.5	28	17	17~18	3.5

(二)结构制图

结构要点如图4-3-2所示(注:W^*、H^*表示净腰围、净臀围尺寸)。

1. 臀围松量=4cm,前臀围松量3cm,后臀围松量1cm,前后臀围差2cm,前臀=$H^*/4-1+1.5$,后臀=$H^*/4+1+0.5$。

2. 由于合体裤松量较少,臀腰差较小,前后腰各设一省,且前后腰围差2cm,前腰=$W^*/4+1+$省,后腰=$W^*/4-1+$省。

3. 前裆宽=$0.5H^*/10-0.5=4$cm,后裆宽=$H^*/10=9$cm,后裆斜=15cm:3cm,后裆翘=2.5~3cm,前中下落=1.5cm,落裆量=0.7cm。

4. 窄裤口,前后裤口差=4cm,前裤口=裤口宽−2cm,后裤口=裤口宽+2cm。

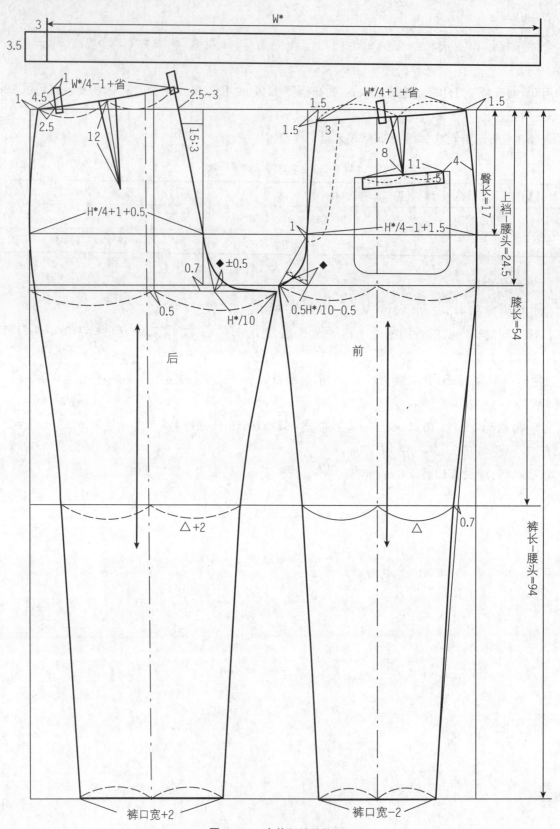

图 4-3-2　合体细裤结构图

(三)样版制作

1. 前后裤片样版(图 4-3-3)

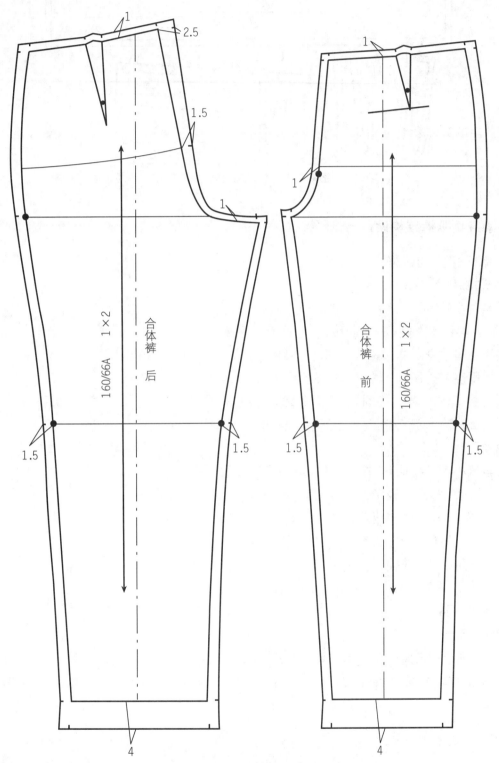

图 4-3-3　合体细裤前后裤片样版

2.零部件样版(图4-3-4)

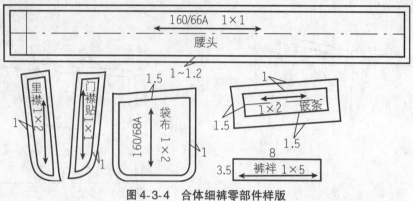

图4-3-4　合体细裤零部件样版

二、低腰紧身喇叭裤结构设计与纸样

(一)款式、面料与规格

1.款式特点(图4-3-5)

低腰紧身小喇叭裤是喇叭造型裤之一,为春秋季常见女裤,显现女性修长、优美的曲线,为年轻女性所青睐。款式特点是紧身贴体,臀部松量极少,腰位下移2~3cm,裤管由膝盖向裤脚口稍变大,裤长至地面以上2~3cm,前后无腰省,前裤身月亮插袋,后裤身育克分割,分割线下方压缉贴袋,前开门绱装门里襟缝金属拉链。

2.面料

低腰紧身小喇叭裤面料首选有弹性斜纹或树皮纹的牛仔布,深蓝色和黑色较多,并采用不同水洗方式产生不同的效果,如轻石磨洗成靛蓝色和深黑色,重石磨洗成浅蓝色和浅黑色、漂洗加磨石磨洗成更浅的颜色。

此外可采用中厚印花棉布、粗斜纹布等弹性面料。

用料:面布幅宽150cm,用量110cm;面布幅宽110cm,用量160cm。

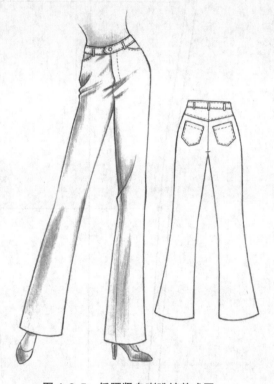

图4-3-5　低腰紧身喇叭裤款式图

3.规格设计

表4-3-2所示为低腰紧身小喇叭裤规格表。表中规格尺寸不含面料水洗的纵横向缩水率,实际样版应根据面料实物的缩水率情况,加上纵横向缩水量。另外腰位线下移2~3cm,成品腰围比净腰围约大4cm,臀围松量为0~2cm,上裆长为紧身裤上裆长-2=24-2=22cm,则臀长=17-2=15cm(含弧腰宽)。

表4-3-2　低腰紧身小喇叭裤规格表　　　　　　　　　　　　　　　　(单位:cm)

号型	部位名称	腰围(W)	臀围(H)	裤长(L)	上裆(D)	臀长	中裆宽	裤口宽	弧腰宽
160/66A	净体尺寸	66	90	100	28.5	17	/	/	/
	成品尺寸	/	90~92	102-3.5-2~3=96	28.5-3.5-2~3=23~22	17-2=15	19~20	23	4

（二）结构制图

结构要点如图4-3-6所示（注：W*、H*表示净腰围、净臀围尺寸）。

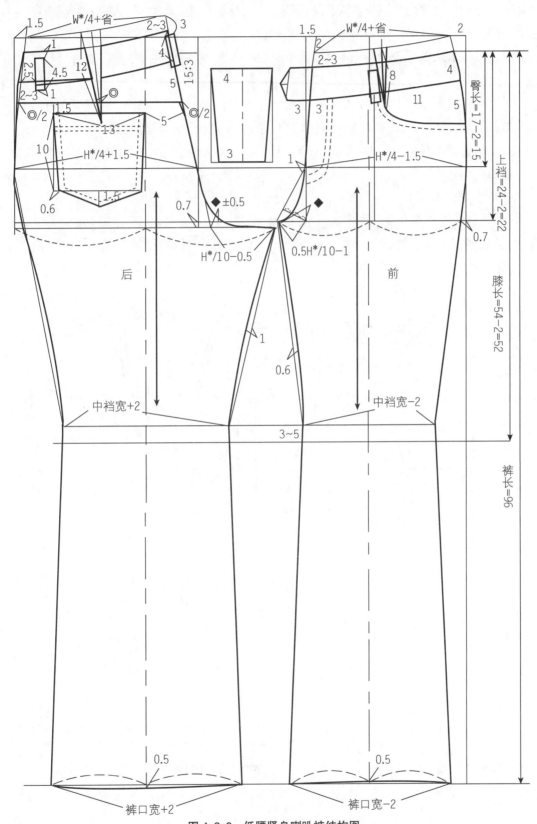

图4-3-6　低腰紧身喇叭裤结构图

1. 紧身裤臀围松量 = 0 ~ 2cm，前、后臀围松量均 0 ~ 1cm，前后臀围差 3 ~ 4cm，即前臀 = $H^*/4-(1.5~2)+(0~0.5)$，后臀 = $H^*/4+(1.5~2)+(0~0.5)$。

2. 由于臀围松量几乎没有，臀腰差小，前腰无省，后腰设一省，且因前后臀围差大，无需处理前后腰围差，即前腰 = $W^*/4+(0~1)$（口袋省），后腰 = $W^*/4+$ 省。

3. 腰位线下移 2cm 为低腰的弧腰位，弧腰宽 = 4cm，且弧腰处剪开后，前后裤身上线侧边横剪掉 0.5cm。

4. 紧身裤裆部贴体，前后裆宽稍收小，前裆宽 = $0.5H^*/10-1 = 3.5cm$，后裆宽 = $H^*/10-0.5 = 8.5cm$，后裆斜 = 15cm：3cm，后裆翘 = 3cm，前中下落 = 2cm，落裆量 = 0.7cm。

5. 中裆线在原膝位线处上移 3 ~ 5cm，中裆至裤口呈喇叭形放大，中裆、裤口的前后差 4cm。

（三）样版制作

1. 样版处理（图 4-3-7）

（1）前后腰省合并成弧腰带、后育克。

（2）为了使后裤身臀底更伏贴，侧裆线至后裆弯弧剪开，侧裆线处剪掉 0.7cm 合并（后侧缝缺量，在工艺制作时，可通过拔烫处理）。

2. 前后裤片样版（图 4-3-8）

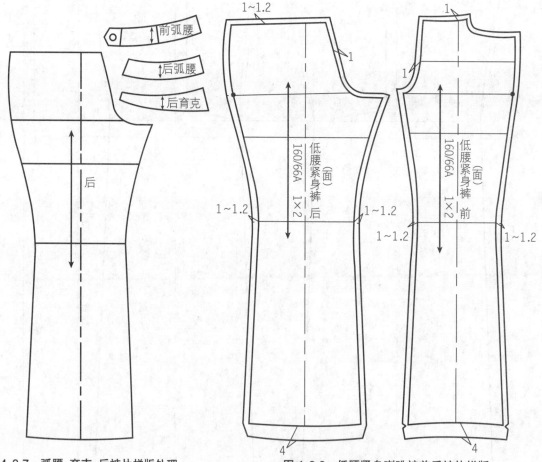

图 4-3-7 弧腰、育克、后裤片样版处理　　　　图 4-3-8 低腰紧身喇叭裤前后裤片样版

3. 零部件样版 (图 4-3-9)

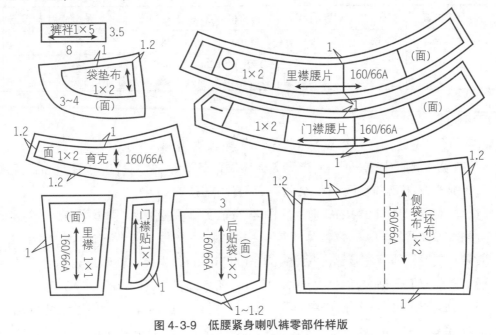

图 4-3-9　低腰紧身喇叭裤零部件样版

三、连腰翻边裤结构设计与纸样

(一) 款式、面料与规格

1. 款式特点 (图 4-3-10)

连腰翻边裤为秋冬季时装裤,由于是连腰造型,则腰部需适当松量,臀部松量较多,考虑人体腿膝前倾运动,松量加放为前多后少,前片设两褶裥解决腰臀差。斜插袋,前开门绱装门里襟拉链,后片设两腰省解决腰臀差;直筒裤管,裤口较肥大且翻边,由此裤长加长,并采用连腰裁片形式。穿着后能显现女性修长的双腿,呈现内敛气质。

2. 面料

连腰翻边裤面料首选具有弹性、悬垂的薄羊毛呢、化纤等条纹面料或传统的格子花纹面料,不宜采用厚质地硬挺的面料。

用料:面布幅宽 150cm 或 110cm,用量 240cm;里料幅宽 100cm,用量 50cm;黏合衬幅宽 90cm,用量 30cm。

3. 规格设计

表 4-3-3 所示为连腰翻边宽松裤规格表。成品腰围加 2~4cm 松量,成品臀围加 12~16cm 松量,成品裤长加 4cm 翻边量,连腰宽 5cm 连裆。

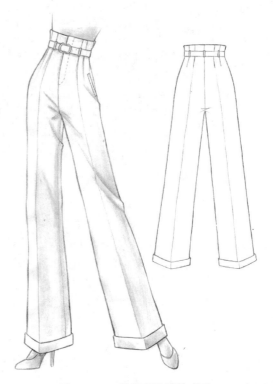

图 4-3-10　连腰翻边裤款式图

表4-3-3　连腰翻边裤规格表　　　　　　　　　　　　（单位：cm）

号型	部位名称	腰围（W）	臀围（H）	裤长（L）	上裆（D）	臀长	裤口宽	连腰宽
160/66A	净体尺寸	66	90	100	28.5	17	/	/
	成品尺寸	68	102	100−3.5+1.5=98+5	28.5−3.5+1+5=31	17+5=22	28	5

（二）结构制图

结构要点如图4-3-11所示（注：W^*、H^*表示净腰围、净臀围尺寸）。

1. 由于是宽松裤，臀围松量=12cm，考虑人体下肢前倾运动，故前臀围松量为8cm，后臀围松量为4cm，前后臀围差2cm，即前臀围=$H^*/4-1+4$，后臀围=$H^*/4+1+2$。

2. 连腰造型，腰围松量为2~4cm，前后腰围差2cm，另臀围松量大，则臀腰差大，前腰设两个褶，后腰设两个腰省，即前腰围=$[W^*+(2~4)]/4+1+2$褶裥，后腰围=$[W^*+(2~4)]/4-1+2$省。

3. 腰褶、腰省向上延伸至连腰部位，各省、褶稍收口0.4cm，侧腰口放0.3cm，符合人体腰部造型。

4. 宽松裤，各局部取值稍大，前裆宽=$0.5H^*/10=4.5$cm，后裆宽=$H^*/10+0.5=9.5$cm，后裆斜=15cm∶2.5cm，后裆翘=1.5~2cm，前中下落=1cm，上裆=26cm，裆底有空隙活动量，无需落裆量。

5. 前裤口=裤口宽−2cm，后裤口=裤口宽+2cm，另加翻边宽4 cm×2 cm。

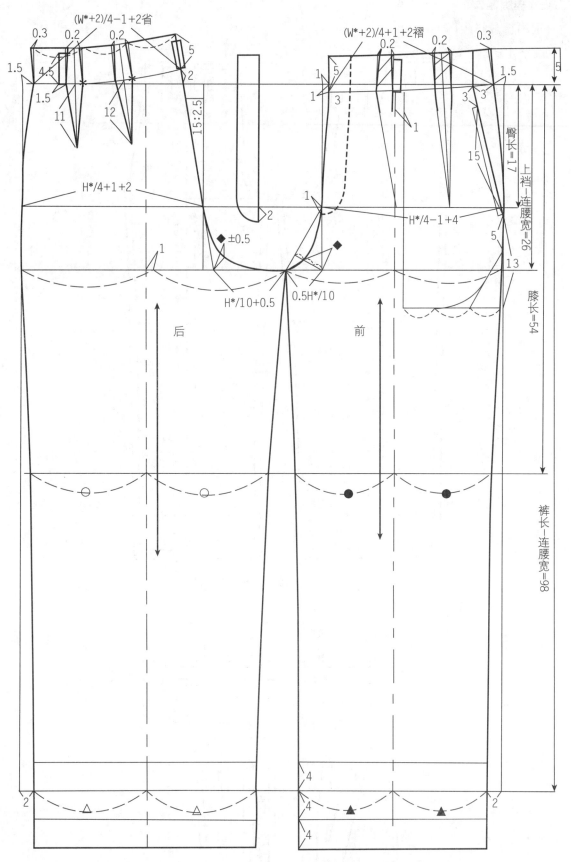

图 4-3-11　连腰翻边裤结构图

(三)样版制作

1. 前后裤片样版(图 4-3-12)

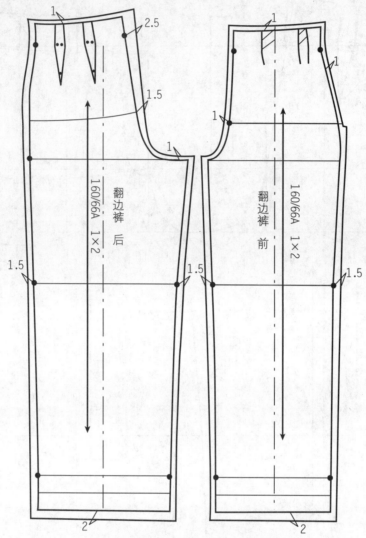

图 4-3-12 连腰翻边裤前后裤片样版

2. 零部件样版(如图 4-3-13 所示,前、后腰贴的腰省合并)

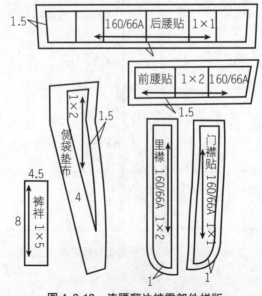

图 4-3-13 连腰翻边裤零部件样版

四、锥形裤结构设计与纸样

锥形裤的轮廓如锥子形状,适合小臀、扁臀的女性,上宽下窄造型能使臀部有夸张丰满感,带明兜设计更能增强臀部的重量感,使臀部更显丰满。如宽腰头萝卜裤的腰、臀部宽松,臀围松量较多,从臀部向裤口逐渐收小变窄,裤长至鞋面。

例一　宽腰头萝卜裤结构设计与纸样

(一)款式、面料与规格

1. 款式特点(图4-3-14)

宽腰头萝卜裤造型如萝卜或锥子。款式特点是臀部宽松肥大,前腰设多个褶裥,后片设两腰省,从臀部向裤口逐渐收小变窄,裤长至鞋面,前开门绱装门里襟拉链。

2. 面料

宽腰头萝卜裤为春夏季时尚裤型,面料选用有悬垂感的棉麻布、水洗棉、化纤、呢绒、涤纶柔姿纱、乔其纱、双绉等。

用料:面布幅宽150cm或110cm,用量180cm;黏合衬幅宽90cm,用量20cm。

3. 规格设计

表4-3-4所示为宽腰头萝卜裤规格表。成品腰围加2~4cm松量,成品臀围加12~16cm松量,成品上裆=基本上裆+(1~2)=29.5~30.5cm。

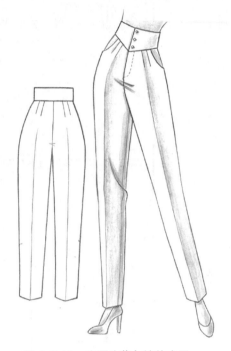

图4-3-14　宽腰头萝卜裤款式图

表4-3-4　宽腰头萝卜裤规格表　　　　　　　　　　(单位:cm)

号型	部位名称	腰围(W)	臀围(H)	裤长(L)	上裆(D)	臀长	裤口宽	腰头宽
160/66A	净体尺寸	66	90	100	28.5	17	/	/
	成品尺寸	68	102~106	100-3.5-2.5+5=99	28.5+(1~2)=29.5~30.5	17	16	5

(二)结构制图

结构要点如图4-3-15所示(注:W^*、H^*表示净腰围、净臀围尺寸)。

1. 由于萝卜裤宽松肥大,臀围松量=12~16cm,考虑人体下肢前倾运动,故前臀围松量8~12cm,后臀围松量4cm,前后臀围差2cm,前臀=$H^*/4-1+4$,后臀=$H^*/4+1+2$。

2. 由于是宽腰头,腰围松量2~4cm,且前臀围松量较多,前腰设2~3个活褶,后腰设2个省,且前后腰围差2cm,前腰=$[W^*+(2\sim4)]/4+1+(2\sim3)$褶,后腰=$[W^*+(2\sim4)]/4-1+2$省。

3. 宽腰头结构处理相同于连腰结构,腰褶、腰省向上延伸至连腰部位,各省、褶稍收口0.4cm,侧腰口放0.3cm,符合人体腰部造型。

4. 宽松裤上裆=26~27cm,裆底有空隙活动量,无需落裆量;前后裆宽稍大,前裆宽=$0.5H^*/10+0.5=5$cm,后裆宽=$H^*/10+1=10$cm,后裆斜=15cm∶2.5cm,后裆翘=1.5~2cm。

5.窄裤口,则前后裤口差=2cm,前裤口=裤口宽-1cm,后裤口=裤口宽+1cm。

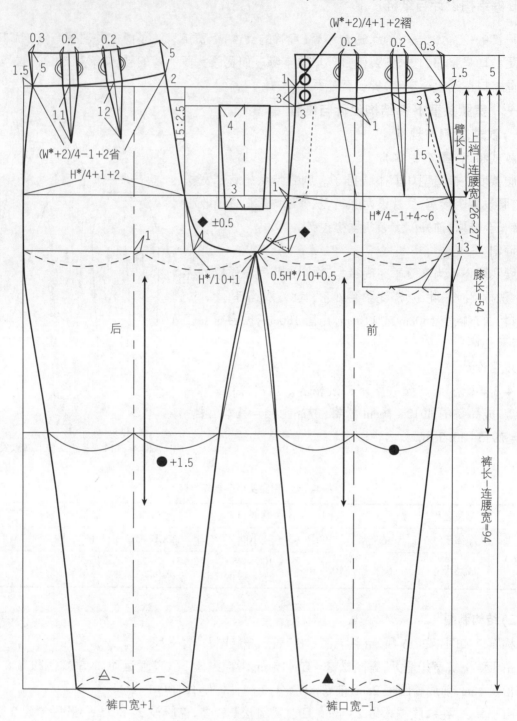

图4-3-15　宽腰头萝卜裤结构图

（三）样版制作

1. 前后裤片样版（图 4-3-16）

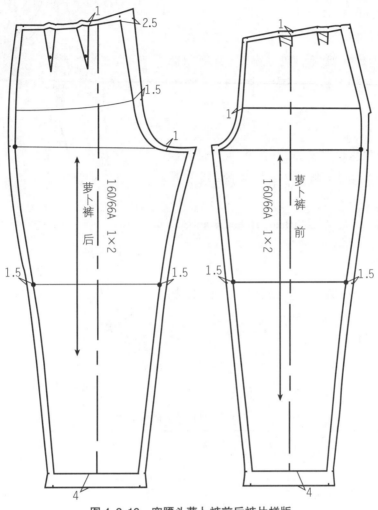

图 4-3-16　宽腰头萝卜裤前后裤片样版

2. 零部件样版（图 4-3-17）

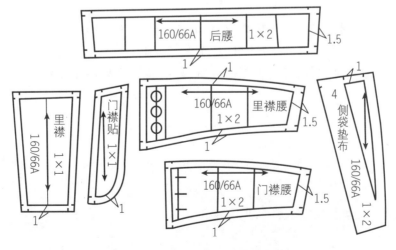

图 4-3-17　宽腰头萝卜裤零部件样版

例二 垂褶锥形裤结构设计与纸样

(一)款式、面料与规格

1. 款式特点(图4-3-18)

垂褶锥形裤款式特点是臀部宽松肥大,前后腰部设3个褶裥,由腰褶延至侧身形成垂褶,从臀部向裤口逐渐收小变窄,裤长至鞋面,裤后中开口装隐形拉链。

2. 面料

垂褶锥形裤为春夏季时尚裤型,面料选用有悬垂感的棉麻布、水洗棉、化纤、呢绒、涤纶柔姿纱、乔其纱、双绉等。

用料:面布幅宽150cm或110cm,用量240cm;黏合衬幅宽90cm,用量15cm。

3. 规格设计

表4-3-5所示为垂褶锥形裤规格表。成品腰围加0~2cm松量,成品臀围加12~16cm松量,成品上裆=基本上裆+(1~2)=29.5~30.5cm。

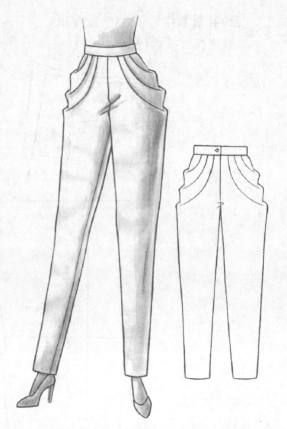

图4-3-18 垂褶锥形裤款式图

表4-3-5 垂褶锥形裤规格表 (单位:cm)

号型	部位名称	腰围(W)	臀围(H)	裤长(L)	上裆(D)	臀长	裤口宽	腰头宽
160/66A	净体尺寸	66	90	100	28.5	17	/	/
	成品尺寸	66	102	100-2.5	28.5+(1~2)=29.5~30.5	17	16	5

(二)结构制图

结构要点如图4-3-19所示(注:W^*、H^*表示净腰围、净臀围尺寸)。

1. 由于垂褶锥形裤宽松肥大,臀围松量=12cm,考虑人体下肢前倾运动,故前臀围松量8cm,后臀围松量4cm,前后臀围差2cm,前臀=$H^*/4-1+4$,后臀=$H^*/4+1+2$。

2. 由于前臀围松量较多,前后腰设3个省(褶),且前后腰围差2cm,前腰=$W^*/4+1+3$省,后腰=$W^*/4-1+3$省。

3. 宽松裤上裆=26~27cm,裆底有空隙活动量,无需落裆量;前后裆宽稍大,前裆宽=$0.5H^*/10+0.5=5$cm,后裆宽=$H^*/10+1=10$cm,后裆斜=15cm:2.5cm,后裆翘=1.5~2cm。

4. 窄裤口,则前后裤口差=2~3cm,前裤口=裤口宽-(1~1.5)cm,后裤口=裤口宽+(1~1.5)cm。

5. 分别沿腰省设弧型分割线至侧缝,见图4-3-19。

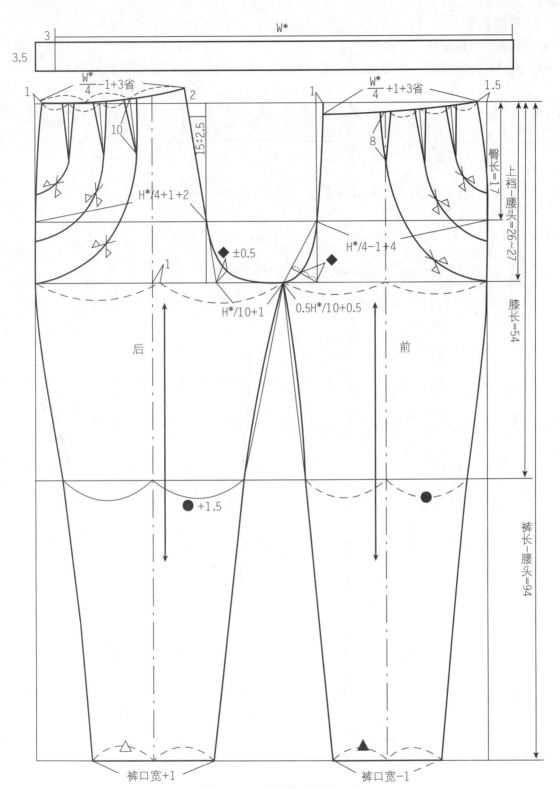

图 4-3-19　垂褶锥形裤结构图

（三）样版制作

1. 前后裤片样版处理

将前、后裤片的各省的一省边线连顺弧分割线并剪开拉展10cm，见图4-3-20。

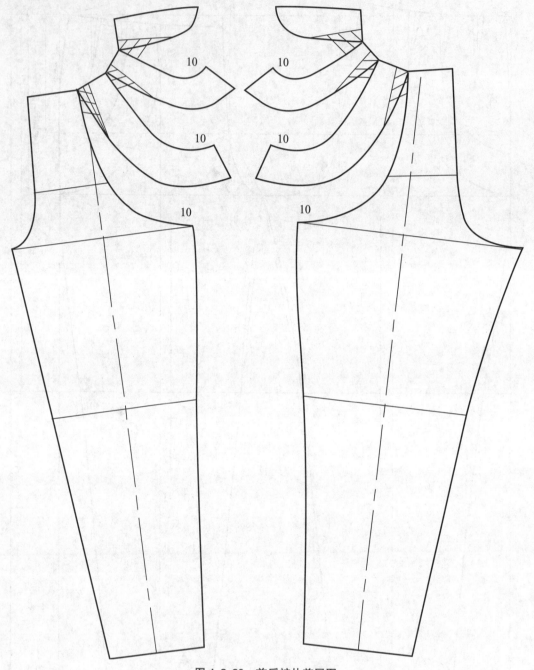

图4-3-20　前后裤片剪展图

2. 前后裤片样版

将拉展的前后裤片的侧边拼接,形成前后相连的裤片,制作样版见图4-3-21。

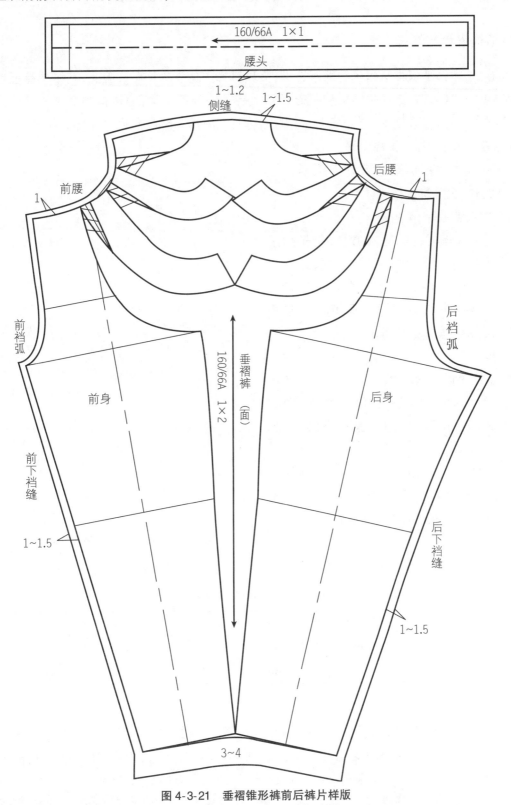

图4-3-21 垂褶锥形裤前后裤片样版

第四节　时尚裤款结构设计与纸样

一、裙裤结构设计与纸样

顾名思义,裙裤不仅具有裙子的外观造型,又具有裤子功能的特点。因此,其结构特征也是裙结构与裤结构的结合体,就是在裙结构的基础上加上裤子的裆部结构,但裙裤裆宽大于其他裤子。而且裙裤款式有多种变化,裙裤下摆设计如同裙摆,可有大小摆、分割、褶裥等变化。如基本型裙裤、褶裥裙裤、圆摆裙裤、多片喇叭裙裤等。

例一　基本型裙裤结构设计与纸样

(一)款式、面料与规格

1. 款式特点(图4-4-1)

基本型裙裤是裙裤的基本造型,也是裙子结构向裤子结构演变的最初结构模式,即在裙结构上增加裤子裆部结构,臀部适当松量,裤长至膝盖上下,裤口扩张做成裙式摆,侧身弧形插袋,前开门绱装门里襟缝拉链。

2. 面料

基本型裙裤面料根据季节不同分别可选用制造紧密、有悬垂感的水洗棉、化纤、呢绒、薄羊毛呢及柔软、悬垂飘逸感的涤纶柔姿纱、乔其纱、棉麻布等面料。

用料:面布幅宽150cm,用量70cm;面料幅宽110cm,用量130cm;里料幅宽100cm,用量120cm;黏合衬幅宽90cm,用量20cm。

3. 规格设计

表4-4-1所示为基本型裙裤规格表。成品上裆=基本上裆+2=30.5cm。

图4-4-1　基本型裙裤款式图

表4-4-1　基本型裙裤规格表

(单位:cm)

号型	部位名称	腰围(W)	臀围(H)	裤长(L)	上裆(D)	臀长	腰头宽
160/66A	净体尺寸	66	90	100	28.5	17	/
	成品尺寸	66	96	60	28.5+2=30.5	18	3.5

(二)结构制图

结构要点如图4-4-2所示(注:W^*、H^*表示净腰围、净臀围尺寸)。

1. 臀围松量=6cm,前后臀围差=2cm,即前臀围=$H^*/4-1+2$,后臀围=$H^*/4+1+1$,前后腰围差=2cm,前腰围=$W^*/4+1+$省,后腰围=$W^*/4-1+$省,如基本裙结构绘制基础线。

2. 上裆=27cm,确定横裆线;腰臀间,前中线偏斜1cm,后中线偏斜1.5cm,臀裆间,侧缝线偏斜1cm,另腰臀间侧缝劈势1.5cm。

3. 垂直前、后中线,绘制前后裆部结构,前裆宽=前臀围/2−2.5cm,后裆宽=后臀围/2。

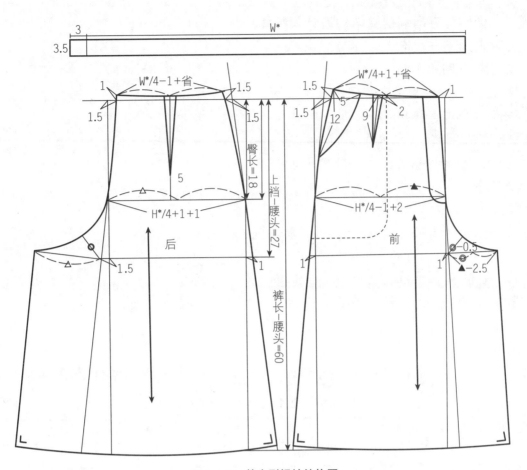

图 4-4-2　基本型裙裤结构图

(三)样版制作(图 4-4-3)

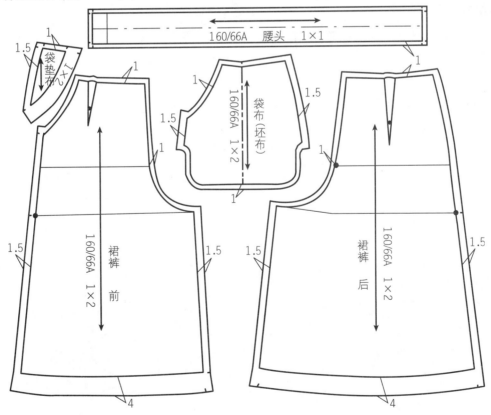

图 4-4-3　基本裙裤样版

例二　低腰育克褶裥裙裤结构设计与纸样

(一)款式、面料与规格

1.款式特点(图4-4-4)

低腰育克褶裥裙裤款式特点是在基本型裙裤造型基础上,腰位下移并进行育克分割,在育克上装弧形装饰腰带,给人以轻松、活跃感。前、后裤片偏侧处纵向分割,在分割线处剪展加褶裥,侧缝装隐形拉链。

2.面料

低腰育克褶裥裙裤面料同于基本型裙裤面料。

用料:面布幅宽 150cm 或 110cm,用量 120cm;里料幅宽 100cm;用量 110cm;黏合衬幅宽 90cm,用量 15cm。

3.规格设计

表4-4-2所示为低腰育克褶裥裙裤规格表。

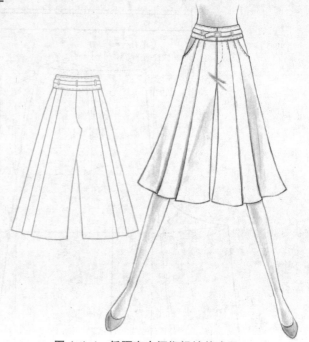

图4-4-4　低腰育克褶裥裙裤款式图

表4-4-2　低腰育克褶裥裙裤规格表　　　　　　　　　　　　　　　　(单位:cm)

号型	部位名称	腰围(W)	臀围(H)	裤长(L)	上裆(D)	臀长	育克
160/66A	净体尺寸	66	90	100	28.5	17	
	成品尺寸	66	96+6×8(褶量)	58	28.5−3.5+2−2=25	17−1−2=16	8

(二)结构制图

结构要点如图4-4-5所示(注:W*、H* 表示净腰围、净臀围尺寸)。

1.在基本型裙裤基础上,腰位线下移2~3cm,设育克宽=8cm,育克中间确定装饰腰带宽=3.5cm。

2.育克下,前设斜侧插袋,距前插袋口3cm起,依次设活褶纵向分割线;后裤片侧也依次设纵向分割线。

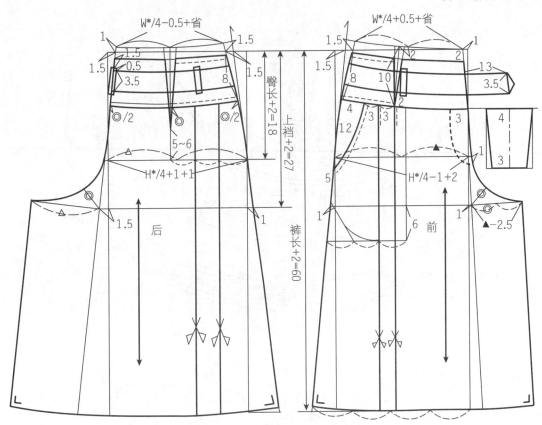

图 4-4-5 低腰育克褶裥裙裤结构图

(三)样版制作

1. 样版处理如图 4-4-6 所示,前后腰省合并,形成腰育克与装饰腰带。

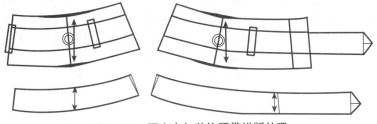

图 4-4-6 腰育克与装饰腰带样版处理

2. 前后裤片样版如图 4-4-7 所示,前后裤片褶裥分割线剪开拉展加活褶量,上褶量=6cm,下褶量=10cm。

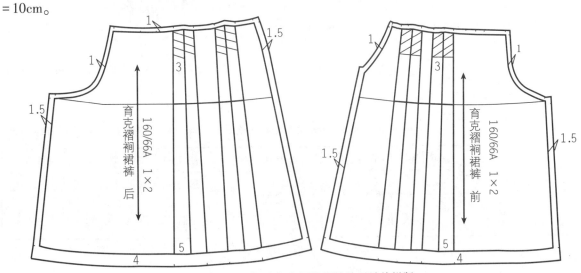

图 4-4-7 低腰育克褶裥裙裤前后裤片样版

3.零部件样版(图4-4-8)

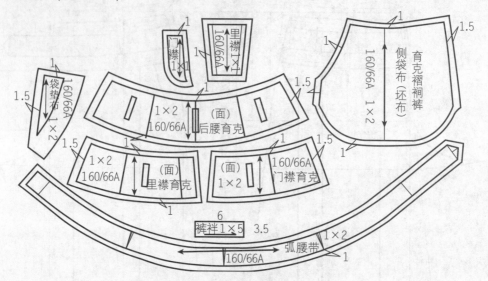

图4-4-8　低腰育克褶裥裙裤零部件样版

二、时尚休闲长裤结构设计与纸样

例一　多袋休闲长裤结构设计与纸样

(一)款式、面料与规格

1.款式特点(图4-4-9)

多袋休闲长裤是人们在休闲、运动时穿着的裤款。廓型为稍低腰,宽松直筒裤管,设计重点是突出口袋的功能性,如前身斜贴袋,后身有袋盖的贴袋,侧大腿立体贴袋,袋下内外缝活动扣带,裤口折边内串带,可变化造型,又有其功能性。

2.面料

多袋休闲长裤为春、秋、夏季的时尚裤型,面料选用吸湿、透气、牢固耐磨的中厚型或精纺的棉布面料。如牛仔布、帆布、斜纹棉布、卡其、中粗灯芯绒及细布。

用料:面布幅宽150cm或110cm,用量180cm;黏合衬幅宽90cm,用量15cm。

3.规格设计

表4-4-3所示为多袋休闲长裤规格表。

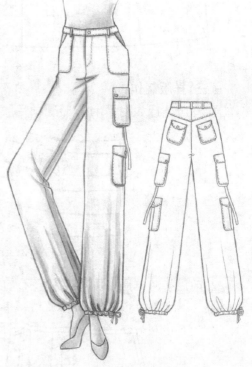

图4-4-9　多袋休闲长裤款式图

表4-4-3　多袋休闲长裤规格表

(单位:cm)

号型	部位名称	腰围(W)	臀围(H)	裤长(L)	上裆(D)	臀长	裤口宽
160/66A	净体尺寸	66	90	100	28.5	17	/
	成品尺寸	/	96	100-3.5-2=94.5	28.5-3.5-2=23	17-2=15	22

（二）结构制图

结构要点如图 4-4-10 所示（注：W^*、H^* 表示净腰围、净臀围尺寸）。

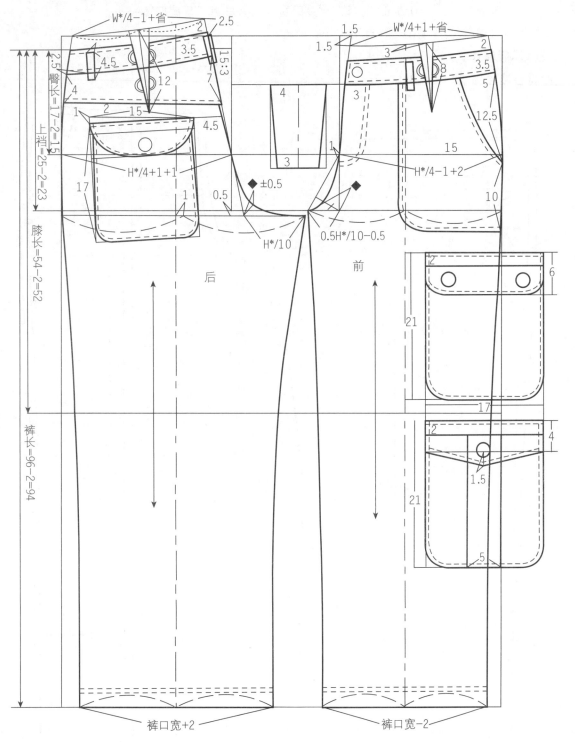

图 4-4-10　多袋休闲长裤结构图

1. 臀围松量＝6cm，前臀围松量 4cm，后臀围松量 2cm，前后臀围差 2cm，即前臀围＝$H^*/4-1+2$，后臀围＝$H^*/4+1+1$。

2. 由于休闲裤松量适中，为使腰臀间服帖，前中、后中及侧缝劈势稍大（小于极限），则前后腰各设一省，且前后腰围差 2cm，即前腰＝$W^*/4+1+$省，后腰＝$W^*/4-1+$省，腰位线下移 2~3cm 为低腰的弧腰位,弧腰宽 = 3.5cm。

3. 前裆宽 = 0.5H*/10-0.5 = 4cm,后裆宽 = H*/10 = 9cm,后裆斜 = 15cm：3cm,后裆翘 = 2.5cm,前中下落 = 1.5cm,落裆量 = 0.5cm,前裤口 = 裤口宽-2cm,后裤口 = 裤口宽+2cm。

4. 如图 4-4-10 设定各贴袋的位置、大小。

(三)样版制作

1. 前后裤片样版(图 4-4-11)

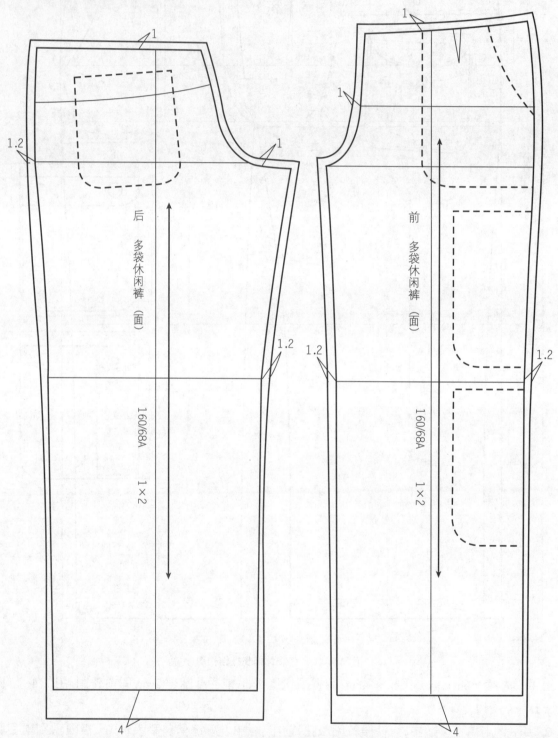

图 4-4-11　多袋休闲长裤前后裤片样版

2.零部件样版(图4-4-12)

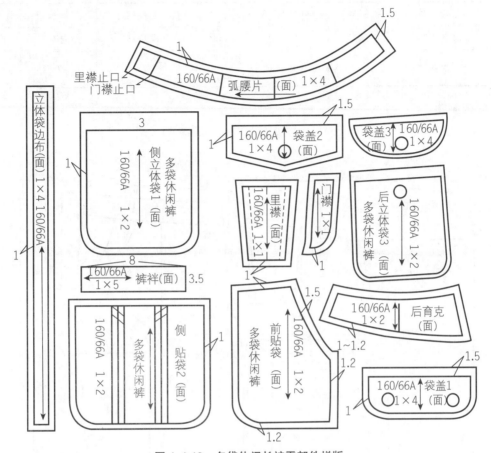

图 4-4-12　多袋休闲长裤零部件样版

例二　抽褶休闲长裤结构设计与纸样

(一)款式、面料与规格

1.款式特点(图4-4-13)

抽褶休闲长裤廓型为低腰合体细裤状,设计重点是裤管下侧缝内装细带抽褶,另前后贴袋的袋底也自然皱缩形成立体效果。

2.面料

抽褶休闲长裤为春、秋、夏季的时尚裤型,面料选用吸湿、透气,薄或中厚型的精纺棉布面料。如牛仔布、帆布、斜纹棉布、卡其、中粗灯芯绒及细布。

用料:面布幅宽150cm,用量160cm;面布幅宽110cm,用量220cm;黏合衬幅宽90cm,用量20cm。

3.规格设计

表4-4-4所示为抽褶休闲长裤规格表。

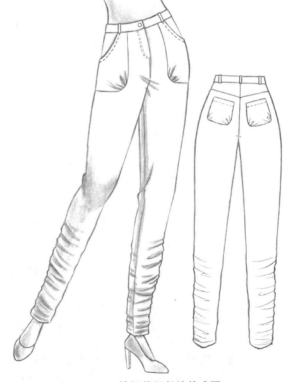

图 4-4-13　抽褶休闲长裤款式图

裤子结构设计与纸样

表 4-4-4　抽褶休闲长裤规格表　　　　　　　　　　　　　　　　　　　　（单位：cm）

号型	部位名称	腰围（W）	臀围（H）	裤长（L）	上裆（D）	臀长	裤口宽
160/66A	净体尺寸	66	90	100	28.5	17	
	成品尺寸	/	96	100-3.5-2=94.5	28.5-3.5-2=23	17-2=15	16~17

（二）结构制图

结构要点如图 4-4-14 所示（注：W*、H* 表示净腰围、净臀围尺寸）。

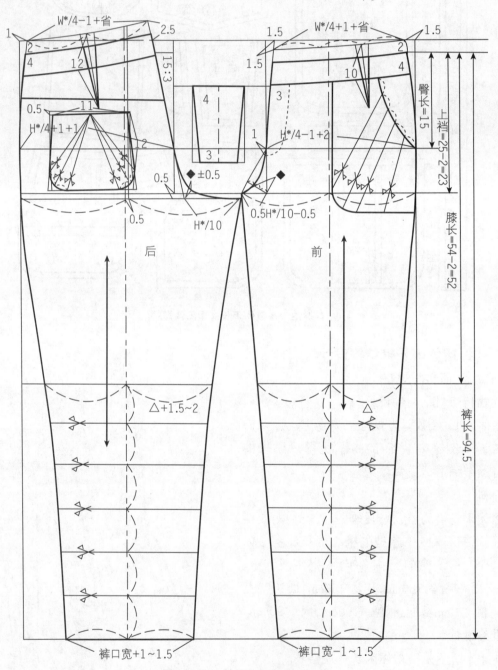

图 4-4-14　抽褶休闲长裤结构图

1. 臀围松量=6cm，前臀围=H*/4-1+2，后臀围=H*/4+1+1，前腰=W*/4+1+省，后腰=W*/4-1+省，前裆宽=0.5H*/10-0.5=4cm，后裆宽=H*/10=9cm，后裆斜=15cm：3cm，后裆翘=2.5cm，前

中下落 = 1.5cm，落裆量 = 0.5cm，前裤口 = 裤口宽 − (1~1.5)cm，后裤口 = 裤口宽 + (1~1.5)cm，绘制合体裤结构。

2. 在合体裤结构基础上，腰位线下移 2~3cm 为低腰的弧腰位，弧腰宽 = 4cm。

3. 膝线至裤口 5~6 等分设横向分割线，如图设定前、后贴袋及贴袋的分割线。

（三）样版制作

1. 前后裤片样版

裤管下侧缝，各分割处剪开拉展 2cm，形成弯弧裤腿裁片，见图 4-4-15。

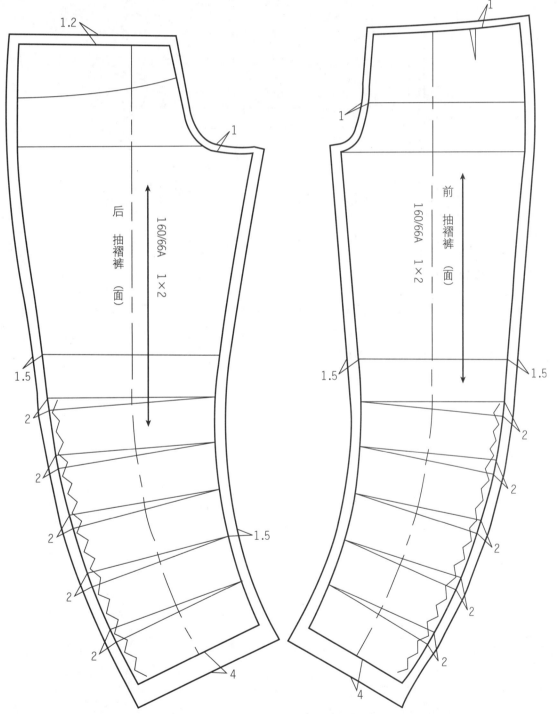

图 4-4-15　抽褶休闲长裤前后裤片样版

2. 零部件样版 (图 4-4-16)

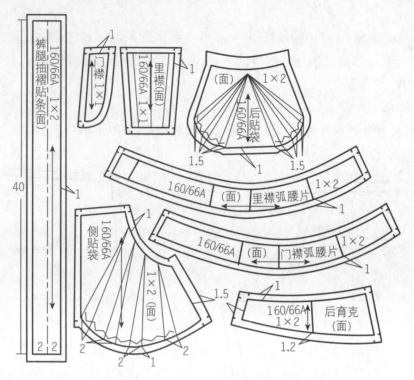

图 4-4-16　抽褶休闲长裤零部件样版

三、时尚灯笼裤结构设计与纸样

　　灯笼裤整体造型宽松肥大,廓型如纺锤,裤口通过裥或碎褶收紧,腿部形成膨松造型的裤款。根据裤长不同分别有长灯笼裤、中长灯笼裤和短灯笼裤,是现代年轻女性所青睐的时尚休闲裤。

例一　中长灯笼裤结构设计与纸样

(一)款式、面料与规格

1. 款式特点 (图 4-4-17)

　　中长灯笼裤可谓绍克夫的六分裤,最初为英国陆军的装束,于 20 世纪 20 年代作为高尔夫球用裤而大众化,后随复古风,与尼卡袜组合穿,称尼卡裤。其长度有三种,分别是膝下 10cm、15cm、20cm。本款特点是臀部松量适中,从中臀围至裤口肥大形成蓬松造型,低腰后育克,前后身作褶裥,裤口绍宽克夫扎蝴蝶结收口,前开门绍装门里襟缝拉链。这种款裤方便行走,成为现代春夏的时尚女裤,也是秋冬季的旅游、登山和滑雪运动中穿用较多的裤款。

2. 面料

　　中长灯笼裤面料选用轻薄柔软、较悬垂飘逸的毛料、棉布与化纤面料。根据季节不同分别可选用水洗棉、化纤、呢绒、薄羊毛呢、棉麻布等面料。

图 4-4-17　中长灯笼裤款式图

用料:面布幅宽150cm或110cm,用量140cm;黏合衬幅宽90cm,用量15cm。

3.规格设计

表4-4-5所示为低腰育克中长灯笼裤规格表。

表4-4-5　中长灯笼裤规格表　　　　　　　　　　　　　　　　(单位:cm)

号型	部位名称	腰围(W)	臀围(H)	裤长(L)	上裆(D)	臀长	弧腰宽	裤口条宽
160/66A	净体尺寸	66	90	100	28.5	17	/	/
	成品尺寸	/	98+3×2 (褶量)	65	28.5-3.5+ 1-3=23	17-3=14	4	6

(二)结构制图

结构要点如图4-4-18所示(注:W*、H*表示净腰围、净臀围尺寸)。

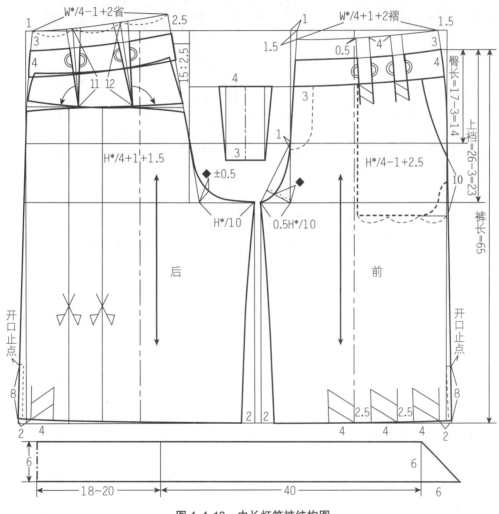

图4-4-18　中长灯笼裤结构图

1.本款灯笼裤臀围较合体,裤腿肥大,臀围松量=8cm,考虑人体下肢前倾运动,故前臀围松量5cm,后臀围松量3cm,前后臀围差2cm(前-1cm,后+1cm),即前臀围=H*/4-1+2.5,后臀围=H*/4+1+1.5。

2.由于前臀围松量较多,前腰设两个活褶,后腰设两个省,且前后腰围差2cm,即前腰=W*/4+1+2褶,后腰=W*/4-1+2省。

3. 前裆宽=0.5H*/10=4.5cm,后裆宽=H*/10+1=10cm,后裆斜=15cm:2.5cm,后裆翘=2.5cm,前中下落=1.5cm,上裆=27-3=24cm,裆底有空隙活动量,无需落裆量。

4. 绘制前中裆线、后中裆线和腰臀间侧缝,并顺腰臀的侧缝线延伸至裤口。

5. 腰位线下移3cm为低腰的弧腰位,弧腰宽=4cm,后弧腰宽下再设育克分割线,并将育克中的腰省量转至分割线处,后裤片侧缝修剪量=◎,前裤片弧腰分割处也修剪◎量。

6. 为了达到裤腿肥大的造型效果,后裤片靠侧设纵向剪开线拉展。

7. 裤口收口扎结带/2=(20cm+40cm)×6,前、后裤片的裤口多余量依次各做3个褶,褶量=3cm。

(三)样版制作

1. 前后裤片样版(如图4-4-19所示,后裤片剪开线各拉展3cm褶量)

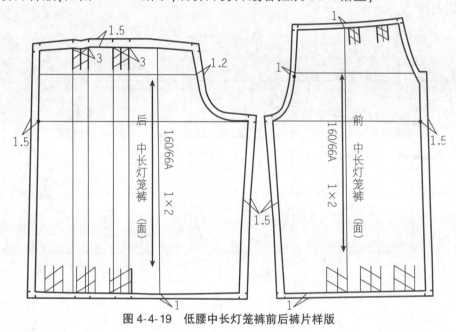

图4-4-19 低腰中长灯笼裤前后裤片样版

2. 零部件样版(图4-4-20)

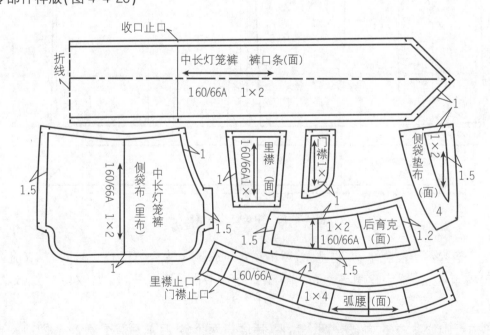

图4-4-20 低腰中长灯笼裤零部件样版

例二 背带短灯笼裤结构设计与纸样

(一)款式、面料与规格

1.款式特点(图4-4-21)

短灯笼裤最初是19世纪中叶美国妇女运动的先驱者——女记者布鲁姆穿用,由此也称布鲁姆式灯笼裤。如今为年轻少女所青睐,成为夏季时尚裤款,体现穿着者活泼、可爱之气。本款特点是裤款松量充足,腰头、裤口育克抽褶收口形成气球造型,裤身为前、侧、后三开片裁,侧身夹缝大贴袋,并配装背带,前开门绱装门里襟缝拉链。

2.面料

背带短灯笼裤面料选用有弹性面料的中薄型平纹细布、斜纹布、牛仔布及化纤等面料。

用料:面布幅宽150cm或110cm,用量90cm。

3.规格设计

表4-4-6所示为背带短灯笼裤规格表。

图4-4-21 背带短灯笼裤款式图

表4-4-6 背带短灯笼裤规格表 (单位:cm)

号型	部位名称	腰围(W)	臀围(H)	裤长(L)	上裆(D)	臀长	裤口育克
160/66A	净体尺寸	66	90	100	28.5	17	/
	成品尺寸	68~70	106	36	28.5+1=29.5	17	[48+(4~6)]×4

(二)结构制图

结构要点如图4-4-22所示(注:W*、H*表示净腰围、净臀围尺寸)。

1.本款灯笼裤臀围松量充足,臀围松量=16cm,因短裤不涉及下肢前倾运动,则前、后臀围松量相等,无需前后差,即前臀围=H*/4+4,后臀围=H*/4+4。

2.由于配装背带,腰围松量=4cm,前腰=(W*+4)/4+1+碎褶余量,后腰=(W*+4)/4−1+碎褶余量。

3.前裆宽=0.5H*/10=4.5cm,后裆宽=H*/10+1=10cm,后裆斜=15cm:2.5cm,后裆翘=2.5cm,前中下落=1.5cm。

4.落裆量1.5cm,下裆内缝偏进2cm。

5.前臀围/3、后臀围/3处设纵向分割线,前、后侧缝为拼接直线,腰线下6cm为侧袋口位,背带结构见图4-4-22。

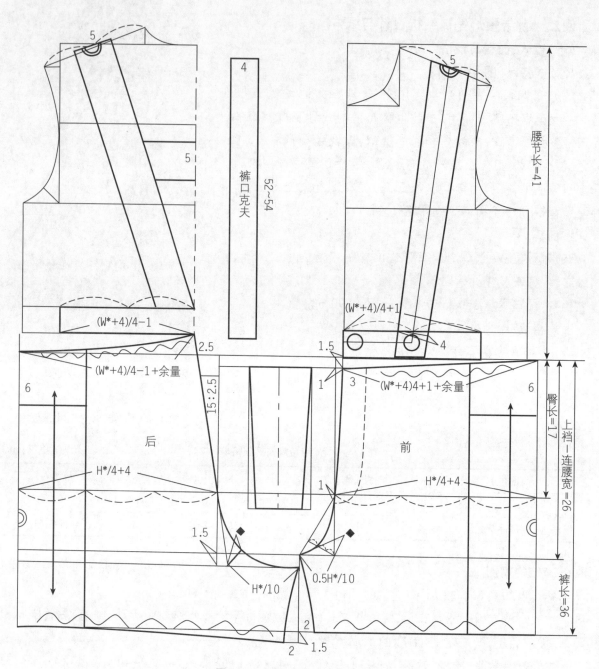

图4-4-22　背带短灯笼裤结构图

（三）样版制作（图4-4-23）

1. 前、后侧裤片、侧贴袋拼接。

2. 前后背带肩线拼接。

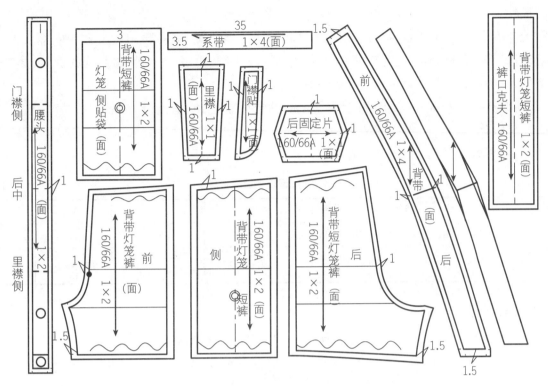

图 4-4-23　背带短灯笼裤样版

四、时尚热裤结构设计与纸样

　　热裤,英文是 HOT PANTS,是美国人对一种紧身超短裤的叫法。女性穿着热裤最初是在与运动有关的场所,所以热短裤代表的是运动风格,即运动概念加时尚元素。至于为何要在前边加一个"热(hot)"字,可以从三方面去理解:一是热裤本身适合热天穿着;二是它带给人们火辣辣的视觉冲击;另外一个重要原因,当然是它的流行与热门程度了。可见,热裤是夏季时装裤,紧身造型可以将臀部丰俏的曲线完美呈现出来,散发出女性健康与性感美。热裤对人的身材要求较高,如果是 O 型、X 型腿,扁平臀的女性应避免穿热裤。

　　热裤主要是指裤长至大腿根部的超短裤(迷你裤);还包含裤长至大腿中部的牙买加短裤、西短裤;裤长至膝盖偏上的百慕大短裤以及裤长至膝盖的甲板裤(五分裤、中裤)等夏季紧身短裤。

例一　超短热裤结构设计与纸样

(一)款式、面料与规格

1.款式特点(图 4-4-24)

　　本款为紧身超短热裤(也称迷你短裤),款式结构如同低腰紧身牛仔裤,只是裤长缩短至大腿根部,是年轻女性青睐的夏季时装裤。

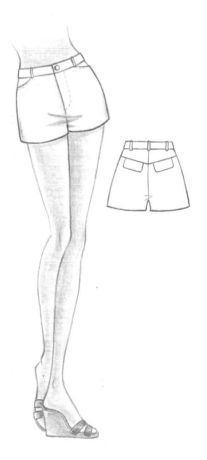

图 4-4-24　超短热裤款式图

2. 面料

挑选热裤面料时,要考虑到外衣的属性,所以料子不能太薄,常采用中厚型、透气的棉卡其,牛仔布、皮革等做热裤会很地道,也可选用横贡缎、丝绒(及平绒、立绒)等有特殊肌理的面料,热裤做工一定要好,否则漏光或被人认为似内裤就不好了。

用料:面布幅宽150cm 或110cm,用量35cm;黏合衬幅宽90cm,用量15cm。

3. 规格设计

表4-4-7 所示为超短热裤规格表。

表4-4-7　超短热裤规格表 （单位:cm）

号型	部位名称	腰围(W)	臀围(H)	裤长(L)	上裆(D)	臀长	裤口宽
160/66A	净体尺寸	66	90	100	28.5	17	/
	成品尺寸	/	90~92	30-3=27	28.5-3.5-1-3=21	17-3=14	26~28

(二)结构制图

结构要点如图4-4-25 所示(注:W*、H*表示净腰围、净臀围尺寸)。

1. 结构处理近似低腰紧身牛仔裤,因是短裤,裤口宽=[大腿围+(4~6)]/2=[48+(4~6)]/2=26~27cm。

2. 为了后裤口达到吸腿效果,故后落裆量=2.5~3cm,后下裆部结构如图绘制。

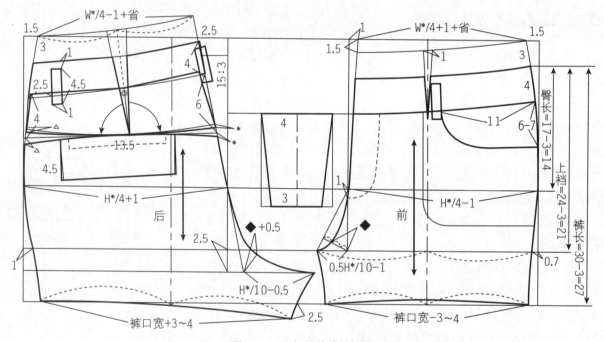

图4-4-25　超短热裤结构图

女装结构设计与纸样 第四章
裤子结构设计与纸样

(三)样版制作
1. 前后裤片样版(图4-4-26)

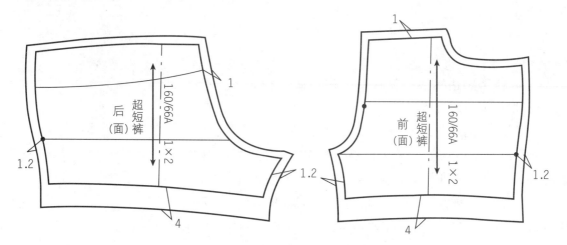

图4-4-26　超短热裤前后裤片样版

2. 零部件样版(图4-4-27)

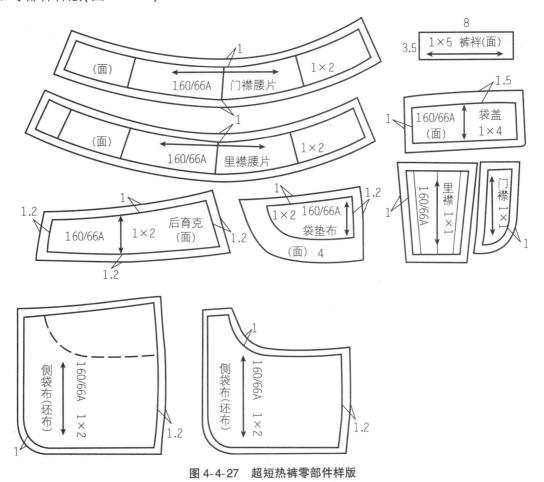

图4-4-27　超短热裤零部件样版

例二　背带翻边短热裤结构设计与纸样

（一）款式、面料与规格

1. 款式特点（图 4-4-28）

本款背带翻边短热裤，款式特点是低腰宽育克，配背带，前裤片设两个活褶，斜插袋通连前育克，育克上设三个扣为裤子开口，后育克下夹缝袋盖，裤长至大腿上部，裤脚口翻边，体现活泼、可爱气质，是现代年轻少女青睐的夏季时装裤款。

2. 面料

背带翻边短热裤面料选用吸湿、透气、牢固耐磨的中厚型或精纺的棉布面料。如牛仔布、帆布、斜纹棉布、卡其、中粗灯芯绒等。

用料：面布幅宽 150cm 或 110cm，用量 100cm；里料幅宽 100cm，用量 30cm；黏合衬幅宽 90cm，用量 15cm。

3. 规格设计

表 4-4-8 所示为背带翻边短热裤规格表。

图 4-4-28　背带翻边短热裤款式图

表 4-4-8　背带翻边短热裤规格表

（单位：cm）

号型	部位名称	腰围（W）	臀围（H）	裤长（L）	上裆（D）	臀长	裤口宽
160/66A	净体尺寸	66	90	100	28.5	17	／
	成品尺寸	／	98	35-3=32	28.5-3.5-3=22	17-3=14	29

（二）结构制图

结构要点如图 4-4-29 所示（注：W^*、H^* 表示净腰围、净臀围尺寸）。

1. 本款背带翻边短热裤臀围较合体，臀围松量=8cm，因款式前设两个褶，故前臀围松量 6cm，后臀围松量 2cm，前后臀围差 2cm，即前臀围=$H^*/4-1+3$，后臀围=H^*4+1+1；且前后腰围差 1cm，即前腰=$(W^*+4)/4+0.5+2$ 褶，后腰=$(W^*+4)/4-0.5+$省。

2. 前裆宽=$0.5H^*/10-0.5=4$cm，后裆宽=$H^*/10=9$cm，后裆斜=15cm：3cm，后裆翘=2.5cm，前中下落=1.5cm，为了后裤口呈现出既吸腿又翻边的效果，故后裤片落裆量=1.5cm。

3. 裤口宽=[大腿围+（8~10）]/2=[48+（8~10）]/2=28~29cm，另加翻边宽 4cm×2cm。

4. 腰位线下移 3cm 为低腰的弧腰位，弧腰宽=8cm，设定前插袋袋口线及前育克斜线，后育克中的腰省量转至分割线处，后裤片侧缝修剪量◎/4，前裤片弧腰分割处也修剪◎/4。

5. 如图 4-4-29 绘制背带结构。

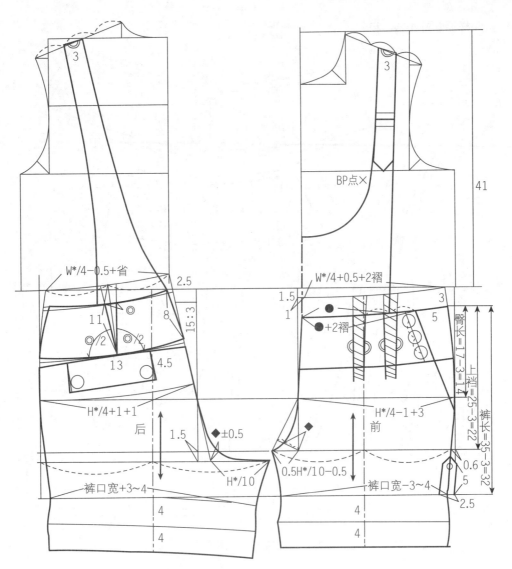

图 4-4-29 背带翻边短热裤结构图

(三)样版制作

1. 前后裤片样版(图 4-4-30)

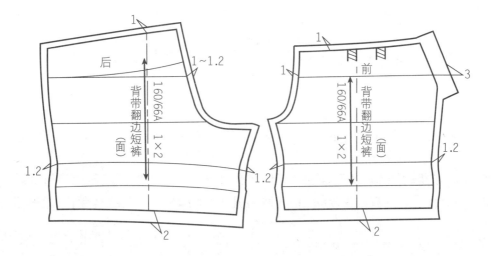

图 4-4-30 背带翻边短热裤前后裤片样版

2. 零部件样版(图 4-4-31)

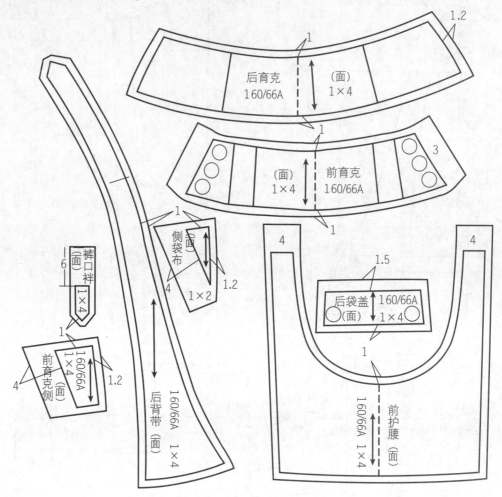

图 4-4-31 背带翻边短热裤零部件样版

课后作业

一、思考与简答题

1. 裤子可按哪几种形式分类？

2. 裤子从廓型上分有哪几类？

3. 女裤结构设计中,根据裤款宽松程度需要,臀围松量如何加放？

4. 裤子结构设计中,长裤与短裤的落裆量分别是何值？ 为何如此处理？

二、项目练习

1. 对本章的变化裤款有选择性地进行结构制图与纸样制作,制图比例分别为 1:1 和 1:3(或 1:5) 的缩小图。

2. 市场调研,收集时尚流行裤款,归类整理,图文并茂。并根据收集的时尚流行裤款和 "女装设计(一)" 课程中自行设计的裤款中,选择 1~3 款展开 1:1 结构制图与纸样制作,培养举一反三、灵活应用能力。

结构制图与纸样制作要求:制图步骤合理,基础图线与轮廓线清晰分明、公式尺寸、纱向、符号标注工整明确。

第五章　连衣裙结构设计与纸样

【学习目标】

通过本章学习,了解连衣裙的种类,学习与掌握基本款连衣裙结构设计原理及连衣裙廓型、分割、组合等变化款的结构设计以及礼服结构设计的相关知识,从而能够灵活运用,培养举一反三的能力。

【能力设计】

1. 充分理解连衣裙结构制图步骤及其结构原理,培养学生对变化款连衣裙和礼服裙的结构设计与纸样制作能力,达到专业制图的比例准确、图线清晰、标注规范的要求。

2. 根据不同连衣裙和礼服裙的款式,进行相应的结构设计与纸样制作,从而掌握衣身造型、袖型、领型及裙摆展开等结构变化的处理。

连衣裙是指由衬衫式的上衣和各类裙子相连而成的连体式服装,又称"连衫裙"、"布拉吉"(俄语的汉语译音)。它自古以来便是最常用的服装之一,如中国古代上衣与下裳相连的深衣,古埃及、古希腊及两河流域的束腰衣,都具有连衣裙的基本形式,男女均可穿着,仅在具体细节上有所区别。

中世纪前,从裁剪上来说,女性服装属于纯粹的连衣裙。16世纪以后,胴衣和裙子逐渐分离开来。在欧洲,直到第一次世界大战前,妇女服装的主流一直是连衣裙,并作为出席各种礼仪场合的正式服装。一战后,由于女性越来越多地参与社会工作,衣服的种类不再局限于连衣裙,但其仍作为一种重要的服装——礼服。随着时代的发展,连衣裙的种类也越来越多。

第一节　连衣裙的种类

连衣裙是女士喜欢的夏装之一,在服装品种中被誉为"款式皇后",即款式变化最多、最受青睐的服装种类。如:根据造型可形成不同轮廓的连衣裙;根据腰节位置可构成上衣和裙体的结构造型变化组合的连衣裙;根据穿着对象的不同,有童式连衣裙和成人连衣裙;另外还有长袖的、短袖的、无袖的、有领的、无领的变化。

一、连衣裙的种类

(一)按廓型划分(图5-1-1)

H型(直身型):也称箱型,外形简单,较为宽松,不强调人体曲线,常见于运动型、军装风格的连衣裙,适用范围比较广,堪称"万能裙款"。在宽松直身造型的掩盖下,女性身材变得纤细,几乎适合所有身材的女性。

X型(收腰型):上身贴合人体,腰线以下呈喇叭状,是连衣裙中的经典款,能体现女士凸胸细腰的优美曲线,深受女士喜好,是女士婚礼服常选用的服装造型。

　　A型(梯型):窄肩宽摆,从胸部至底摆自然加入喇叭量,整体呈梯型,是一款可掩盖人体体型不佳的经典廓型。整体轮廓给人一种自然、优雅的感觉。

　　V型(倒梯型):宽肩窄摆,从肩部至底摆衣身逐渐变窄,整体呈倒梯型。适合宽肩窄臀的体型,设计时加肩章或肩育克,显得肩平、结实。

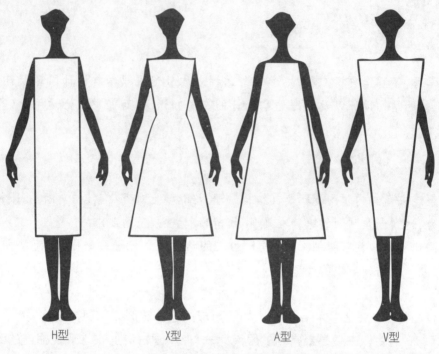

H型　　　　　X型　　　　　A型　　　　　V型

图 5-1-1　按造型划分连衣裙

(二)按腰部分割线划分

按腰部分割线,连衣裙可分为接腰型和连腰型两大类:

1. 接腰型:衣和裙拼缝连接式。有低腰型、高腰型、标准型、育克型等(图 5-1-2)。

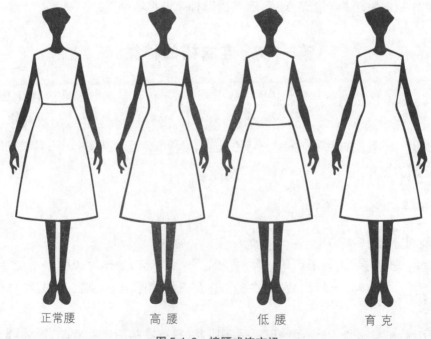

正常腰　　　　高腰　　　　低腰　　　　育克

图 5-1-2　接腰式连衣裙

1) 标准型:接缝线在人体的腰部最细位置。服装业中俗称为"中腰节连衣裙",其高低适中,造型美观、秀丽,适合各种层次的妇女穿着。

2) 高腰型:接缝线在正常腰围线以上、胸部以下的位置。大多数的形状是收腰、宽摆。这种连衣裙又叫(拿破仑)帝国女服。

3) 低腰型:接缝线在臀围线以上、正常腰围线以下的位置,裙摆造型呈喇叭形或抽褶形、褶裥形等。

4) 育克型:接缝线在胸背以上的肩部。

2. 连腰型:衣裙相连无接缝的连体式连腰裙。有贴身型、公主线型、长衬衫型、帐篷型等(图 5-1-3)。

1) 贴身型:衣裙相连收腰合体的连衣裙。裙子的侧缝线是自然下落的直线形。

2) 公主线型:利用从肩部至下摆的纵向分割的公主线,体现女士的曲线美,易于服装合体,强调收腰、宽摆,也易于塑造出喜欢的形状和立体感。

3) 刀背线型:利用从袖窿处到裙下摆的纵向分割线,体现女士的曲线美。

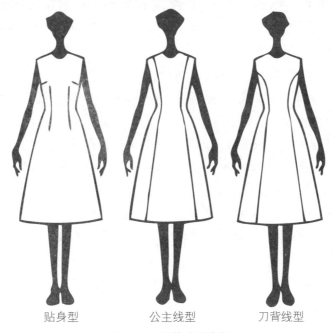

贴身型　　　　公主线型　　　　刀背线型

图 5-1-3　连体式连衣裙

(三) 按袖子分类(图 5-1-4)

1. 按袖子长度划分,可分为吊带型、无袖型、短袖型及长袖型等连衣裙[图 5-1-4(a)]。

2. 按袖子造型划分,常见的有泡肩袖、灯笼袖、喇叭袖、郁金香袖、羊腿袖等连衣裙[图 5-1-4(b)]。

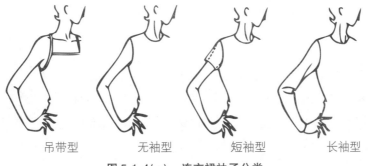

吊带型　　　　无袖型　　　　短袖型　　　　长袖型

图 5-1-4(a)　连衣裙袖子分类

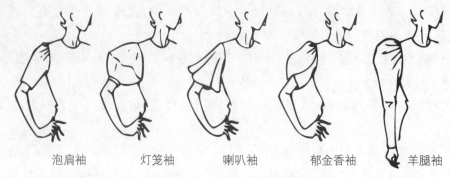

泡肩袖　　　灯笼袖　　　喇叭袖　　　郁金香袖　　　羊腿袖

图 5-1-4(b)　连衣裙袖子分类

二、连衣裙的面料知识

用于连衣裙的面料种类较多,从轻薄的丝绸到薄呢绒都适用。连衣裙是女性春夏季常见的服装款式,一般来说,轻、薄、柔软滑爽、透气性强的织物,穿在身上轻快、凉爽,是春夏季连衣裙普遍采用的面料。连衣裙的首选面料是华丽的丝织物,其次是朴素的棉织物、麻织物、各种混纺织物和蕾丝面料。

1. 丝绸:面料具有质轻、细软、光滑而富有弹性的优点,用它设计与制作的连衣裙,其效果华丽、高贵,并且穿着舒适,是夏季连衣裙普遍采用的面料。

2. 棉布:由于纯棉织物具有吸湿性好、强度好、手感柔软、穿着舒适、耐洗等优点,棉织物一直被消费者所喜爱,也常用来做夏季连衣裙。

3. 麻织物:采用麻纤维加工而织成以及麻纤维与其他纤维混纺或交织的织物。纯麻织物具有吸湿散湿速度快、抗断裂强度高、断裂伸长小等优点,兼有如丝、毛织物般的华丽风格,并且还有如棉织物一样的耐用、耐处理性,也是夏季连衣裙常用的面料。

4. 蕾丝:是英文(lace)的译音,原意是指花边、饰边等装饰物,后引申为带有图纹、图案的透明或半透明的薄衣料。蕾丝类面料不仅透明,而且其本身的花纹与平常的印花不一样,设计时应以花纹做重点考虑对象,这是有别于其他面料的地方。蕾丝面料与其他面料搭配设计的连衣裙,渗透着双层层叠的效果,使服装富有诗意,体现服装格调高雅且具时尚感。

第二节　基本连衣裙结构设计与纸样

一、接腰型连衣裙结构设计与纸样

(一)款式、面料与规格

1. 款式特点

接腰型连衣裙是一款衣身与裙身在腰节拼缝而成的无袖连衣裙。整体造型合体,前衣身左右各有一个腋下省,一个腰省,后衣身左右各有一个肩胛省,一个腰省。前裙片左右各有一个腹凸省,后裙片左右各有一个臀凸省,后身背缝绱隐形拉链(图5-2-1)。

2. 面料

夏季选用薄型棉布、丝绸、化纤面料,春秋季选用薄型毛料。

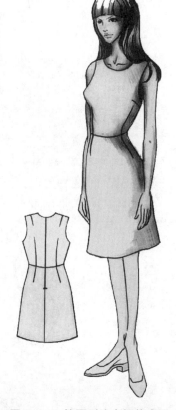

图 5-2-1　接腰型连衣裙款式图

用料:面布幅宽 110cm,用量 160cm;黏合衬幅宽 90cm,用量 30cm。

3.规格设计

在表 5-2-1 中,成品胸围、腰围、臀围均加 8cm 松量,成品肩宽=38.5(净肩宽)−4cm=34.5cm。

表 5-2-1　接腰型连衣裙规格表　　　　　　　　　　　　　(单位:cm)

号　　型	部位名称	后衣长(L)	胸围(B)	腰围(W)	臀围(H)	肩宽(S)
160/84A	净体尺寸	38(背长)	84	66	90	38.5
	成品尺寸	97.5	92	74	98	34.5

(二)原型法结构制图

1.衣身原型处理(图5-2-2)

后衣片腰省只有一个,因此合并前、后衣片靠近侧缝的腰省,前衣片袖窿省转移为腋下省。

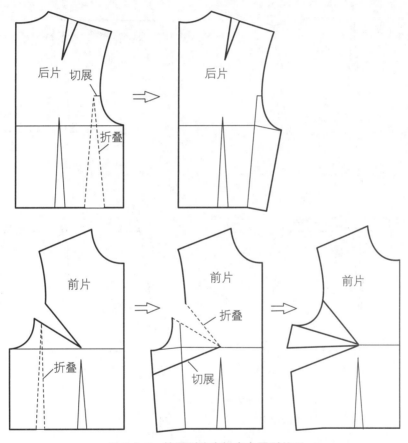

图 5-2-2　接腰型连衣裙衣身原型处理

2.衣身结构(图5-2-3,注:结构图中,W、H等表示净体围度尺寸)

1) 后背中缝线:该款为合体造型,后背缝绱装拉链,为使后衣片更好地贴合人体,在后中线上的后颈点与胸围线的1/2处开始,在胸围线上收进0.5cm,在腰节线收进0.8cm,依次连接,圆顺修画后背缝线。

2) 后领口线、小肩宽:根据款式,在原型基础上领口可适当开宽开深0.5~2cm,该款为无袖连衣裙,肩线自肩端点向侧颈点缩进2cm。

3) 胸围尺寸:合体无袖连衣裙的胸围放松量=8cm,原型基本松量=12cm,故需减少4cm。后衣片在后背缝处胸围收进0.5cm,侧胸围再收进0.5cm,前衣片侧胸围收进1cm。

4) 腰围尺寸:该款连衣裙的腰围松量=8cm,在腰节接缝线上,后腰围/2=W/4+2+○−2(○为后衣身腰省量),前腰围/2=W/4+2+△+2(△为前衣身腰省量),画侧缝线和衣下摆线。

5) 袖窿线：在原型的基础上，肩端点偏进 2cm，袖窿深上抬 2cm，用圆顺线修画袖窿线。

6) 袖口、领口贴边：以袖窿弧线和领口弧线为依据画 3cm 宽的袖口、领口贴边。

3. 裙身结构(图 5-2-3，注：结构图中，W、H 等表示净体围度尺寸)

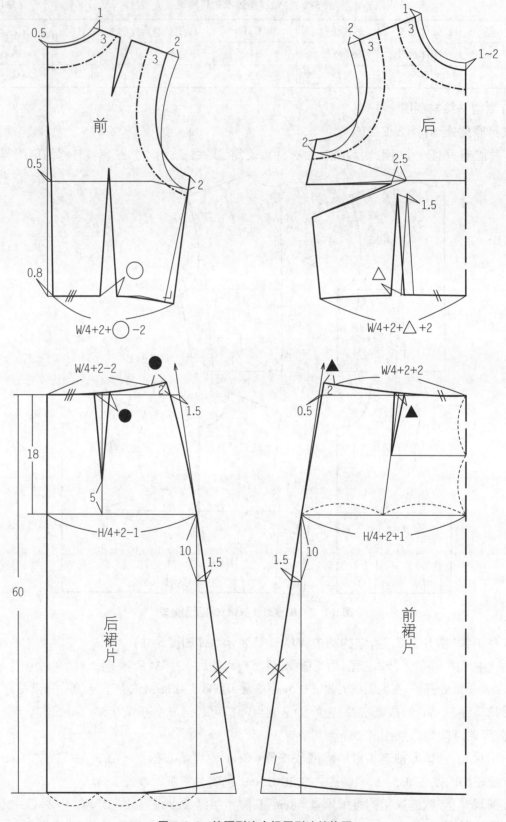

图 5-2-3　接腰型连衣裙原型法结构图

1) 裙长:自腰节线向下量取 60cm,画裙下摆基线。

2) 臀围尺寸:A 字型裙身,臀围松量＝8cm,前臀围/2＝H/4+2+1,后臀围/2＝H/4+2-1。

3) 侧缝线:自臀围线向下取 10cm∶1.5cm 的点连接侧臀大点,并上下延长,依图画出底摆线。
后身与腰口线的交点收进 1.5cm,前身收进 0.5cm,再与侧臀大点凸弧相连并延长 2cm,作垂线,取后
腰围＝W/4+2+●-2(●＝后裙身腰省量),取前腰围＝W/4+2+▲+2(▲＝前裙身腰省量)。

(三)比例法结构制图(图 5-2-4,注:结构图中 B、W、H 等表示成衣尺寸)

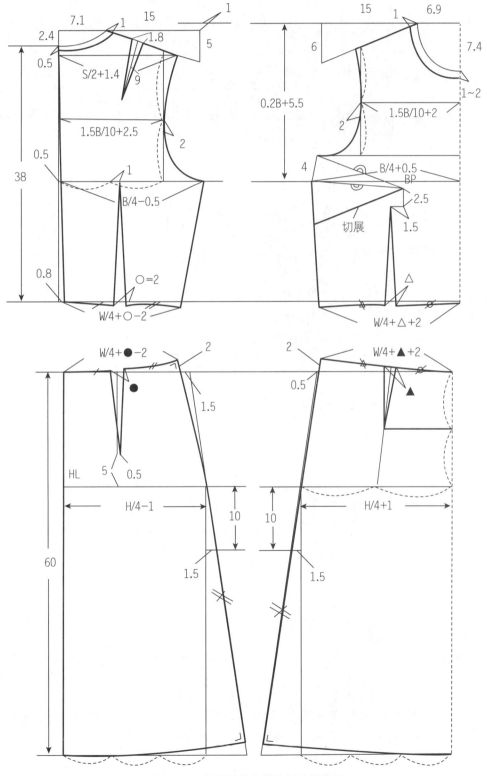

图 5-2-4　接腰型连衣裙比例法结构图

(四)样版制作

1. 前后衣片及裙片样版(图5-2-5)

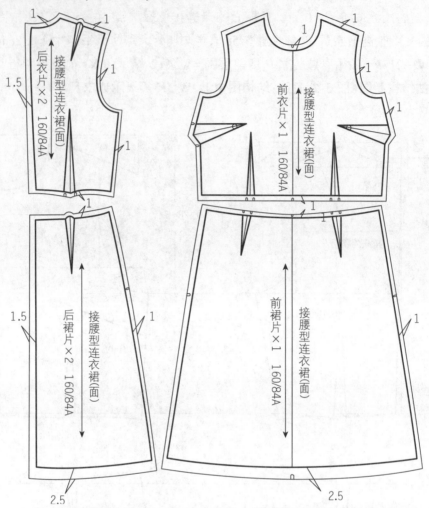

图5-2-5 接腰型连衣裙前后衣片及裙片样版

2. 零部件样版(图5-2-6)

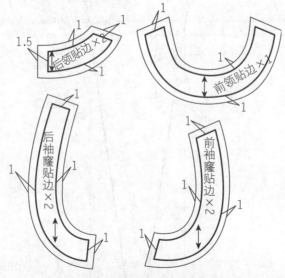

图5-2-6 接腰型连衣裙零部件样版

二、连腰型连衣裙结构设计与纸样

(一)款式、面料与规格

1.款式特点

连腰型连衣裙是一款衣身与裙身相连成一体的连衣裙,整体造型较为合体,款式简洁,线条流畅。前设袖窿省与腰省,后设腰省以突出腰部造型,一片式短袖,小一字领,前领口V字形挖口,侧缝绱隐形拉链(图5-2-7)。

2.面料

面料选用薄型或中厚型棉布、化纤、薄型毛料等。

用料:面布幅宽110cm,用量150cm;黏合衬幅宽90cm,用量30cm。

3.规格设计

表5-2-2中,成品胸围、腰围均加10cm松量,成品臀围加8cm松量,成品肩宽=38.5(净肩宽)-0.5=38cm。

图5-2-7　连腰型连衣裙款式图

表5-2-2　连腰型连衣裙规格表　　　　　　　　　　　　　　(单位:cm)

号　　型	部位名称	后衣长(L)	胸围(B)	腰围(W)	臀围(H)	肩宽(S)	袖长(SL)
160/84A	净体尺寸	38(背长)	84	66	90	38.5	
	成品尺寸	89	94	76	98	38	20

(二)原型法结构制图

1.衣身原型处理(图5-2-8)

后肩省的1/2转移到袖窿为袖窿松量。前片胸省的1/4留在袖窿为松量,余下的浮余量为袖窿省量。

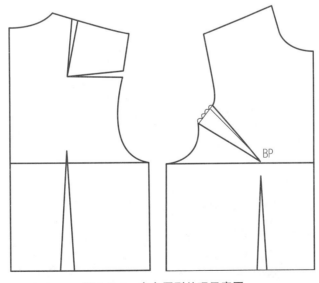

图5-2-8　衣身原型处理示意图

2. 衣身结构(图 5-2-9,注:结构图中,W、H 等表示净体围度尺寸)

1) 后衣长:基于衣片原型,后颈点向下 1cm,再量取 89cm,确定裙长。

2) 后背中缝线:该款为合体造型,后背缝绱装拉链,为使后衣片更好地贴合人体,在后中线上的后颈点与胸围线的 1/2 处开始,在胸围线上收进 0.5cm,在腰节线收进 1.5cm,依次连接,圆顺修画后背缝线。

3) 领口线、肩线:后横开领加大 4cm,肩端点沿肩线向侧颈点缩进肩省量◎,依图画出前、后领口线和肩线。

4) 胸围尺寸:合体装袖连衣裙的胸围放松量为 10cm,原型中基本放松量 12cm,故需减少 2cm。后衣片后背缝在胸围线处已收进 0.5cm,前衣片侧缝在胸围线处收进 0.5cm。

5) 腰围尺寸:该款连衣裙的腰围放松量 = 10cm,在腰节接缝线上,后腰围/2 = W/4+2.5+○−2 (○为后衣身腰省量),前腰围/2 = W/4+2.5+△+2(△为前衣身腰省量),前后腰围差 4cm。

6) 臀围尺寸:合体 A 型裙身的连衣裙臀围松量 = 8cm,在臀围线上,后臀围/2 = H/4+2−1,前臀围/2 = H/4+2+1。

7) 后袖窿线、侧缝线:袖窿深上抬 0.5cm,用圆顺线画袖窿线和侧缝。

8) 领口贴边:以领口弧线为依据画 3cm 宽的领口贴边。

3. 袖子结构(图 5-2-10)

1) 袖山高:将前后衣片侧缝合并,以侧缝向上的延长线作为袖山线。袖山高是以前后肩高度差的 1/2 到袖窿深线的 4/5。

2) 袖长线:自袖山点向下量取袖长 = 20cm,画袖口基线。

3) 袖肥大:分别取前 AH、后 AH+0.5cm,连接袖山点到袖底线,从前后袖宽点向下画至袖长线。

4) 袖山弧线:根据前后袖斜线,如图 5-2-10 所示,画顺袖山弧线。

5) 袖口线:袖缝自袖宽线向里收进 1cm 为袖口尺寸,直角处理画袖口线。

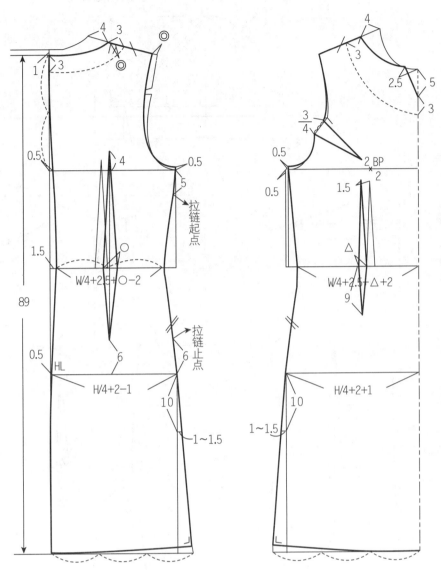

图 5-2-9 连腰型连衣裙衣身原型法结构图

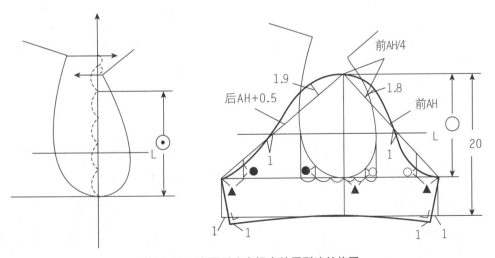

图 5-2-10 连腰型连衣裙衣袖原型法结构图

（三）比例法结构制图（图5-2-11,注:结构图中,B、W、H等表示成衣尺寸）

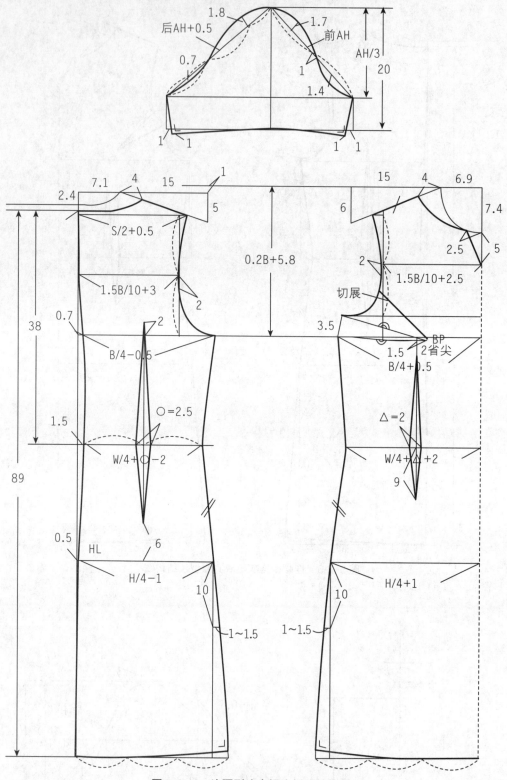

图5-2-11 连腰型连衣裙比例法结构图

(四)样版制作

1.前、后衣片样版(图5-2-12)

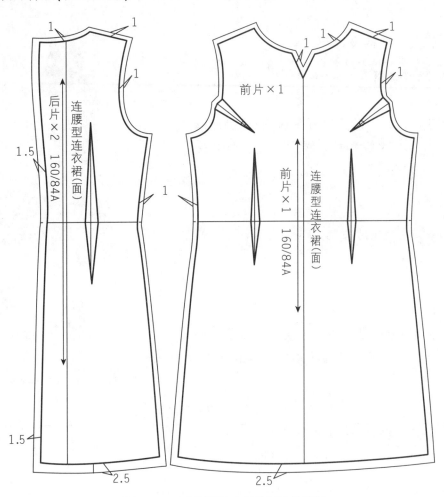

图5-2-12 连腰型连衣裙前后衣片样版

2.袖片及零部件样版(图5-2-13)

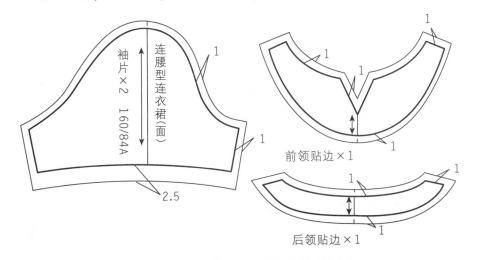

图5-2-13 连腰型连衣裙袖片及零部件样版

第三节　变化连衣裙款结构设计

一、低腰碎褶连衣裙结构设计与纸样

(一)款式、面料与规格

1. 款式特点

低腰碎褶连衣裙是一款低腰分割线、裙腰加入碎褶的连衣裙。前后衣片各有两个腰省以突出腰部造型,袖子为喇叭短袖,领子为大圆领,后身背缝缀隐形拉链(图5-3-1)。

2. 面料

面料选用薄型棉布或丝绸,也可选用薄型纱料。

用料:面布幅宽110cm,用量150cm;黏合衬幅宽90cm,用量30cm。

3. 规格设计

表5-3-1中,成品胸围加8cm松量,成品腰围加8cm松量,成品肩宽=38.5(净肩宽)-0.5=38cm。

图5-3-1　低腰碎褶连衣裙款式图

表5-3-1　低腰型碎褶连衣裙规格表

(单位:cm)

号　型	部位名称	后衣长(L)	胸围(B)	腰围(W)	肩宽(S)	袖长(SL)
160/84A	净体尺寸	38(背长)	84	66	38.5	/
	成品尺寸	105	92	74	38	25

(二)结构制图要点(注:结构图中,W、H等表示净体围度尺寸)

1. 衣身原型处理(图5-3-2)

后片肩省的1/2转移到袖窿为袖窿松量。前片胸省的1/4留在袖窿为松量,余下的浮余量为胸省。

2. 衣身结构(图5-3-2)

1)领口线、袖窿线:后肩端点沿肩线缩进1cm,取小肩宽=5cm,并确定后横开领=前横开领=◎,前小肩宽=5cm,确定前肩端点,分别画前后领口线、袖窿线。

2)胸围尺寸:胸围放松量在原型的基础上减少4cm,由于后背缝在胸围线处收进0.5,故后片侧缝胸围处收进0.5cm,前片侧缝胸围处收进1cm。

3)腰围尺寸:该款连衣裙的腰围松量=8cm,在腰节线上,后腰围/2=W/4+2+○-1.5,前腰围/2=W/4+2+△+1.5(其中○、△为后片、前片衣身原型的腰省)。

4)臀围尺寸:后臀围/2=H/4+2-1,前臀围/2=H/4+2+1,连接袖窿深点、腰点、臀围点,画前、后侧缝。

5)低腰分割线:腰节线下7cm画前后低腰分割线。

6)引裙摆切展线:前后裙片分别自衣片腰省根向下延伸至下摆线画垂线,并作平行切展,加前碎褶量=17cm、后碎褶量=16cm。

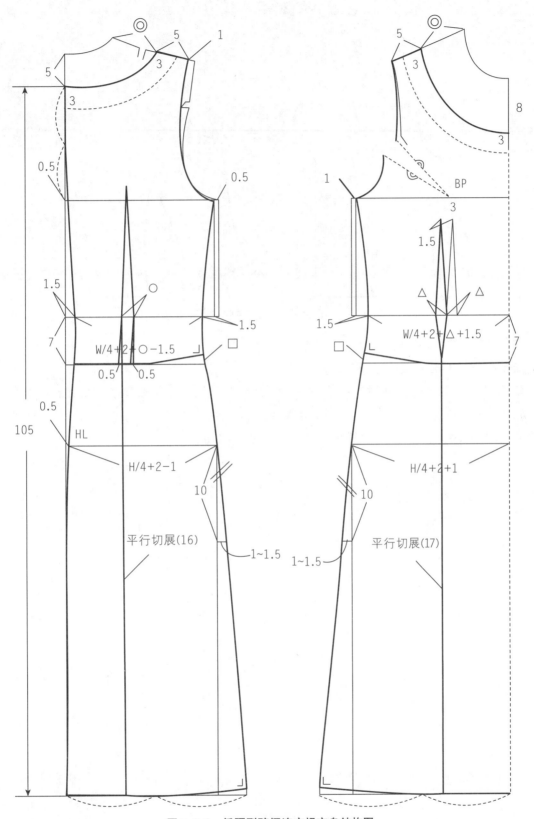

图 5-3-2 低腰型碎褶连衣裙衣身结构图

7)转移前胸省至腰省(图5-3-3):前片袖窿省闭合,省量转移至腰省,合为全省。

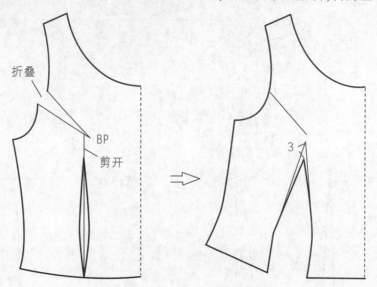

图 5-3-3　低腰型碎褶连衣裙胸省转移示意图

3.袖子结构(图5-3-4)

1)先画出袖子的基本图,确定袖长线。

2)袖口 10 等分作垂线为袖片切展线,袖口等分处加入切展量,后袖口处理加 1.5cm 下垂量画顺袖口线。

注:丝绸面料,喇叭袖各分割片的拉展量可加大 0.5~1cm。

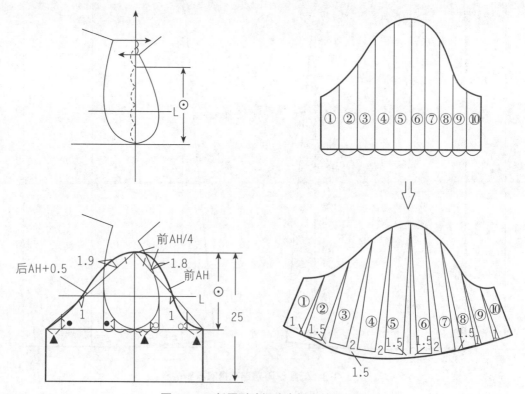

图 5-3-4　低腰型碎褶连衣裙衣袖结构图

(三)样版制作

1. 前后衣片及裙片(图5-3-5)

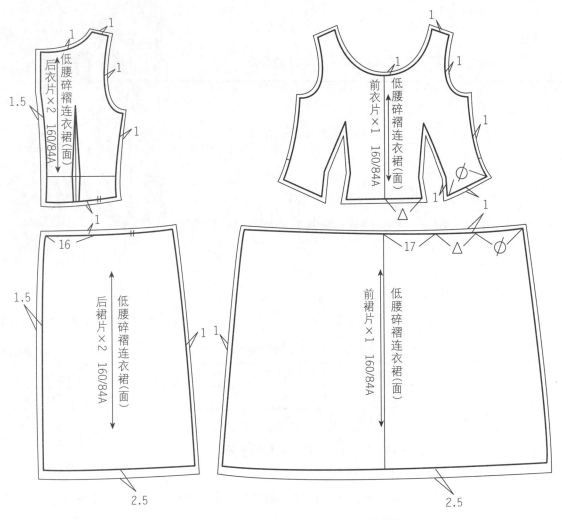

图5-3-5　低腰碎褶连衣裙前后衣片及裙片样版

2. 袖片及零部件样版(图5-3-6)

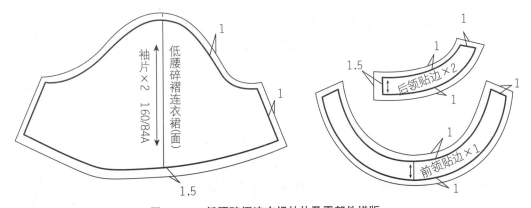

图5-3-6　低腰碎褶连衣裙袖片及零部件样版

二、公主线分割型连衣裙结构设计与纸样

（一）款式、面料与规格

1. 款式特点

公主线分割型连衣裙是一款前后采用 6 条纵向分割线以突出腰部造型的连衣裙。前后分割线的低腰位以下的裙片加入褶裥。前开襟,后整身设计。一片中长袖,袖山泡肩造型,加入规则的褶裥,领子采用旗袍领(图 5-3-7)。

2. 面料

面料选用薄型棉布或丝绸,也可选用薄型纱料。

用料:面布幅宽 120cm, 用量 200cm;黏合衬幅宽 90cm,用量 50cm。

3. 规格设计

表 5-3-2 中,成品胸围加 10cm 松量,成品腰围加 8cm 松量。

图 5-3-7　公主线分割型连衣裙款式图

表 5-3-2　公主线分割型连衣裙规格表　　　　　　　　　　　　　　　　（单位:cm）

号　型	部位名称	后衣长(L)	胸围(B)	腰围(W)	肩宽(S)	袖长(SL)
160/84A	净体尺寸	38(背长)	84	66	38.5	53(臂长)
	成品尺寸	120	94	74	38.5	50

（二）结构制图（注:结构图中, **W**、**H** 等表示净体围度尺寸）

1. 衣身原型处理(图 5-3-8)

后肩省/3 转移到袖窿为袖窿松量,余下省量为后肩省。前片胸省/4 留在袖窿为松量,余下的浮余量转移为肩省。

2. 衣身结构(图 5-3-8)

1) 领口线:前、后侧颈点开大 0.5~1cm,前直开领开深 1cm,后直开领不变,修画前、后领口线。

2) 围度尺寸:胸围放松量在原型的基础上减少 2cm,故前后衣片胸围,在分割线处各收进 0.5cm;在腰节线上,后腰围/2=W/4+2+4.5(省量)-0.5,前腰围/2=W/4+2+4.5(省量)+0.5;后臀围/2=H/4+2-0.5,前臀围/2=H/4+2+0.5。

3) 如图 5-3-8 所示,画出前后纵向分割线,前后裙片在纵向分割线上,各省尖以下平行加褶裥量=3×10cm。

3. 领子结构(图 5-3-8)

1) 以前后领圈弧长为基础(不含搭门宽),后领宽=4cm,画长方形框。

2) 前中起翘 2cm,前领头宽 3.5cm,圆顺画内领弧线和外领弧线。

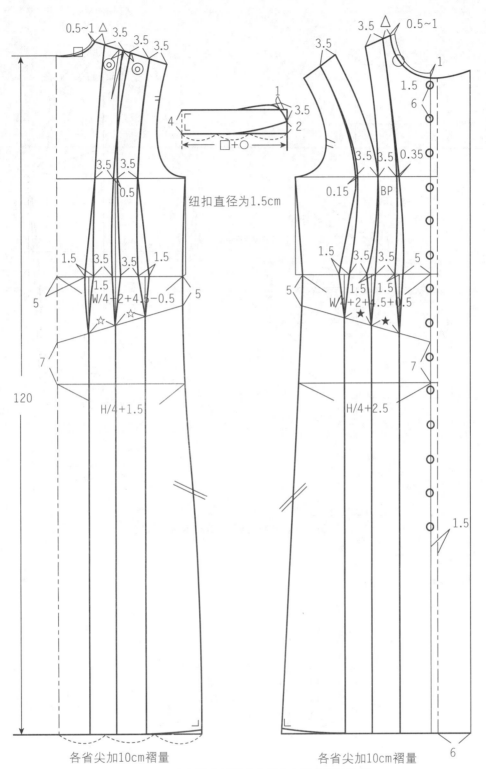

纽扣直径为1.5cm

各省尖加10cm褶量　　　　　各省尖加10cm褶量

图 5-3-8　公主线分割型连衣裙衣身及衣领结构图

4. 袖子结构(图 5-3-9)

1) 基本袖:如图 5-3-9 的①确定袖山高,②画基本袖。

2) 袖山切展:如图 5-3-9 的③保持袖肥不动,以袖肥线为界限切展、拉开,切口加入碎褶量,手肘处收进 1cm。

3) 袖口:后袖口线中间下落 2cm,如图设定衩位与褶裥。

4) 画袖头 = 23cm×7cm。

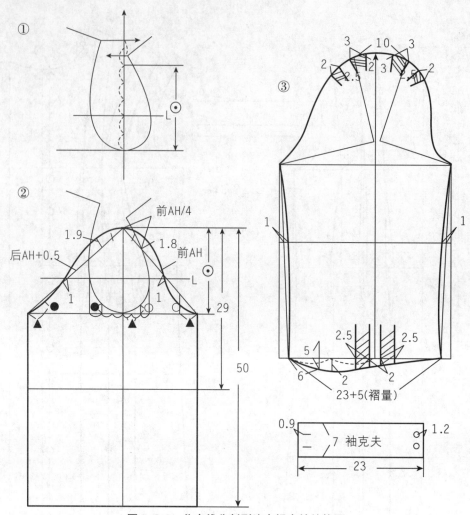

图 5-3-9　公主线分割型连衣裙衣袖结构图

（三）样版制作

1. 后衣片样版（图 5-3-10）

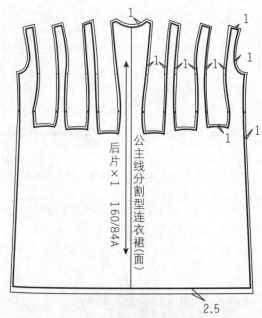

图 5-3-10　公主线分割型连衣裙后衣片样版

2. 前衣片样版 (图 5-3-11)

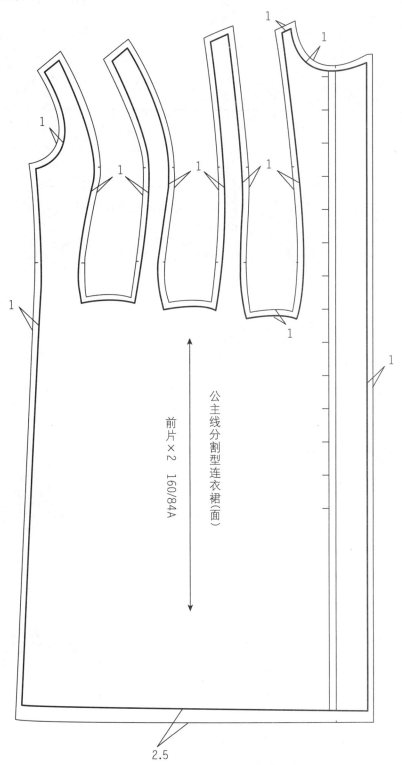

前片×2 160/84A

公主线分割型连衣裙(面)

图 5-3-11 公主线分割型连衣裙前衣片样版

3. 袖片、衣领样版 (图5-3-12)

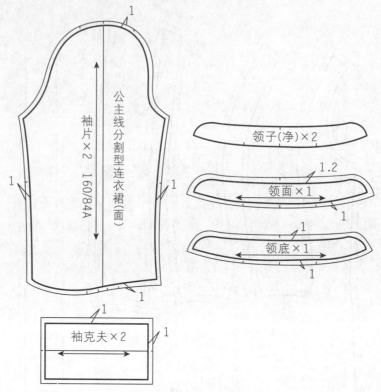

图5-3-12 公主线分割型连衣裙袖片及衣领样版

三、一字领无袖连衣裙结构设计与纸样

(一)款式、面料与规格

1. 款式特点

一字领无袖连衣裙是一款衣身合体、低腰分割线的连衣裙。前设袖窿省与腰省,后设腰省以突出腰部造型,前后分割线以下的裙片加入对褶,无袖,一字领,后背缝装隐形拉链(图5-3-13)。

2. 面料

面料选用薄型棉布或丝绸,也可选用薄型毛料。

用料:面布幅宽120cm,用量150cm;黏合衬幅宽90cm,用量30cm。

3. 规格设计

表5-3-3中,成品胸围加8cm松量,成品腰围加10cm松量,成品臀围加8cm松量,成品肩宽=38.5(净肩宽)-7=31.5cm。

图5-3-13 一字领无袖连衣裙款式图

表5-3-3 一字领无袖连衣裙规格表 (单位:cm)

号 型	部位名称	后衣长(L)	胸围(B)	腰围(W)	臀围(H)	肩宽(S)
160/84A	净体尺寸	38(背长)	84	66	90	38.5
	成品尺寸	98	92	76	98	31.5

（二）结构制图（注：结构图中，W、H等表示净体围度尺寸）

1. 衣身结构（图5-3-14）

1）领口线：前、后侧颈点开大6.5cm，后颈点低落2.5cm，前直开领抬高1cm，修画前、后领口线。

2）胸围尺寸：在原型的基础上胸围放松量减少4cm，由于后背缝在胸围线处收进0.5cm，后片腰省在胸围线处收进0.5cm，故前后衣片侧缝分别收进0.5cm。

3）腰围尺寸：该款连衣裙腰围的放松量＝10cm，在腰节线上，后腰围/2＝W/4+2.5+○−2（其中○为2.5cm）；前腰围/2＝W/4+2.5+△+2（其中△为前片衣身原型的腰省）。

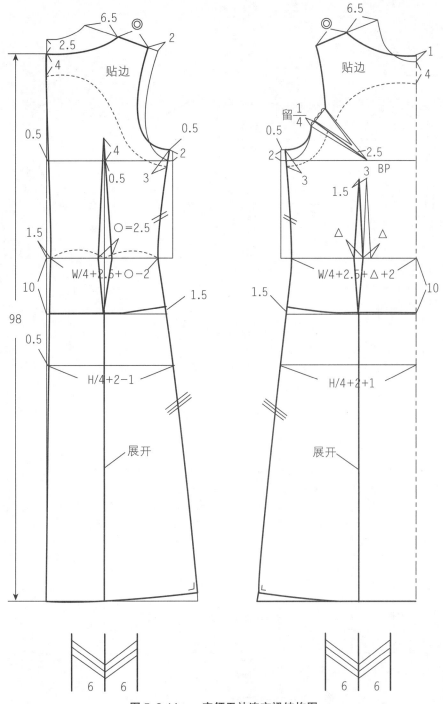

图5-3-14　一字领无袖连衣裙结构图

4）臀围尺寸：后臀围/2＝H/4+2−1，前臀围/2＝H/4+2+1。

5）袖窿线：后肩线自肩端点缩进2cm，得到宽为◎的肩线。腋下点抬高2cm，圆顺画出前后袖窿线。

6）低腰分割线：腰节线下10cm画前后低腰分割线。

7）引裙摆展开线：前后裙片分别自衣片腰省根向下延伸至下摆线画垂线，平行切展加对合式褶裥量＝12cm。

2. 领口及袖口贴边（图5-3-14）

分别以领口弧线和袖窿弧线为依据画出领袖贴边。

（三）样版制作

1. 前后衣片（图5-3-15）

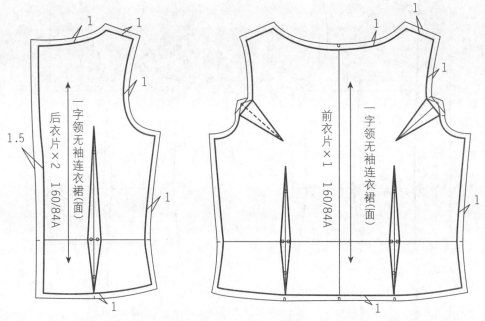

图5-3-15　一字领无袖连衣裙前后衣片样版

2. 前后裙片（图5-3-16）

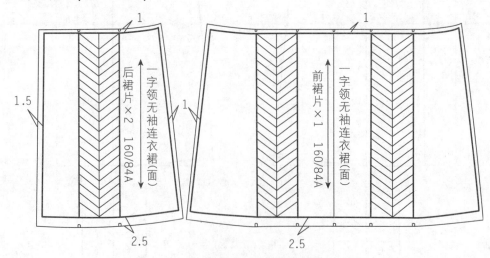

图5-3-16　一字领无袖连衣裙前后裙片样版

3. 前后贴边(图5-3-17)

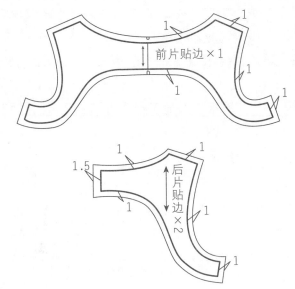

前片贴边×1

后片贴边×2

图5-3-17 一字领无袖连衣裙前后贴边样版

四、改良旗袍结构设计与纸样

(一)款式、面料与规格

1. 款式特点

改良旗袍是一款前后采用刀背弧形分割的连衣裙,衣身合体,无袖,领子为前领口向下的改良旗袍领,前衣身刀背缝腰节以下开衩,左侧侧缝装隐形拉链(图5-3-18)。

2. 面料

面料选用薄型棉布或丝绸,也可选用薄型化纤类面料。

用料:面布幅宽120cm,用量130cm;黏合衬幅宽90cm,用量50cm。

3. 规格设计

表5-3-4中,成品胸围加8cm松量,成品腰围加8cm松量,成品臀围加4cm松量。

图5-3-18 改良旗袍款式图

表5-3-4 改良旗袍规格表 (单位:cm)

号 型	部位名称	后衣长(L)	胸围(B)	腰围(W)	臀围(H)
160/84A	净体尺寸	38(背长)	84	66	90
	成品尺寸	95	92	74	94

(二)结构制图(注:结构图中,W、H等表示净体围度尺寸)

1. 衣身结构(图5-3-19)

1)领口线:前、后侧颈点开大0.5cm,前直开领开深5cm,后直开领不变,修画前、后领口线。

2)围度尺寸:在原型的基础上胸围放松量减少4cm,由于后背缝在胸围线处收进0.5cm,故后片侧缝胸围处收进0.5cm,前片侧缝胸围处收进1cm;在腰节线上,后腰围/2=W/4+2+○-1,前腰围/2=W/4+2+△+1(其中△、○分别为前、后衣片原型腰省量);后臀围/2=H/4+1-1,前臀围/2=H/4+

连衣裙结构设计与纸样

1+1。

3）袖窿线：自前后侧颈点起取小肩宽 = 6cm，确定肩端点。袖窿深抬高 2cm，圆顺画出前、后袖窿线。

4）刀背分割线：自袖窿弧起，经腰省至连衣裙下摆，绘制前、后刀背分割线，后刀背分割线下摆处重叠量 = 2cm。

5）左右衣片采用不对称设计，将右前片沿前中心线对称展开，延长领口线至刀背分割线上得到前衣片大身，并对称补画前左上小样片。

6）左侧刀背缝自臀围线向下 15cm 为开衩起点。

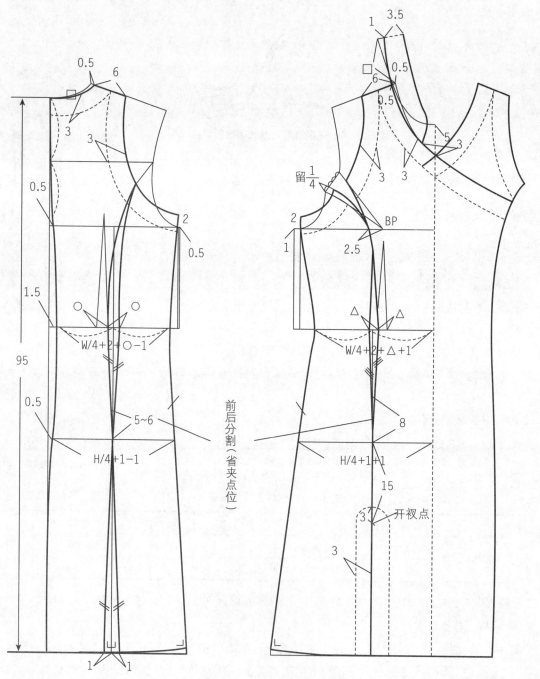

图 5-3-19　改良旗袍结构图

2. 领子结构 (图 5-3-19)

1) 以前后领圈弧长为基础,前领止点距前领深点 3cm。

2) 后领宽 = 3.5cm,后中起翘 1cm,前领头宽 2.5cm,圆顺画内、外领弧线。

(三) 样版制作

1. 前后衣片样版 (图 5-3-20)

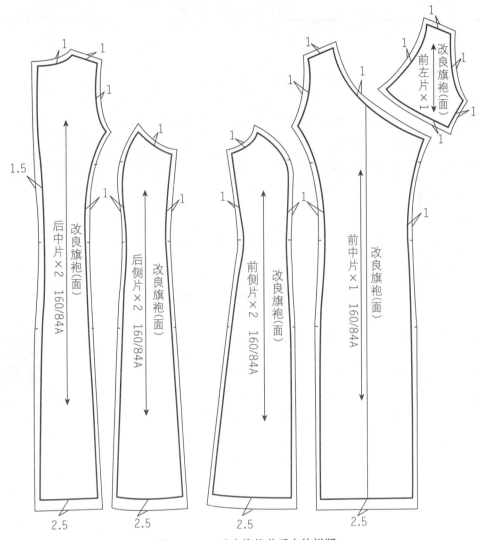

图 5-3-20　改良旗袍前后衣片样版

2. 衣领及开衩贴边样版 (图 5-3-21)

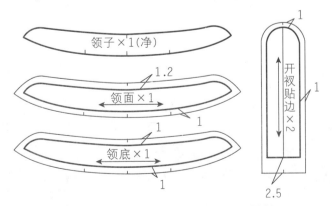

图 5-3-21　改良旗袍衣领及开衩贴边样版

3. 衣领贴边及袖窿贴边样版(图5-3-22)

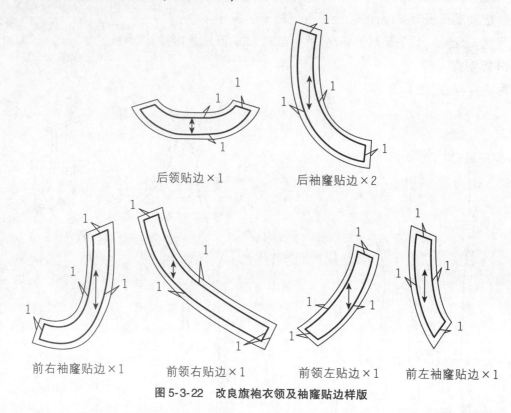

后领贴边×1　　　后袖窿贴边×2

前右袖窿贴边×1　　前领右贴边×1　　前领左贴边×1　　前左袖窿贴边×1

图5-3-22　改良旗袍衣领及袖窿贴边样版

五、插肩袖抽褶式连衣裙结构设计与纸样

(一)款式、面料与规格

1. 款式特点

插肩抽褶式连衣裙是一款高腰分割线的连衣裙。插肩式短袖,低圆领,领口、袖口加入碎褶,前后衣片胸围较为合体,腰部较为宽松,侧缝绱隐形拉链(图5-3-23)。

2. 面料

面料选用薄型棉布或丝绸,也可选用薄型纱料。

用料:面布幅宽120cm,用量120cm。

3. 规格设计

表5-3-5中,成品胸围加10cm松量,成品腰围加20cm松量,成品臀围加10cm松量。

图5-3-23　插肩袖抽褶式连衣裙款式图

表5-3-5　连袖抽褶式连衣裙规格表

(单位:cm)

号　型	部位名称	后衣长(L)	胸围(B)	腰围(W)	臀围(H)	肩宽(S)	袖长(SL)	袖口围
160/84A	净体尺寸	38(背长)	84	66	88	38.5	/	/
	成品尺寸	85	94	86	98	38	11	26

(二)结构制图(注:结构图中,W、H 等表示净体围度尺寸)

1. 衣身原型处理(图 5-3-24)

后片肩省全部转移到后领口,前片胸省全部转移到前领口。

2. 衣身结构(图 5-3-24)

1)领口线:前、后侧颈点开大 7.5cm,后直开领开深 7.5cm,前直开领开深 10cm,修画前、后领口线。

2)围度尺寸:胸围放松量在原型的基础上减少 2cm,故前片胸围在侧缝处收进 1cm;此款腰部顺势稍收小而不收腰省,后腰围/2=前腰围/2=W/4+5;前臀围/2=后臀围/2=H/4+2.5。

3)高腰分割线:胸围线向下 10cm 为前后高腰分割线。

3. 袖子结构(图 5-3-24)

1)分别延长前后肩线为袖中线,袖山高=后袖窿深◇×$\frac{2}{5}$,在此基础上延长 3cm 确定袖长。

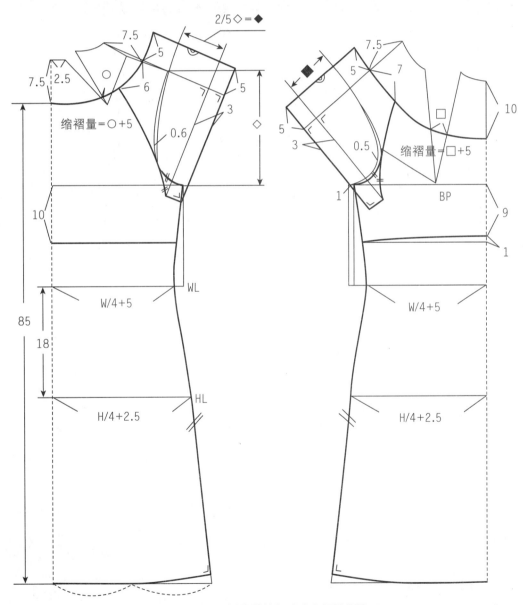

图 5-3-24　插肩袖抽褶式连衣裙结构图

2)如图5-3-24画袖中线垂线为袖宽线,影射袖窿线交袖宽弧线为袖山弧线,前后平行加出的5cm作为缩褶量,另前后领口缩褶量包括前后领口省量。

(三)样版制作(图5-3-25)

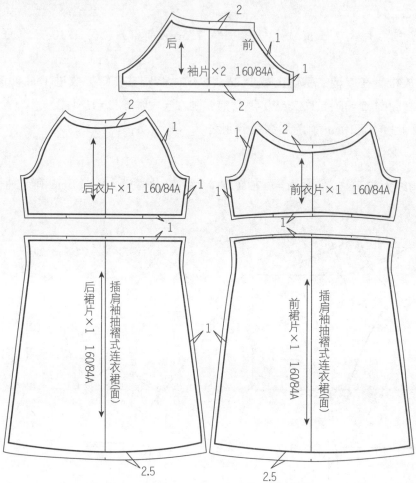

图5-3-25 插肩袖抽褶式连衣裙样版

第四节 礼服裙结构设计与纸样

一、礼服裙(一)结构设计与纸样

(一)款式、面料与规格

1.款式特点

该款礼服裙为无袖,吊脖颈低鸡心领,采用胸部以下水平分割,腰臀间斜线分割,前后腰部分割片加入平行褶,下裙摆为波浪摆,侧缝绱隐形拉链,为贴体连衣裙(图5-4-1)。

2.面料

面料选用薄型棉布或丝绸。

用料:面布幅宽120cm,用量150cm;黏合衬幅宽90cm,用量30cm。

图5-4-1 礼服裙(一)款式图

3.规格设计

表5-4-1中,成品胸围加4cm松量,成品腰围加4cm松量,成品臀围加2cm松量。

表5-4-1　礼服裙(一)规格表　　　　　　　　(单位:cm)

号　　型	部位名称	后衣长(L)	胸围(B)	腰围(W)	臀围(H)
160/84A	净体尺寸	38(背长)	84	66	90
	成品尺寸	90	88	70	92

(二)结构制图(注:结构图中,W、H等表示净体围度尺寸)

1.衣身结构(图5-4-2~图5-4-5)

1)后衣长:此礼服裙为短款小礼服,衣长至膝上,后衣长=90cm。

2)领口线:前、后横开领缩进1cm,后直开领上提1cm,胸围线上4cm为前直开领深,修画前、后领口线。

3)围度尺寸:胸围放松量=4cm(基本呼吸量),因此胸围尺寸在原型的基础上减少8cm,后侧缝的胸围线上收进1.5cm,前侧缝的胸围线上收进2.5cm;在腰节线上,后腰围/2=W/4+0.5,前腰围/2=W/4+1.5;前臀围/2=后臀围/2=H/4+0.5。

4)胸下7cm设横向分割,右臀围线处至左臀围线上6.5cm设斜向分割线,两分割线间8等分设7条切展线加褶裥量。

5)前、后裙片臀围分别6等分,如图5-4-2设7条垂直切展线,加裙摆波浪褶量。

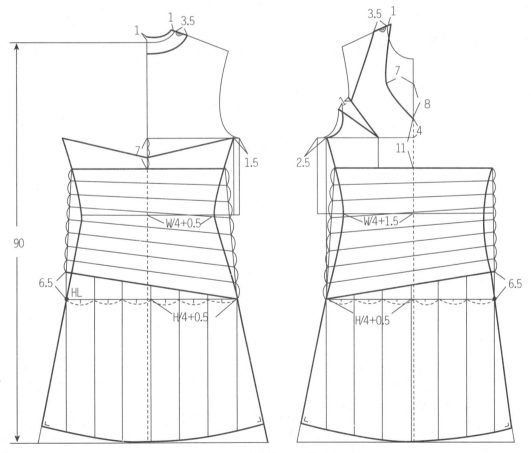

图5-4-2　礼服裙(一)结构图

6) 前胸片袖窿省转移为腰省,另前后肩线合并处理(图5-4-3)。

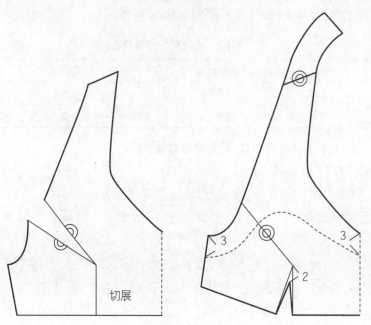

图 5-4-3　礼服裙(一)省道转移示意图

7) 胸下片各切展线剪开拉展,如图 5-4-4 加入褶裥量。

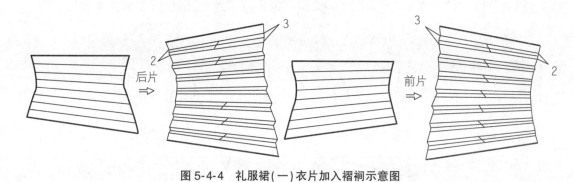

图 5-4-4　礼服裙(一)衣片加入褶裥示意图

8) 前后裙片切展加入裙摆波浪褶量 7×13cm,各切展片连接成圆顺弧线,斜纱处修进 1~3cm(视面料垂挂悬垂效果而定) ,以前片为例,如图 5-4-5 所示。

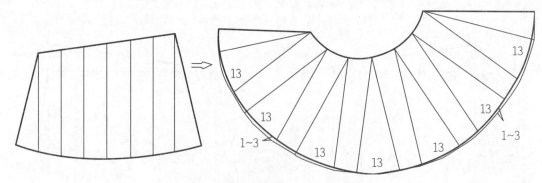

图 5-4-5　礼服裙(一)裙片切展示意图

(三)样版制作

1. 前后衣片及贴边样版(图5-4-6)

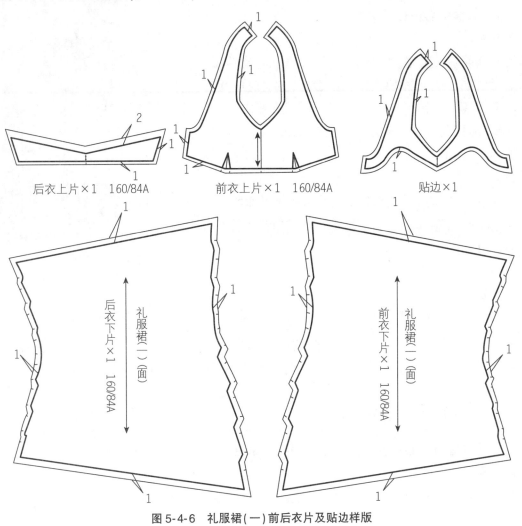

图5-4-6 礼服裙(一)前后衣片及贴边样版

2. 前后裙片样版(图5-4-7)

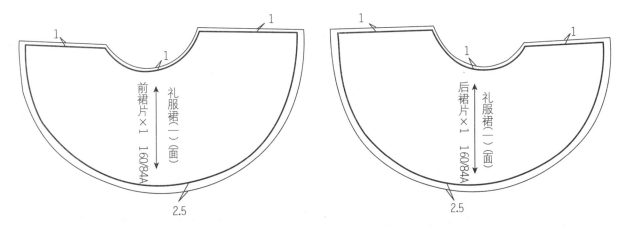

图5-4-7 礼服裙(一)前后裙片样版

二、礼服裙(二)结构设计与纸样

(一)款式、面料与规格

1.款式特点

这是一款前后大 V 字领、无袖礼服裙,通过胸省转移胸部以下,且切展加入碎褶以突出胸部造型,与此对应,前后肩线以下用装饰扣带形成自然碎褶。前后腹部以下采用横向分割线,裙身为 8 片分割鱼尾裙结构,后背中缝绱隐形拉链(图 5-4-8)。

2.面料

面料采用悬垂性较好、含天然纤维较多的中厚织物。

用料:面布幅宽 120cm,用量 240cm;黏合衬幅宽 90cm,用量 30cm。

3.规格设计

表 5-4-2 中,成品胸围加 4cm 松量(基本呼吸量),成品腰围加 6cm 松量,成品臀围加 4cm 松量。

图 5-4-8　礼服裙(二)款式图

表 5-4-2　礼服裙(二)规格表 　　　　　　　　　(单位:cm)

号　型	部位名称	后衣长(L)	胸围(B)	腰围(W)	臀围(H)
160/84A	净体尺寸	38(背长)	84	66	90
	成品尺寸	120	88	72	94

(二)结构制图(注:结构图中,W、H 等表示净体围度尺寸)

1.衣身原型处理(图 5-4-9)

根据款式需要,如图 5-4-9 所示,前片设省转移辅助线,合并袖窿省转移至分割线处为缩褶量。

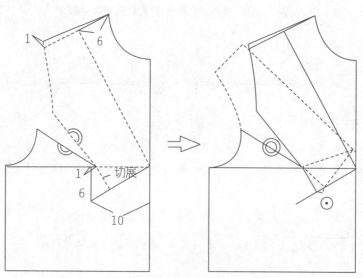

图 5-4-9　礼服裙(二)前片缩褶处理示意图

2.衣身结构(图5-4-10、图5-4-11)

1)前后肩线:肩线下斜1cm是为了保证胸部上提。

2)围度尺寸:胸围尺寸在原型的基础上减少8cm,后片背中缝收进1cm,侧缝的胸围线上收进1cm,前片侧缝的胸围线上收进2cm。在腰节线上,后腰围/2＝W/4+△(△为后腰省量),前腰围/2＝W/4+3;前臀围/2＝H/4+1,后臀围/2＝H/4+1。

3)横向分割线:臀围线向上6cm,侧缝线上提0.5cm画横向分割线。

4)裙摆造型:先将前后纵向分割线在膝关节的位置收进0.5cm,使臀部曲线自然流畅、造型丰满。分割的每片下摆向两边对称放大12cm,便于行走、增加动感,并画垂直裙摆缝的裙下摆弧。

5)前身片切展:由于前片省转移得到的缩褶量不足,胸部造型效果不强,如图5-4-11所示,在胸部设切展线,并拉展共加入4cm缩褶量。以保证样片处理时有足够的缝边,前中心线逆时针旋转1cm,并调整下摆至水平。

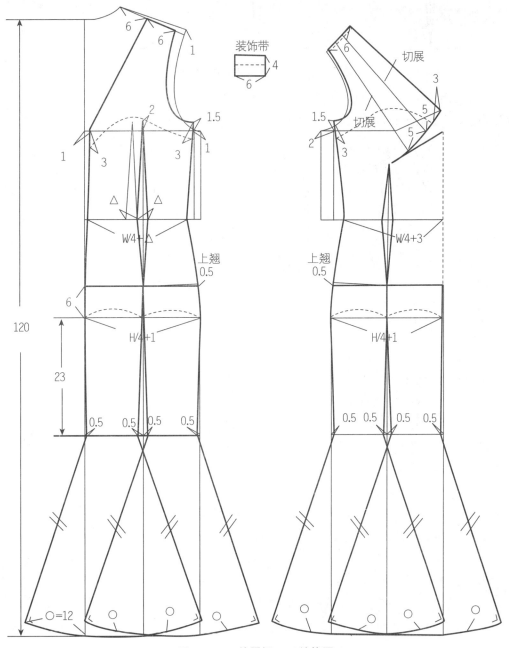

图5-4-10　礼服裙(二)结构图

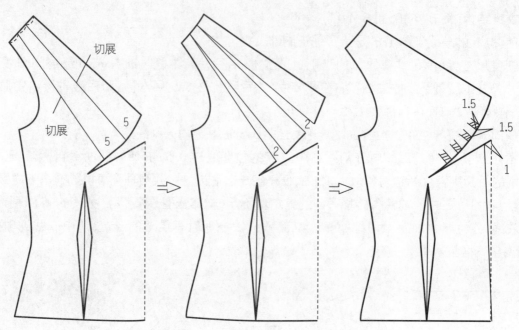

图 5-4-11　礼服裙(二)前片切展示意图

(三)样版制作

1. 前后衣片样版(图 5-4-12)

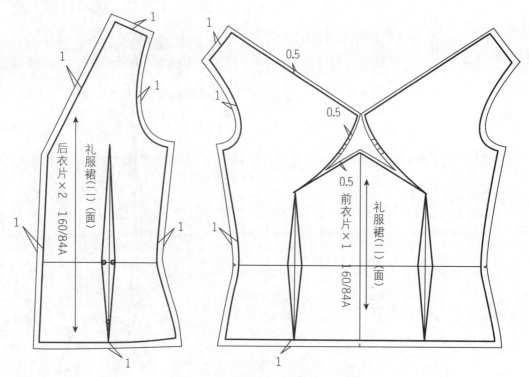

图 5-4-12　礼服裙(二)前后衣片样版

2.前后裙片样版(图5-4-13)

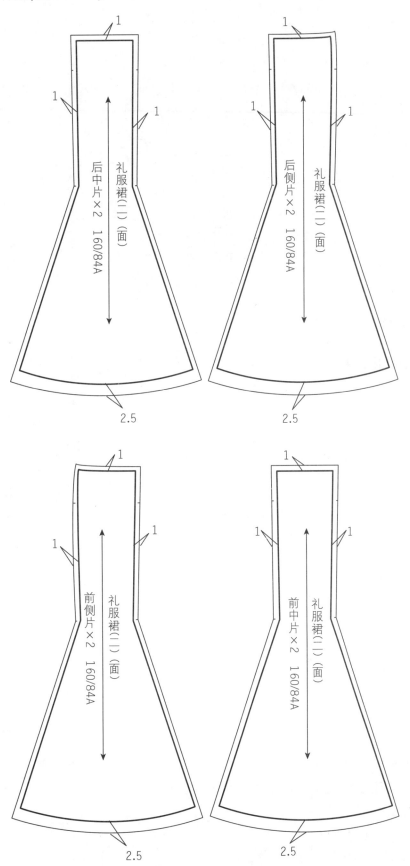

礼服裙(二)(面)　后中片×2　160/84A

礼服裙(二)(面)　后侧片×2　160/84A

2.5

礼服裙(二)(面)　前侧片×2　160/84A

礼服裙(二)(面)　前中片×2　160/84A

2.5

2.5

图5-4-13　礼服裙(二)前后裙片样版

3.零部件样版(图5-4-14)

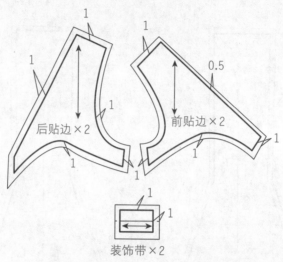

后贴边×2　　前贴边×2

装饰带×2

图5-4-14　礼服裙(二)零部件样版

三、礼服裙(三)结构设计与纸样

(一)款式、面料与规格

1.款式特点

这是一款典型的吊带式晚礼服。胸围采用紧身式设计,裙身下摆展开,裙身在臀围线至膝盖间采用斜线分割,中间加入5片波浪装饰裙摆边,后背缝做收腰处理,绱隐形拉链(图5-4-15)。

2.面料

面料选用略带弹性、悬垂性好的薄型棉布。

用料:面布幅宽120cm,用量370cm;黏合衬幅宽90cm,用量30cm。

3.规格设计

表5-4-3中,成品胸围加4cm松量(基本呼吸量),成品腰围加3cm松量,成品臀围加4cm松量。

图5-4-15　礼服裙(三)款式图

表5-4-3　礼服裙(三)规格表　　　　　(单位:cm)

号　型	部位名称	后衣长(L)	胸围(B)	腰围(W)	臀围(H)
160/84A	净体尺寸	38(背长)	84	68	90
	成品尺寸	135	88	71	94

(二)结构制图(注:结构图中,W、H等表示净体围度尺寸)

1.衣身结构(图5-4-16)

1)围度尺寸:胸围尺寸在原型的基础上减少8cm,后片背中缝收进0.5cm,腰省至胸围线处收进0.5cm,侧缝的胸围线上收进1cm,前片侧缝的胸围线上收进2cm。在腰节线上,后腰围/2=W/4+1.5+0.5(1.5cm为后腰省量),前腰围/2=W/4+△+1(△为前腰省量);前臀围/2=后臀围/2=H/4+1。

2）领口线与吊带：如图 5-4-16 所示，画出前领口及吊带并将省量转移到腋下，将前后吊带合并，长度减少 1cm 以提高胸部。

3）前后裙片：后片与前片方法相同，这里以前片为例。与臀围线成 20° 角画出斜向分割线 AD，AKND 为里层裙片。ABCD 为第一个荷叶边，与 EFGH 类似共有 4 层荷叶边，KLMN 为下摆裙边。

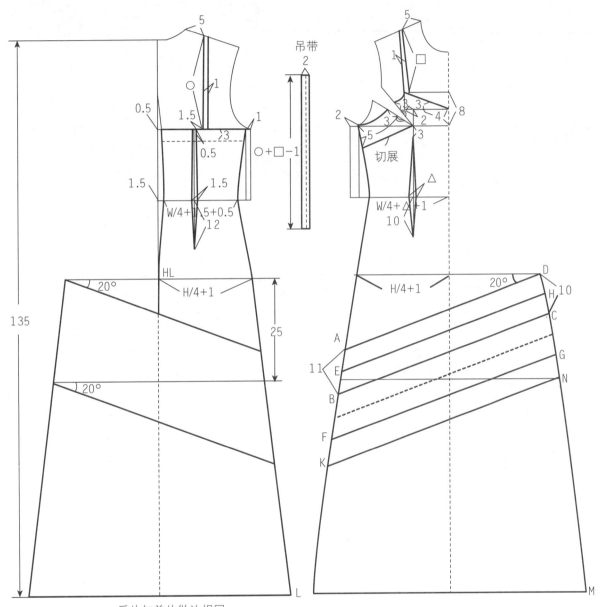

图 5-4-16　礼服裙（三）结构图

4) 波浪形裙边处理:如图 5-4-17 所示,分别对装饰裙边加入 10×5cm 波浪褶处理。

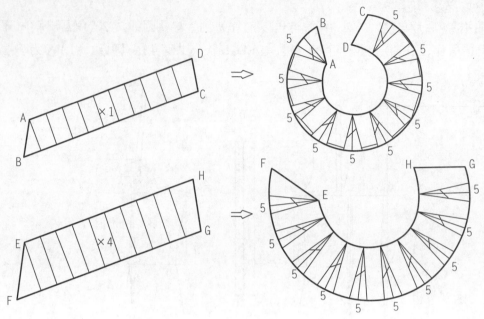

图 5-4-17　礼服裙(三)波浪形裙边处理示意图

5) 波浪形裙底摆处理:如图 5-4-18 所示,对裙底摆 KLMN 加入 10×9cm 波浪褶处理。

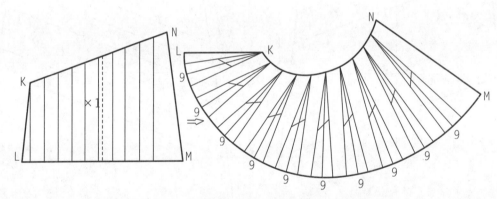

图 5-4-18　礼服裙(三)波浪形裙底摆处理示意图

(三)样版制作

1.前后衣身片样版(图5-4-19)

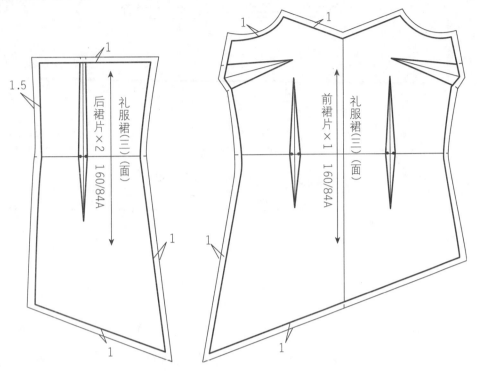

图5-4-19　礼服裙(三)前后裙片样版

2.前波浪褶裙边样版(后片与前片做法相同)(图5-4-20)

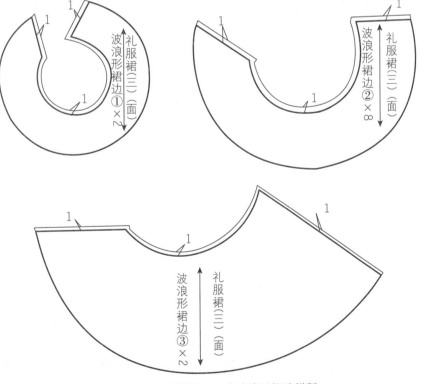

图5-4-20　礼服裙(三)前波浪形裙边样版

3.零部件样版(图5-4-21)

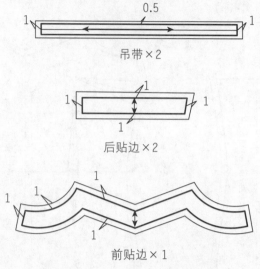

图5-4-21 礼服裙(三)零部件样版

课后作业

一、思考与简答题

1. 连衣裙可以按哪几种形式进行分类？常用的连衣裙面料有哪些？它们各自都有什么特点？

2. 结构设计时,连衣裙的袖山高度怎样确定？

3. 公主线以及弧形分割线为什么不通过胸点,而要偏离胸点一定的距离？

4. 在转移肩胛省的时候,为什么不是把后肩线与前肩线的差量全部转移出去,而是转移其中的一部分？剩余的前、后肩之差需要通过怎样处理才能使前、后肩线吻合。

5. 对于紧身裙和半紧身裙而言,制约裙摆的关键因素是什么？

二、项目练习

1. 绘制基本款连衣裙结构图,制图比例1：1。

2. 对本章连衣裙变化款有选择性地进行结构制图与纸样制作,制图比例分别为1：1、1：3至1：5的缩小图。

3. 对本章礼服裙有选择性地进行结构制图与纸样制作,制图比例分别为1：1、1：3至1：5的缩小图。

4. 根据市场调研收集的时尚流行连衣裙款和"女装设计(一)"课程中自行设计的连衣裙、礼服裙款中,选择1~3款展开1：1结构制图与纸样制作,培养举一反三、灵活应用的能力。

结构制图与纸样制作要求:制图步骤合理,基础图线与轮廓线清晰分明,公式尺寸、纱向、符号标注工整、明确。

第六章　领子结构原理

【学习目标】

　　通过本章学习,了解领子的造型理论基础、领子的分类、领款的变化等,掌握领子变化结构的方法与技巧。从而培养举一反三、灵活运用的能力,为后期的服装款式结构设计打好基础。

【能力设计】

　　充分理解与掌握领子结构原理及其变化结构设计原理。根据领口领、立领、平领、翻领、翻驳领及特殊领款的变化,分别进行结构设计,训练衣领结构设计的制图能力。

　　领子围绕人体颈部,靠近人的脸部,在服装中领子是视觉上最醒目的部位,也是整件服装最重要、最容易被注意到的关键部件。就如人的脸、脸上的眼睛一样,美不美、神不神,就靠领的造型和时尚性。所以领子的造型对于整件服装来说非常重要,领子结构设计是服装结构设计的重要内容之一。

第一节　领子的种类

　　领子组成部分大致包括领窝、领座和领面。领子的种类很多,按穿着状态分为开门领和关门领(图6-1-1);按外观形态分为领口领(无领)、立领、坦领、平领、翻领(分连体翻折领、分体翻折领及翻驳领)等(图6-1-2),且各类领又有不同的造型变化。此外还有花式领,如帽领、飘带领、波浪领、垂褶领等变化领款(图6-1-3)。

一、按穿着状态分

　　1.开门领:第一扣位较低,穿着时前领部分敞开显露脖颈,最典型的是翻驳领。
　　2.关门领:第一扣位靠近领窝,穿着时呈关闭状,典型的是立领、翻领、坦领等。

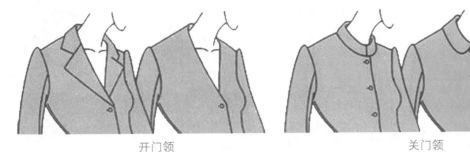

开门领　　　　　　　　　　　　　关门领

图6-1-1　按穿着状态分类

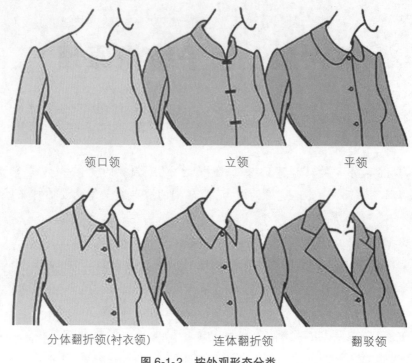

领口领	立领	平领

分体翻折领(衬衣领)	连体翻折领	翻驳领

图 6-1-2　按外观形态分类

二、按外观形态分

1. 领口领:也称无领,只有衣身领窝线型,没有领座和领片结构的简单领型。按穿脱方式分为开襟式和套头式。

2. 立领:有领窝和领座,围绕脖颈竖立状的领型。按装接方式分为单立领和连身立领。

3. 平领:也叫扁领、坦领、摊领、趴领等。领片自然服贴在肩、胸、背部,造型舒展、柔和。

4. 翻领:领窝、领座和翻领片三部分齐全,分为连体翻折领和分体翻折领两种领型。连体翻折领以翻折线为界,由领座与领面连裁的一片式领型;分体翻折领是领座与翻领片分裁缝接的领型,最典型的是衬衣领。

5. 翻驳领:由领窝、领座、翻领及驳头四部分组成,领座与翻领片连裁一片有翻折线的领型。最典型的是西服领。而根据驳头形状又分为平驳领、戗驳领、青果领等。

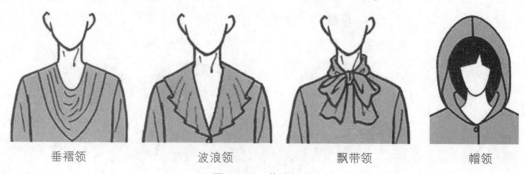

垂褶领	波浪领	飘带领	帽领

图 6-1-3　花式领款

三、花式领

1. 垂褶领:衣领与衣身相连,领口自然下垂。

2. 波浪领:是将衣领抽缩或弯曲形成波浪褶的领型。

3. 飘带领:在立领、平领基础,追加飘带设计即可。飘带形状可按造型而定。

4. 帽领:一种特定的领子,也称连身帽。指帽子与衣片领窝组成的领型,既可作为装饰作用,又可挡风保暖。

第二节　领口领结构设计

一、领口领种类

领口领的领型设计以领口的领窝线形态造型变化设计为主,改变领子的前颈点、侧颈点及后颈点的三个基础点位置,领窝弧线可以变化出各种丰富的形状(图 6-2-1)。领口领设计追求领窝线与脸型的完美结合,比如圆脸、瓜子脸适合浅圆领、船形领、一字领、浅方领等,产生横向扩张的视觉感;圆脸和方脸切忌紧身圆领,适用 V 形领、U 形领和大而开放的方领等,产生纵向拉长的视觉感。

圆形领:沿颈根围或平行于颈根围的领围线。

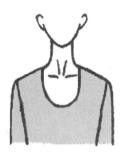
U 形领:U 字形的领围线。

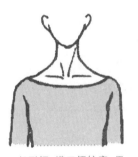
船形领:横开领较宽,用光滑弧线画顺,领围线像小船的底部。

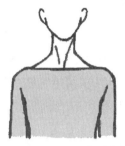
一字领:水平呈一字形的领围线,横开领较大,也称水平领。

锥形领:在圆形领围线的前中心切入 V 字形切口形成的领围线。

V 形领:V 字形的领围线。

芭蕾领:横开领较宽,直开领较深,很容易让人想起芭蕾舞演员穿着的衣服,故得此名。

方形领:方形的领围线。

钻石领:钻石给人有菱形的感觉。菱形的领围线即称为钻石领。

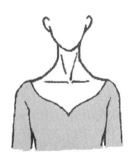
鸡心领:横开领较宽,像心形造型的领围线。

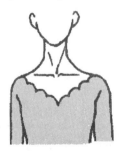
荷叶边领:模仿荷叶边形状的领围线。

不对称领:由于左右不对称,比左右对称的领型显得生动。

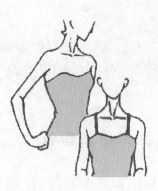

露肩领（大一字领）：领围至肩点以下,常见于晚礼服。

无肩带胸衣领：领围较大,使肩部裸露在外的领型。需要使用文胸。若领口装有肩带,可以称为文胸领或肩带胸衣领。

单肩斜领：领围线由一边的肩斜开至另一边侧缝处,故称单肩斜领。

背带式领：由前衣身连裁出的面料挂在后颈部或在后颈处扎结的领型即为背带式领。

图 6-2-1 领口领的种类

二、领口领结构设计原理

原型的领围线紧贴人体颈根围,经过人体的前颈点、侧颈点及后颈椎点。绘制领窝结构时,需要把握前颈点、侧颈点以及后颈点位置的变化。

（一）领窝结构线名称（图 6-2-2）

1. 横开领：指领口水平开宽量。女装结构中,由于胸凸需收省达到立体形态。则前领窝中部要进行撇胸处理,原型的前横开领=胸围/24+3.4,后横开领=前横开领+0.2,也是基于这一原理。

横开领点是服装中的着力点,为了保持领口部位的平衡、合体状态。套头式领口领的撇胸处理：通常后横开领比前横开领大1cm左右,使前领口带紧贴在颈胸部；开衫式领口领的撇胸处理：后横开领=前横开领,但前领口中心要撇去1cm左右。

2. 直开领：指领口垂直开深量。原型前直开领=后横开领+0.5,后直开领=后横开领/3,这是满足人体颈部前倾的自然形态,直开领的深浅直接影响到颈部舒适性与美观性。

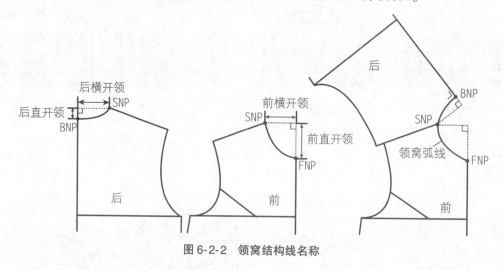

图 6-2-2 领窝结构线名称

（二）领口领的结构设计要点（图 6-2-3）

1. 领口开深和开宽极限：领口线可作多种变化,日常穿的服装一般领口开深和开宽的尺寸范围以不过分暴露为原则,尤其是胸部。则前直开领深极限为BP点的水平线位,后直开领深极限为腰线位,横开领极限为SP点（肩点）。而晚礼服、艺术装有追求性感美等特殊性,前直开领深可至胸下。

2. 领口开深和开宽规则：通常当横开领开宽时，直开领宜浅不宜深；当直开领开深时，横开领宜窄不宜宽；另前直开领开深时，后直开领宜浅不宜深，反之亦然。如果横开领、直开领均开大或前、后直开领均开深，应选用弹力面料；否则领围线易滑移，会产生领围线与人体不服帖、不雅观现象。所以，日常无领片领服装的领口结构不提倡横开领、直开领同时开大或前、后直开领同时开深的状态。

3. 领口领结构制图方法：为了前后领窝线圆顺，一是将前后衣身的肩线对齐，进行领窝弧设计；二是在前后片先绘制领窝弧，然后肩线对齐修圆顺。

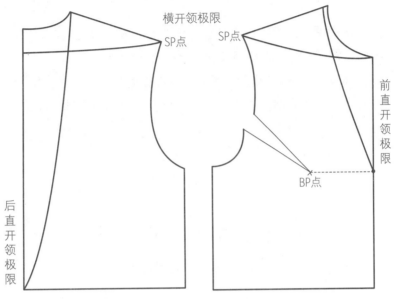

图 6-2-3　领口开深和开宽极限与规则

三、典型领口领结构设计

（一）小 V 字领结构设计（图 6-2-4）

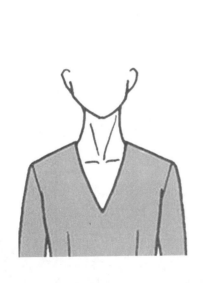

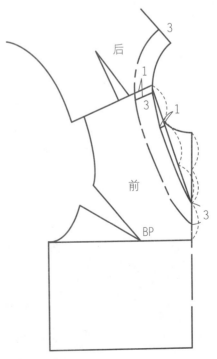

图 6-2-4　小 V 字领结构

领子结构原理

1. 款式特点:领宽不变,前领深开深,V字形领围线。

2. 结构要点:

1) 在前中心线从前颈点至胸围线三等分,从侧颈点至前领深/3处画领口弧线。

2) 领贴宽=3cm,领贴的肩线往前衣身移1cm,使领贴做得薄,外形美观。

(二)U形领结构设计(图6-2-5)

1. 款式特点:领宽较小,前领深较大,U字形领围线。

2. 结构要点:

1) 将侧颈点开大2cm,后颈点下落1cm,前颈点开深的量根据款式来定。

2) 为了去除前领口围浮起、不服帖状,绘制领口省=0.3~0.5cm。

3) 将领口省合并,则前领宽会减小0.7cm左右,而后领宽不变。

4) 领贴宽=3cm,领贴的肩线往前衣身移1cm,使领贴做得薄,外形美观。

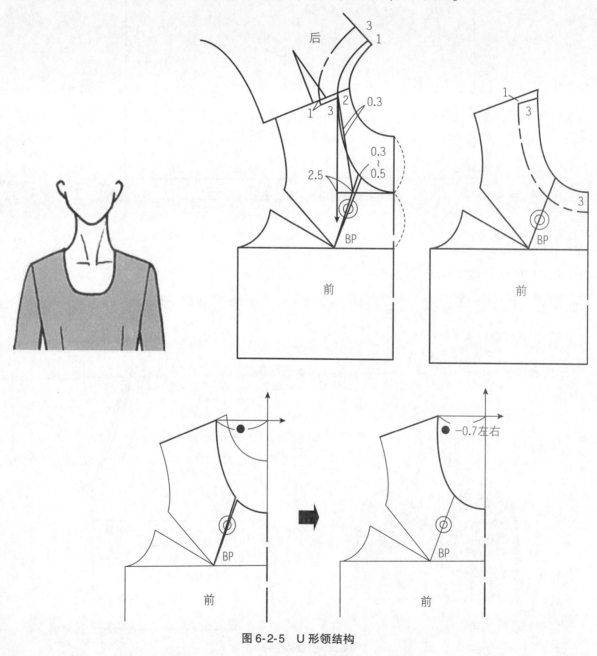

图6-2-5　U形领结构

(三)方形领结构设计(图 6-2-6)

1.款式特点:领宽开大,领深较浅,方形领围线。

2.结构要点:

1)根据款式,侧颈点开大 4cm(或小肩宽/3 处),后颈点下落 1cm,前颈点下落 3cm,重新绘制方形领口线。

2)前领口绘制领口省=0.5cm 为撇胸量。

3)将领口省合并,则前领宽会减小 0.7~1cm,而后领宽不变。

4)领贴宽=3cm,领贴的肩线往前衣身移 1cm,使领贴做得薄,外形美观。

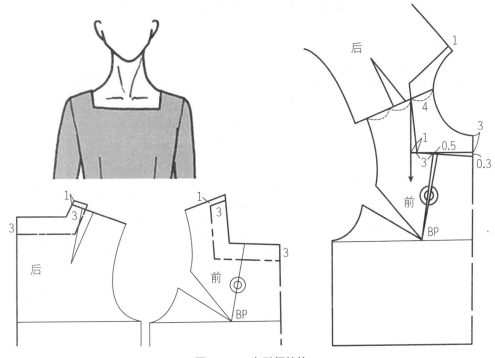

图 6-2-6 方形领结构

(四)一字领结构设计(图 6-2-7)

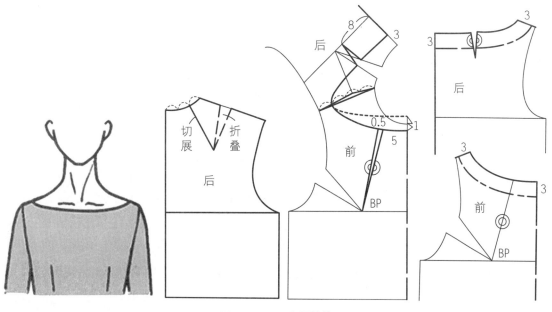

图 6-2-7 一字领结构

1. 款式特点:领宽开大,领深浅,一字形领围线。

2. 结构要点:

1)后肩省转移至后领弧/3处为后领省。

2)根据款式,侧颈点开大小肩宽3/4,后颈点下落3cm,前颈点下落或上抬1cm,重新绘制一字形领口线。

3)前领口绘制领口省=0.5cm为撇胸量,领口省合并,则前领宽会减小0.7~1cm。

4)领贴宽=3cm,后领贴去省闭合,衣身的后省量留为缝缩量。

第三节　立领结构设计

一、立领种类

立领是围绕脖颈竖立状的领型,给人以简洁、精干之感,常见于旗袍、中山装、夹克衫等服装。根据领片竖立状态可分为直立型、内倾型、外倾型(图6-3-1);根据领片与衣身的装接方式分为单立领和连身立领(图6-3-2)。

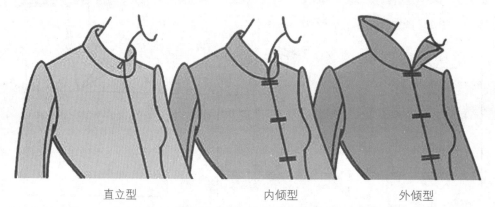

直立型　　　　　　内倾型　　　　　　外倾型

图6-3-1　立领的三种状态

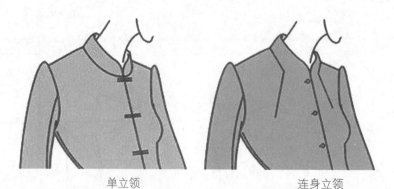

单立领　　　　　　连身立领

图6-3-2　领片与衣身的装接方式分类

二、立领结构设计原理

(一)立领结构线名称(图6-3-3)

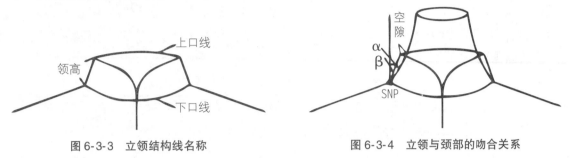

图6-3-3　立领结构线名称　　　　　　　图6-3-4　立领与颈部的吻合关系

(二)立领的结构设计要点

从图6-3-3可见立领结构设计主要是下口线、上口线及领高等部位。下口线与衣身领窝弧缝合,其与领窝结构关系密切,形状和长度决定立领成型效果,而领高和上口线会直接影响颈部的舒适性。

1.立领的领窝弧

立领,尤其是合体型单立领,当立领的领高≤4cm时,可采用原型领窝弧(或侧颈点开大0.5cm,即适当的间隙量);当立领的领高≥4cm时,考虑人体脖颈前俯活动较多,领高过高对颈前部造成不适,应基于原型领窝弧,适当开大横开领、直开领,重画新领窝弧。

2.立领侧倾斜角

人体颈部呈上小下大的圆台状,∠α≈9°,则∠β是衡量立领与颈部吻合程度的关键(图6-3-4),∠β与上口线变化也有密切关系。当∠β=0°时,立领的上口线=下口线,立领呈圆柱状;当∠β=0°~9°时,立领的上口线≤下口线,立领贴合颈部呈圆台状;当∠β≤0°时,立领上口线≥下口线,立领外倾呈倒圆台状(图6-3-5)。

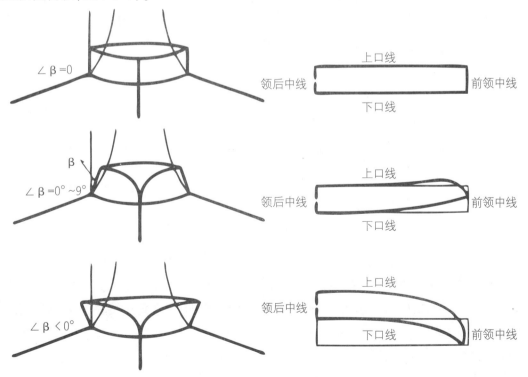

图6-3-5　立领的三种状态

可见立领结构设计中,前中的起翘量设置是非常关键的。一般说来,内倾合体型立领起翘度=0°~9°,即起翘量=0~2.5cm,起翘量可根据立领与颈部的空隙量调整,空隙越小,起翘量越大,对颈部活动的限制越大,通常起翘量不超过8cm,为了改善立领的舒适性可采取侧颈点开大,使立领上口线>颈围;其次,领高>4cm时,起翘量不宜过大,若领高超过颈部,为保证头部活动舒适,应加大上口线,则要加大下翘量(图6-3-6)。总之,起翘量的设置一是以保证人体头、颈部的活动舒适为出发点,二是立领造型需要。

图6-3-6 立领的上翘和下翘

三、典型立领结构设计

(一)合体型立领结构设计(图6-3-7)

1. 款式特点:合体型立领是最基本的领型,与人体的颈部吻合呈圆台型。

2. 结构要点:

1) 侧颈点开大0.5~1cm,前直开领下落0.5~1cm。

2) 领下口线=前领弧+后领弧=○+◎,领高=4cm,起翘量=2cm。

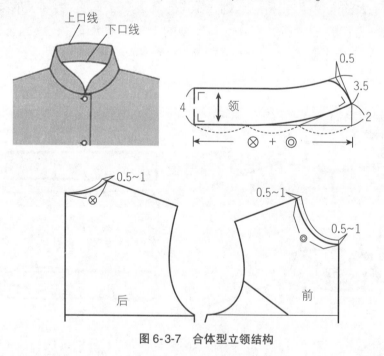

图6-3-7 合体型立领结构

(二)合体变化立领结构设计(图6-3-8)

1. 款式特点:本款立领与人体的颈部同样吻合呈圆台型,只是前直开领底挖深,前领高宽、后领高窄的领型。

2. 结构要点:

1) 侧颈点开大1cm,前直开领下落5cm。

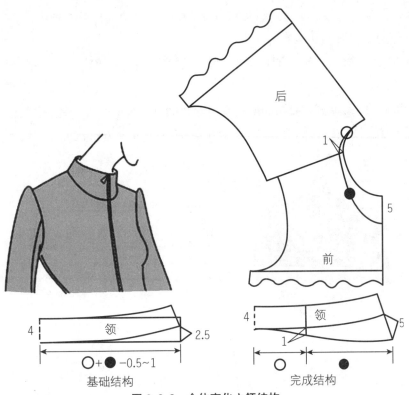

图 6-3-8　合体变化立领结构

2) 领下口线 = 前领弧 + 后领弧 − 0.5~1 = ○ + ● − 0.5~1，后领高 = 4cm，起翘量 = 2.5cm。

3) 在基本立领的基础上，追加前领高 = 后领高 + 5 = 9cm，调整立领下口线 = 领窝弧长 = ○ + ●。

(三) 外倾立领结构设计 (图 6-3-9)

1. 款式特点：外倾立领呈倒圆台状立领，领高较高。

2. 结构要点：

1) 侧颈点开大 1~2，前直开领下落 2~3cm。

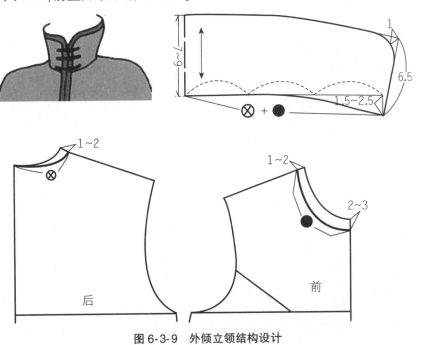

图 6-3-9　外倾立领结构设计

2)领下口线 = 前领弧 + 后领弧 = ⊗ + ◎，领高 = 7~9cm，下翘量 = 1.5~2.5cm。

（四）竖直立领结构设计（图6-3-10）

1. 款式特点：竖直立领呈前倾的圆柱造型，为两用领，常见于外套、夹克衫等服装。

2. 结构要点：

1)考虑外套领口，侧颈点开大2~3cm，前直开领下落1~2cm。

2)领下口线 = 前领弧 + 后领弧 + 叠门量/2 = ⊗ + ◎ + 1.5，领高 = 7cm。

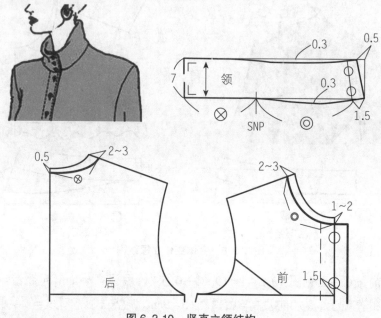

图6-3-10　竖直立领结构

（五）连身立领结构设计（图6-3-11）

1. 款式特点：衣身领窝延伸，与竖立的领部相连，前、后设领省。

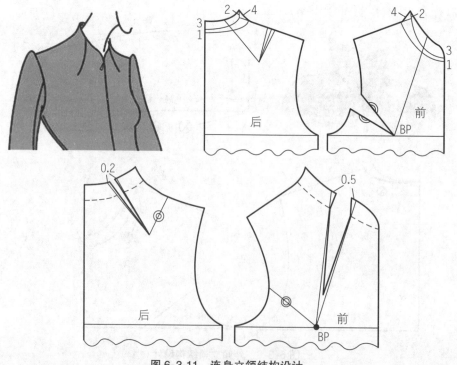

图6-3-11　连身立领结构设计

2. 结构要点：

1) 侧颈点垂直向上 2cm，与肩线连成弧线 = 4cm，前、后颈点垂直向上 3cm、向下 1cm，画新领弧和领窝弧，并在前后领口设领省位置线。

2) 合并后肩省、前袖窿省，转移至领省，领省的领窝至领口，后斜偏出 0.2cm，前斜偏出 0.5cm。

(六) 半连身立领结构设计 (图 6-3-12)

1. 款式特点：立领与后身分离，与前身部分相连，与前身分离处设领省。

2. 结构要点：

1) 后侧颈点开大 0.5cm，前中加叠门量 1.5cm 画垂线，前领窝的中点与 BP 点连线为领省位置线。

2) 过前领窝的中点作领窝弧的切线，并取长 = 前领窝弧/2 + 后领窝弧 = ● + ○，画切线的垂线为后领高 = 3cm，继而画垂线，交门襟线处画圆弧。

3) 合并前袖窿省，转移至前领省。

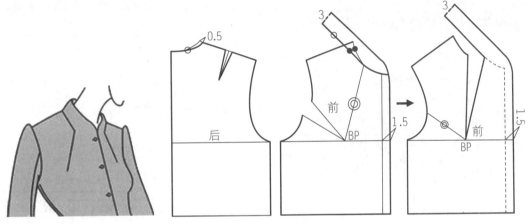

图 6-3-12　半连身立领结构设计

(七) 低开两用立领结构设计 (图 6-3-13)

1. 款式特点：前领深开低，后竖立状，前贴胸式立领，可翻折为驳领，故称两用立领。

2. 结构要点：

1) 侧颈点开大 2cm，前直开领深在前颈点至胸围线的三分之二处，画衣身的新领弧线，叠门宽 8cm。

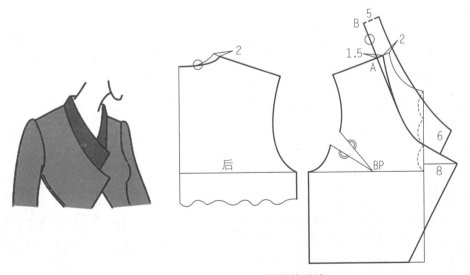

图 6-3-13　低开两用立领结构设计

2）过前领弧的中点作领弧的切线，并取长＝前领窝弧/2+后领窝弧＝●+○，画切线的垂线为后领高＝5cm，继而画垂线。

3）根据款式，画前立领部分造型。

第四节　翻领结构设计

当外倾立领的上口线加长到一定量时，上口线能翻折下来落在肩上，就形成了由领座和领面两部分组成的翻领，也叫企领。根据领座和领面结合方式，分为连体翻折领和分体翻折领两种领型。连体翻折领是以翻折线为界由领座与领面连裁的一片式领型；分体翻折领是领座与翻领面分裁缝接的两片式领型。最典型的是衬衣领。常见于衬衣、便装、夹克衫、大衣等服装。

一、分体翻折领结构设计

（一）分体翻折领结构线名称（图6-4-1）

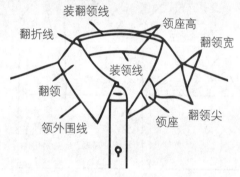

图6-4-1　分体翻折领结构线名称

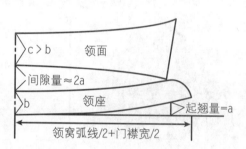

图6-4-2　领面与领座的结构关系

（二）分体翻折领结构设计原理（图6-4-2）

从分体翻折领结构上看，是在合体立领的基础上装上翻领面，因此，先根据衣领窝绘制竖立的领座结构，依照领座上口线做领面的下口线，再绘制领面宽、领外围线和领角线。通常领面宽大于领座高，成型后翻领面盖住领座。

1）领座前中上翘量同合体立领≈2cm，翘势越大，下口线弧度越大，越贴合颈部。

2）领面下口线＝领座上口线，两线的间隙量＝2×起翘量≈2a，当间隙量<2a时，领面下口线弧度<领座上口线弧度，成型翻领面与领座贴合较紧；当间隙量>2a时，领面下口线弧度>领座上口线弧度，成型翻领面与领座间空隙较大。

3）领面宽-领座宽＝c-b≥0.8cm，成型后翻领面才能盖住领座。

（三）典型分体翻折领结构设计

1. 衬衣领结构设计（图6-4-3）

（1）款式特点：衬衣领是最典型的分体翻折领，与人体的颈部吻合，领面与领座紧贴。

（2）结构要点：

1）基于衣领窝，侧颈点开大0.5~1cm，前直开领下落0.5~1cm，画新领窝弧＝○+◎+●。

2）领座的领下口线＝前领弧+后领弧+叠门宽/2＝○+◎+●，起翘量＝1.5cm，后领座高＝3cm，前领座高＝2.5cm。

3）领面下口线与领座上口线的间隙量＝2.5cm，后领面宽＝5cm，前领面宽＝7cm。

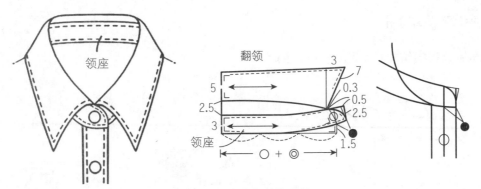

图 6-4-3　衬衣领结构设计

2.分体风衣领结构设计(图6-4-4)

(1)款式特点:分体风衣领是领座与翻领面分裁缝接的两片式领型,领与人体的颈部、领面与领座均有一定的空隙。

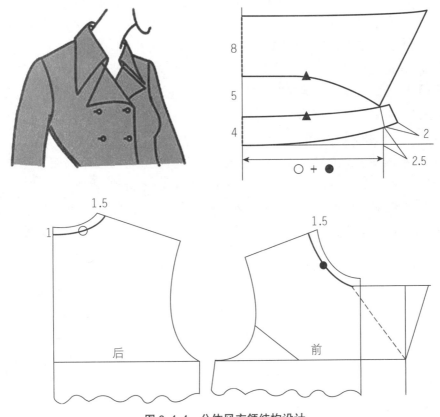

图 6-4-4　分体风衣领结构设计

(2)结构要点:

1)侧颈点开大 1.5cm,前、后直开领下落 1cm,双排扣加叠门量 =7~8cm,画新领窝弧和驳头。

2)领座的领下口线 =后领弧+前领弧+2 = ○+●+2,后领座高 =4cm,前领座高 =2cm,起翘量 =2.5cm。

3)领面下口线与领座上口线的间隙量 =5cm,后领面宽 =8cm,绘制领面。

一、连体翻折领结构设计

(一)连体翻折领结构线名称(图6-4-5)

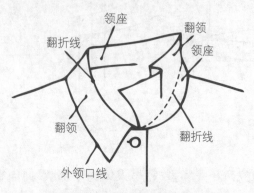

图6-4-5　连体翻折领结构线名称

图6-4-6　连体翻折领的两种造型

(二)连体翻折领结构设计原理

1.连体翻折领的两种造型(图6-4-6)

连体翻折领以翻折线为界由领座与领面连裁的一片式领型,常见有V形翻折领与U形翻折领两种造型。V形翻折领指从侧颈点至前领口为直线翻折状,U形翻折领指从侧颈点至前领口为绕颈型的弯弧翻折线状。

2.领下口线与翻折线的变化(图6-4-7)

根据连体翻折领两种造型的需要,领下口线根据翻折线的弯曲程度不同而有差异。当翻折线略呈直线型时,领下口线前部分画成凸弧状,领片缝装后呈直线翻折领;当翻折线略呈弯弧曲线型时,领下口线前部分画成凹弧状,领片缝装后呈曲线翻折领,这是前领窝线与领下口线产生空隙的缘故所致(图6-4-8),翻领会自然地形成围颈型。

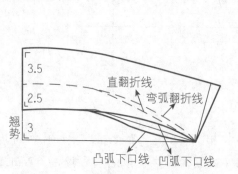
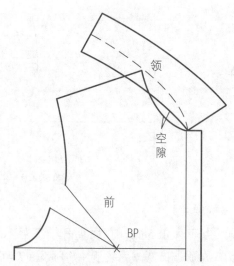

图6-4-7　领下口线与翻折线的变化

图6-4-8　前领窝线与领下口线的空隙

3. 连体翻折领两种状态的结构设计 (图 6-4-9、图 6-4-10)

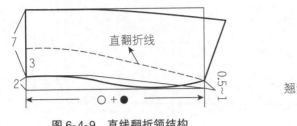

图 6-4-9 直线翻折领结构

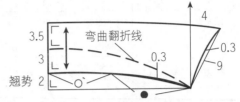

图 6-4-10 曲线翻折领结构

4. 领后翘势与领型的变化关系 (图 6-4-11)

当领宽相同时,领面宽与领座宽的差数越小,领后翘势就越小,领外口线与领下口线的长度差也越小,则领型围绕颈部呈竖立状;反之,领面宽与领座宽的差数越大,领后翘势就越大,领外口线与领下口线的长度差也越大,则领型越平坦于颈肩部。一般翘势量与领面宽、领座宽有关,翘量 = (2~3) × (领面宽 – 领座宽)。

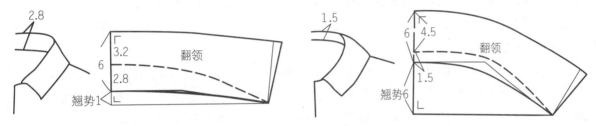

图 6-4-11 领后翘势与领型的变化关系

5. 连体翻折领基于前衣身的结构设计

为了提高翻折领的领下口线与前领弧吻合程度,翻折领结构设计可基于前衣身的领弧设计,其关键结构是翻折线和翻领的倾倒角 β 的确定,倾倒角 β 代替了翻领的水平弯弧度 (即领后翘势)。倾倒的目的是使翻领后部分符合人的颈部斜度,倾倒量越大,领子的最外沿的线就越长,同时底领与面领之间分离的角度也越大。由此可见倾倒量与翻领领座和领面宽度、翻领的倾斜角度相关联。

倾倒量可以用角度表示,经科学论证,翻领的倾倒角 β 以领座宽与翻领宽的比值计算确定,但计算过程较复杂、不易掌握,为了能迅速、简捷地配领,正确运用数据,可参考表 6-4-1,如领座宽÷翻领宽 = 3÷4,则查表可得倾倒角 β = 14°。

表 6-4-1 翻领倾倒角数据表

翻领	1	2	3	4	5	6	7	8
2	27°	0						
3	39°	29°	0					
4	45°	30°	14°	0				
5	49°	38°	25°	11°	0			
6	51°	42°	32°	21°	10°	0		
7	53°	45°	37°	29°	19°	9°	0	
8	55°	48°	41°	33°	26°	18°	8°	0
9	56°	50°	43°	37°	30°	23°	15°	7°
10	56°	51°	46°	40°	34°	28°	21°	14°
11	57°	52°	48°	43°	37°	31°	26°	20°

续表

翻领	1	2	3	4	5	6	7	8
12	58°	53°	49°	44°	40°	35°	29°	24°
13	58°	54°	50°	46°	42°	38°	33°	28°
14	59°	55°	51°	48°	43°	39°	35°	31°
15	59°	56°	52°	49°	45°	41°	37°	34°
16	59°	56°	53°	50°	46°	43°	39°	36°
17	59°	57°	53°	50°	47°	44°	41°	37°
18		57°	54°	51°	48°	45°	42°	39°
19		57°	54°	52°	49°	46°	43°	40°
20		57°	55°	52°	50°	47°	44°	42°

（一）V 形翻折领结构设计（图 6-4-12）

1）衣身的侧颈点开大 1~1.5cm，前直开领下落 3cm，修画前后衣领窝弧线。

2）翻折线：沿肩线侧颈点偏进 0.7cm，然后延长 2.5cm，定翻折基点，前领深为翻驳点，连接翻折基点画翻折基线。

3）翻领：侧颈点偏进 0.7cm 点画翻折线的平行线＝后领口弧线长＝●，领座宽÷翻领宽＝3÷5，查表可得倾倒角 β=25°，画等腰三角形，即获后翻领底线＝●，顺势画 S 形领下口弧线。画翻领底线的垂线＝领座宽+翻领宽，继而画垂线，前领宽＝9.5cm，连接前后领外口线，并画前领角。

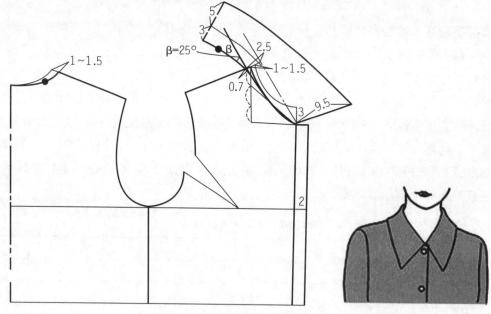

图 6-4-12　V 形翻折领结构设计

（二）U 形翻折领结构设计（图 6-4-13）

1）衣身的侧颈点开大 1~1.5cm，前直开领下落 5cm，修画前后衣领窝弧线。

2）翻折线：沿肩线侧颈点偏进 0.7cm，然后延长 2.5cm，定翻折基点，前领深为翻驳点，连接翻折基点画翻折基线。

3）翻领：侧颈点偏进 0.7cm 点画翻折线的平行线＝后领口弧线长＝●，领座宽÷翻领宽＝3÷9，查表可得倾倒角 β=43°，画等腰三角形，即获后翻领底线＝●，顺势画弯弧领下口线，领下口线的垂线＝

领座宽+翻领宽,继而画垂线,前领宽=12cm,连接前后领外口线,并画前领角。

4)修画翻折线:根据 U 形翻折领的造型需要,基于翻折基线修画相似于领下口弧线的弯弧翻折线。

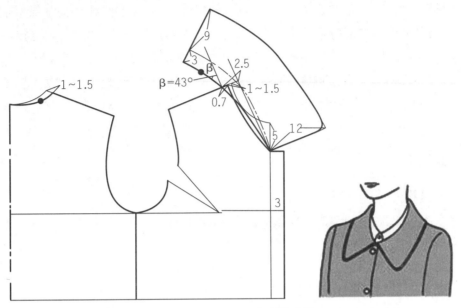

图 6-4-13　U 形翻折领结构设计

第五节　平领及变化领结构设计

当翻领的翘势大到一定量,几乎平贴于肩上,领座就变得非常小,此时领型就变成了平领,也叫坦领、扁领、摊领等,随平领外口线型的变化,产生各种款式领(图 6-5-1)。

小坦领　　　　　　　　　海军领　　　　　　　　开口平领

图 6-5-1　平领款式

一、平领结构线名称(图 6-5-2)

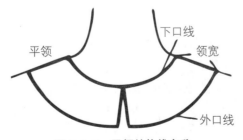

图 6-5-2　平领结构线名称

二、平领结构设计原理

由于平领是平摊在肩部,最高效准确的结构设计是将前后衣身肩线叠合绘制领型结构。以侧颈点为重叠基点,为了使外领口能够平贴于肩上,下口线与衣领窝接缝线不外露,前后肩线要有一定的重叠量。

肩线重叠量越大,领座变高,趋向翻领状;重叠量越小,领座变低,趋向披肩领。平领肩线重叠量最大值 = 5cm(极限值),而重叠量最佳范围 = 1.5 ~ 3.5cm(或前肩宽/8 ~ 前肩宽/4,为 10° ~ 15°),产生的领座高 = 0.8 ~ 1.5cm。

三、典型平领结构设计

(一)小坦领结构设计(图 6-5-3)

1. 款式特点:常见的圆形领口的平领领座较低,小领片几乎平摊在肩上。

2. 结构要点:

1)前后侧颈点重叠,肩线叠合前肩宽/4。

2)基于衣领窝,后颈点、侧颈点沿出 0.5cm,前颈点下落 0.5cm,修画领下口线。

3)后领宽 = 5.5cm,前领宽 = 6.5cm,画领外口线,并修前领外口圆弧线。

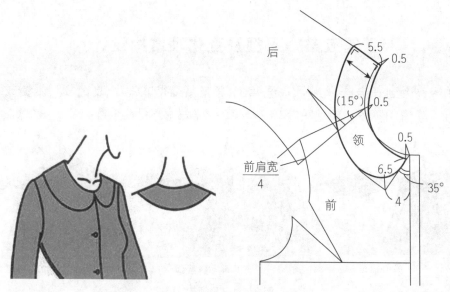

图 6-5-3   小坦领结构设计

(二)海军领结构设计(图 6-5-4)

1. 款式特点:也叫水兵领,领片平摊在肩上,前呈 V 领形,后为方领形。

2. 结构要点:

1)前后侧颈点重叠,肩线叠合 1.5cm,前领深下落 8cm,追加 1.5cm 叠门量,修画新衣领弧。

2)后颈点延出 0.5cm,修画领下口线。

3)后领 = 13cm×15cm,画后方形领外口线,并延伸连至前领深点画 V 字圆弧线。

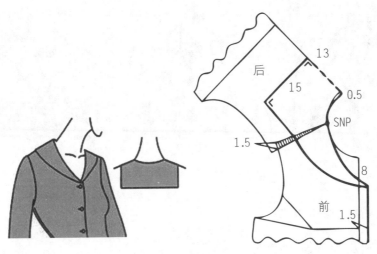

图 6-5-4　海军领结构设计

总之,领子的结构变化有一定的规律,把立领的上口线加长,就得到连体翻折领;连体翻折领的外口线加长,就得到坦领;坦领的外口线加长,就得到波浪领(图 6-5-5)。

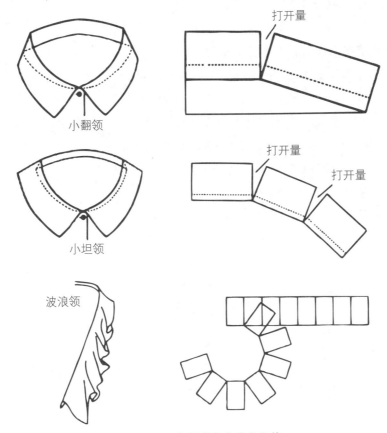

打开量

小翻领

打开量　打开量

小坦领

波浪领

图 6-5-5　领子的结构变化规律

第六节　翻驳领结构设计

翻驳领由领窝、领座、翻领及驳头四部分组成,驳头是前衣身的一部分,随翻领一起翻折。翻驳领变化丰富,常见的有平驳领、戗驳领、青果领等(图 6-6-1)。

平驳领	戗驳领	青果领

图 6-6-1　常见翻驳领款式

一、翻驳领结构线名称 (图 6-6-2)

二、翻驳领结构制图及结构设计原理

在所有领子中,翻驳领结构最复杂,是几种领型结构的综合体,设计的关键点、难点较多。翻驳领同翻领一样,也有连体式与分体式的结构。为了便于理解,以平驳领为例,介绍较直观的翻驳领结构制图方法。

(一) 连体翻驳领结构制图方法一(图 6-6-3)

1. 翻折线:将前后衣身的肩线合并,侧颈点沿肩线偏进 0.7cm 为 A 点,以 A 点起,侧领座宽=2.5cm,定翻折基点,叠门宽=2cm,在门襟线上定翻驳点,连接翻折基点画翻折线。

2. 翻驳领形状:在肩线上确定侧翻领宽=总领宽-侧领座,在后身定后领座和后翻领画后领窝弧=○,后领外口线=●,并在前衣身上绘制出领子的形状。再以翻折线为对称轴,将前领形对称影射过去。

3. 过 A 点作翻折线的平行线,长度为后领口弧线长=○,画垂线长=后领座+后翻领宽,再画垂线连接前领。

图 6-6-2　翻驳领结构线名称

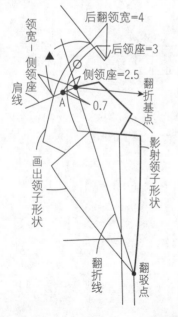
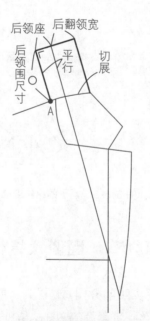
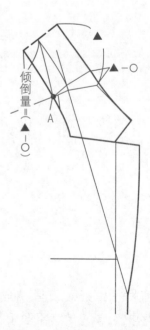

图 6-6-3　连体翻驳领结构制图方法一

4. 沿前后领的界线剪开,以 A 点为中心旋转领子后部,后领外口线长 = ▲,可见后领倾倒量 = ▲-○。

(二)连体翻驳领结构分析

由上述连体翻驳领结构制图可知,翻驳领结构是由翻领和驳领两部分组成,两部分相连形成领嘴。

驳领是典型的简单平领结构,确定翻折基点与翻驳点画直翻折线是驳领的基本结构,领子的尺寸、形态是造型设计,然后以翻折线为对称轴,将领子造型对称影射,即可完成驳领结构设计;也可以翻折线为基线,直接设计驳领结构。

翻领具有企领与平领的综合特点,领下口线和领外口线、领座宽和领面宽及产生的后领倾倒量是结构的关键。倾倒量 = 领下口线与领外口线的差量,而领外口线的位置与长度取决于领座宽和翻领宽。

(三)连体翻驳领结构制图方法二(图 6-6-4)

1. 翻折线:沿肩线侧颈点偏进 0.7cm,然后延长 2.5cm,定翻折基点,叠门宽 = 2cm,在门襟线上定翻驳点,连接翻折基点画翻折线。

2. 驳领:过小肩的中点画前衣身领窝弧的切线为串口线,驳领宽 = 8cm,绘制驳领的形状,并在串口线偏进 3.5cm 画领缺嘴角 = 60°~90°,翻领领角宽 = 3cm。

3. 翻领:侧颈点偏进 0.7cm 点画翻折线的平行线 = 后领口弧线长 = △,领座宽÷翻领宽 = 3÷4,则倾倒角 = 14°,画等腰三角形,即获后翻领下口线 = △,翻领下口线的垂线 = 领座宽 + 翻领宽,继而再画垂线,并连接翻领领角。

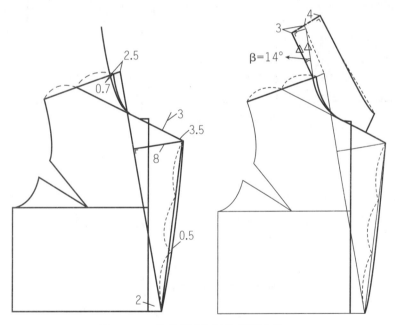

图 6-6-4　连体翻驳领结构制图方法二

(四)分体翻驳领结构原理及结构制图

连体翻驳领结构一般在女装中应用,其领底弧下弯造型使领座与颈部会出现空隙不吻合现象,对于高档女装、男装来讲,这种结构不够理想,在服装实际生产中,大多数服装采取领座和领面的分体结构设计。一是基于连体翻驳领结构,将翻领的领面与领座剪展修整处理,二是领面与领座进行独立结构设计。为了翻领结构更加完美,使翻领后部更加贴紧于颈部,领面平整服帖而柔软,领面与领座的连接缝不在翻折线上,而在靠近翻折线的 1/3 处断开为两部分,余下部分设计为分体领座作向上弯曲,另领座/3 与领面连成一体作向下弯曲的伏倒处理,两弯曲度相匹配,解决了与颈部吻合服帖的问题,达到翻驳领的最佳结构造型。分体翻驳领结构制图方法如图6-6-5所示。

1. 翻折线:沿肩线侧颈点偏进量=△≈1cm,然后延长=2.5cm,定翻折基点,叠门宽=2cm,在门襟线上定翻驳点,连接翻折基点画翻折线。

2. 领口:过小肩的中点画前衣身领窝弧的切线为串口线,过侧颈点作翻折线的平行线交串口线为A点。

3. 领座:侧颈点偏进△的点与点A相连并延长=后领窝弧长=▲,后领底线前倾1cm,画此线的垂线=2△,继而画垂线,并画领座底弧的平行弧即完成领座。

4. 翻领:过B点画翻折线的平行线=后领口弧线长=▲,领座宽÷翻领宽=3÷4,则倾倒角=14°,画翻领下口弧线,下口弧线的垂线=翻领宽+△,继而画垂线,并连接翻领领角即完成翻领面。

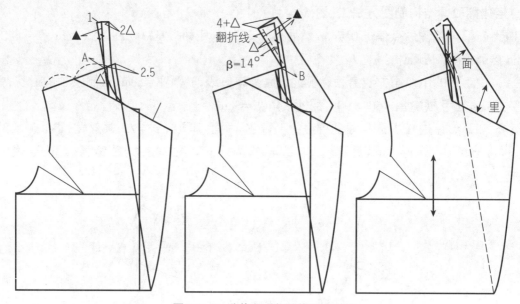

图6-6-5　分体翻驳领结构制图方法

三、翻驳领造型变化

在常见翻驳领款式的基础上,通过翻驳点高低位置、翻领面与驳头的宽窄、驳头造型、串口线的上下位置、串口线的倾斜度、缺嘴造型等的变化可设计出不同样式的翻驳领。

1. 翻驳点位置变化(图6-6-6)

调整翻驳点高低位置,从造型上看,驳领的长度随之变化,从结构上看,翻驳线的垂直倾斜度受之影响。对常规服装而言,纽扣的位置与个数还有约定俗成的规定,即:一粒扣的翻驳点一般与大袋口平齐;两粒扣的翻驳点一般在腰节线上2cm;三粒扣的翻驳点一般与袖窿深线平齐;四粒扣的翻驳点一般靠近胸袋位。

2. 驳领的宽窄及领角造型变化(图6-6-7)

当翻驳点位置不变的情况下,驳领的宽窄会随着服装时尚流行趋势而变化,随之翻领的领角造型会有相似或相向的变化,追求统一协调或对比美感。

3. 驳领造型变化(图6-6-8)

驳领造型的变化方式与手法多种多样,可采用不同的几何形,也可采用分割、展开方式变化驳领的造型。

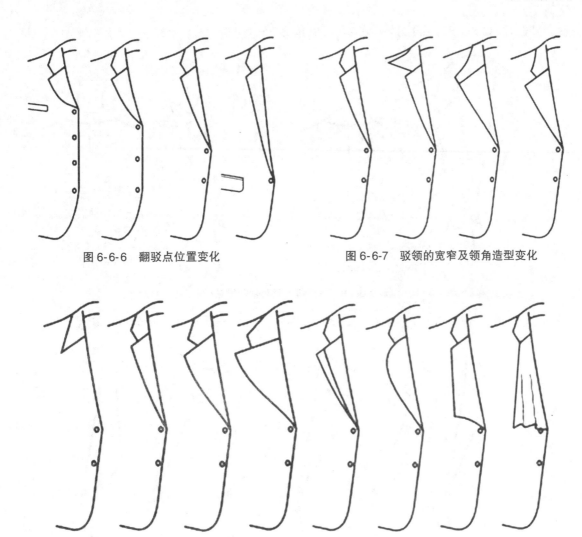

图 6-6-6 翻驳点位置变化　　　　　图 6-6-7 驳领的宽窄及领角造型变化

图 6-6-8 驳领造型变化

4. 串口线位置与倾斜度的变化(图 6-6-9、图 6-6-10)

当翻驳点位置不变的情况下,随着串口线的上下位置变化,驳领和翻领的长短会产生相向的变化;随着串口线的倾斜度变化,驳领的造型也会变化。

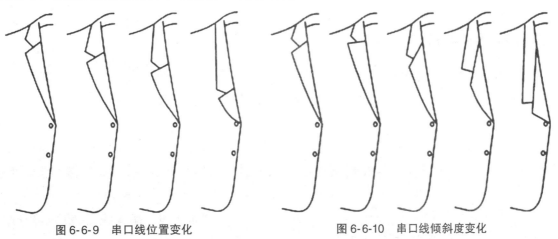

图 6-6-9 串口线位置变化　　　　　图 6-6-10 串口线倾斜度变化

5. 领嘴的变化

翻驳领的领嘴常见的有平驳领与戗驳领两种,平驳领典型领嘴为八字领嘴,领缺嘴夹角 = 60° ~

90°，各尺寸配比：◎＞○＞△＞□；戗驳领的角 α≥角 β，各尺寸配比：□≈△：○＝2：3（图6-6-11）。

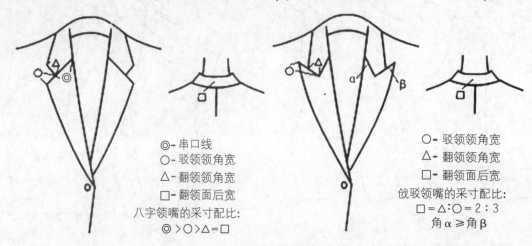

◎- 串口线
○- 驳领领角宽
△- 翻领领角宽
□- 翻领面后宽

八字领嘴的采寸配比：
◎＞○＞△＝□

○- 驳领领角宽
△- 翻领领角宽
□- 翻领面后宽

戗驳领嘴的采寸配比：
□＝△：○＝2：3
角 α≥角 β

图 6-6-11　平驳领与戗驳领领嘴结构

此外，领缺嘴夹角还可变化为＞90°或＜60°，甚至领缺嘴夹角＝0°，如青果领等（图6-6-12）。

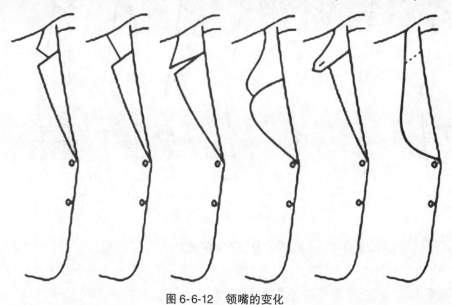

图 6-6-12　领嘴的变化

二、典型翻驳领结构设计

（一）平驳领结构设计（图6-6-13）

1. 款式特点：为翻驳止点居胸下的单排扣平驳领，是典型的西服领之一。

2. 结构要点：

1）翻折线：原型做合体服帖胸省分解转移，沿肩线侧颈点偏进1cm，再偏进0.7cm为A点，然后延长2.5cm即翻折基点，叠门宽＝2cm，胸围线下6cm的门襟线上定翻驳止点，连接翻折基点画翻折线。

2）绘制驳领：过翻折线与基领窝弧相交下移1cm点画领窝弧切线为串口线，驳领宽＝8cm，绘制驳领形状，并在串口线偏进3.5cm画领嘴角≈60°，翻领领角宽＝4cm。

3）翻领：过A点画翻折线的平行线＝后领口弧线长＝◎，领座宽÷翻领宽＝3÷4，则倾倒角＝14°（或倾倒量＝2.5cm），画后翻领底线＝◎，继而画后翻领并连接翻领领角。

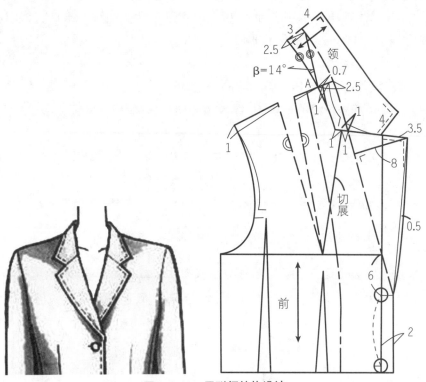

图 6-6-13　平驳领结构设计

(二)戗驳领结构设计(图 6-6-14)

1. 款式特点:为翻驳止点居腰上的双排扣戗驳领,是典型的西服领之一。

2. 结构要点:

1)翻折线:同平驳领定翻折基点,叠门宽=8cm,腰围线上4cm的门襟线上定翻驳点,连接翻折基点画翻折线。

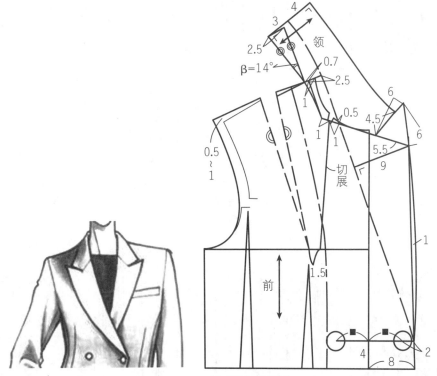

图 6-6-14　戗驳领结构设计

2)绘制驳领:过翻折线与基领窝弧相交下0.5cm点画领窝弧切线为串口线,驳领宽=9cm,戗驳角宽=6cm,翻领领角宽=4.5cm,绘制驳领形状。

3)绘制翻领:同平驳领结构。

(三)青果领结构设计(图6-6-15、图6-6-16)

1.款式特点:翻驳止点居胸线的单排扣,翻驳领形如青果,故称青果领。

2.结构要点:

1)翻折线:同平驳领定翻折基点,叠门宽=2cm,门襟线上胸线位定翻驳点,连接翻折基点画翻折线。

2)驳领:过翻折线与基领窝弧相交下5cm点画水平线为串口线,驳领宽=6.5cm,绘制无领嘴青果形的驳领形状。

3)翻领:同平驳领结构。

4)样版:青果领在驳头处存在接缝与无缝两种状态。当青果领有接缝时,挂面取从肩线3cm处至衣底摆的驳头与门襟的形;当青果领无缝时,挂面是翻领片连前衣片的驳头与门襟至衣底摆的形。

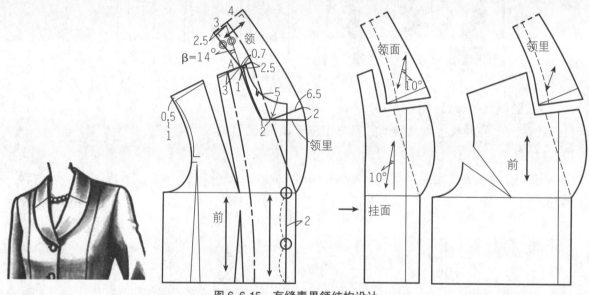

图6-6-15　有缝青果领结构设计

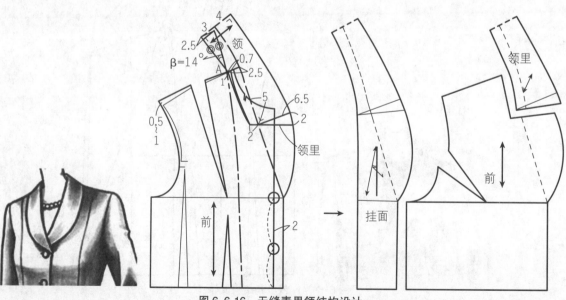

图6-6-16　无缝青果领结构设计

第七节　特殊领结构设计

除了上面介绍的常用领之外,还有一些领子由于结构特征不明确或采用多种结构法,如帽领、垂褶领、波浪领、飘带领等,归为特殊领型。

一、帽领结构设计

帽领也叫连身帽,是指帽子与衣片共同组成的一特种殊领型,有各种不同的款式和造型,既可以作为装饰,又可以保暖挡风。连身帽与衣片领围线的结合方式有两种,一种是帽子与衣片领围线缝合,另一种是帽子通过纽扣装于领子,可以方便脱卸;根据组成帽身的片数分类主要有两片式和三片式;根据帽身造型分类主要有宽松式和合体式。

帽领结构设计的两个关键要素是帽身长、帽宽。帽身长指左侧颈点经头顶点至右侧颈点的间距,一般连身帽长=基本帽长+松量=60+6=66cm;帽宽指经人体眉间点、头后突点围量一周的头围。由于帽不必包覆人体的脸部,故帽宽=头围/2-(2~3)=56/2-(2~3)=25~26cm。

(一)两片式帽领结构设计(图6-7-1)

1. 款式特点:松量适中,根据侧视的头部形状,分为后中接缝的左右两片式的基本款圆顶连身帽。

2. 结构要点:

1)衣身侧颈点开大1cm,前直开领下落3cm,画新后领弧=□,前领弧=○。

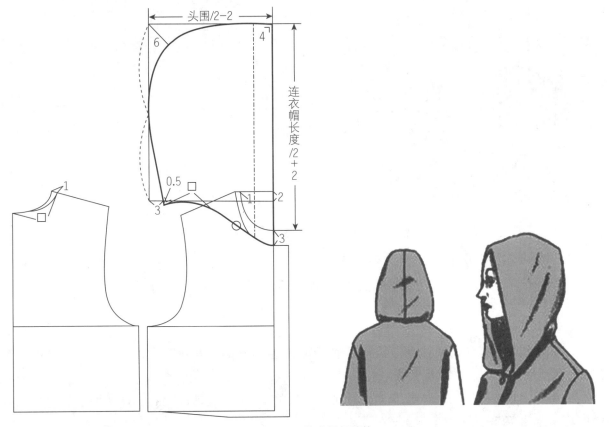

图6-7-1　两片式帽领结构

2）前衣身侧领点垂直下移 2cm 画水平线，此水平线与前中线为基线，画长方形框，长＝连身帽长/2+2＝66/2+2＝35cm，宽＝头围/2-2＝26cm。

3）水平线与前领深间画帽领底弧线＝前领弧+后领弧＝○+□。

4）根据头后突形画帽领后中接缝线，圆弧量＝6cm。

（二）三片式帽领结构设计（图 6-7-2）

1. 款式特点：三片式圆顶连身帽是由两片式连身帽转变而来的，在两片式连身帽的基础上，在帽子的后中心处截取一定量形成中间长条拼片的三片式连身帽。

2. 结构要点：

1）先绘制两片连身帽结构。

2）在帽后中缝处，帽顶截取 5cm，帽底截取 4cm，画帽后中缝线相似弧线 ABC 并剪掉。

3）取剪去裁片的宽与长，画长条形，长＝ABC，帽顶宽＝5×2＝10cm，帽底宽＝4×2＝8cm，形成后中长条拼片。

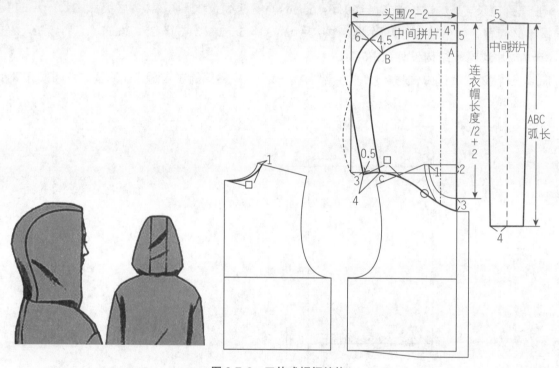

图 6-7-2　三片式帽领结构

（三）较合体型帽领结构设计（图 6-7-3）

1. 款式特点：这是一款较为合体的连身帽，装领线上加入省量以突出帽身的立体造型，帽长变短，帽前缘前倾合体，帽身舒适不宜滑落。

2. 结构要点：

1）基本结构方法与两片连身帽结构相似，因追求合体性，帽长变短＝连身帽长/2-3＝33-3＝30cm，帽领底弧线＝前领弧+后领弧+省量＝○+□+1.5。

2）为了满足头围尺寸的需要，需对圆顶进行切展处理，各切展量＝3cm，这样既保证了整个帽前缘的前倾合体，又确保了整个帽身舒适不易滑落。

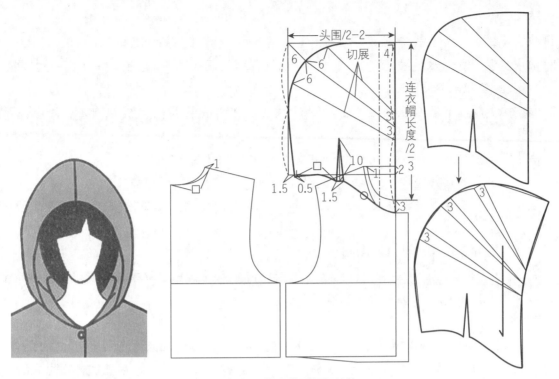

图6-7-3　较合体型帽领结构

（四）合体型帽领结构设计（图6-7-4）

1. 款式特点：这是一款合体的连身帽，装领线上加入省量以突出帽身的立体造型，帽身顶部突出、下部凹进形成前倾合体型，帽身舒适不易滑落，颈部两纽扣封口，突出帽身的立体造型，保证头部与颈部均合体。

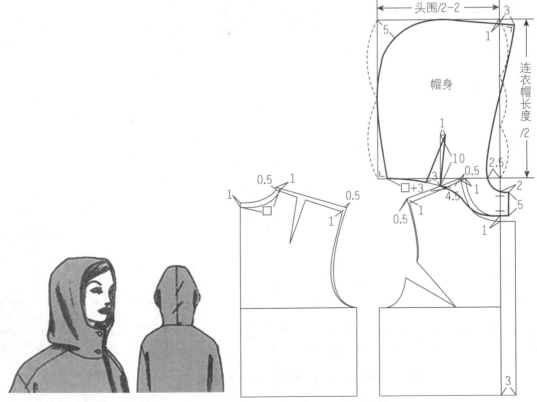

图6-7-4　合体型帽领结构

2. 结构要点:

1) 衣身侧颈点开大 1cm,前后直开领下落 1cm,画新后领弧 =□,前领弧 =○。

2) 前衣身侧领点画水平线,此水平线与前中线为基线,画长方形框,长 = 连身帽长/2 = 66/2 = 33cm,宽 = 头围/2−2 = 26cm。

3) 帽前缘的帽顶下落 1cm、突出 3cm,下水平线凹进 2.5cm,围颈部宽 5cm,加叠门 2cm,画帽领绘制前缘弧。

4) 水平线与前领深之间画帽领底弧线 = 前领弧+后领弧+省量 = ○+□+3。

5) 根据头后突形,画帽领后中接缝线,圆弧量 = 5cm。

这款帽领结构设计既确保了整个帽身的舒适,又能突出帽身的立体造型,保证头部与颈部均合体。

(五)上下片帽领结构设计(图 6-7-5)

1. 款式特点:本款领帽无后中缝,而是上下片接缝围包头颈部较合体型的帽身,舒适不易滑落,帽领与衣身领口装卸可活动,以纽扣装于衣身领口。

2. 结构要点:

1) 衣身横开领加大 1cm,后直开领下落 0.5cm,前直开领下落 3cm,画新后领弧 =○,前领弧 =◎。

2) 下帽片:前领深点直上 9.5cm 画水平线,水平线与前领深之间画帽领底弧线 = 前领弧+后领弧 =○+◎。水平线的前中垂直向上 9cm 并外倾 1cm 点与后中垂直向上 24cm 连线,连线三等分,各 1/3 凸 2.7cm、2.2cm 画凸弧 =●,另前领深内倾 1cm,完成下帽片结构。

3) 上帽片:宽 =23cm,一边高 =19cm,另一边高 =17cm 画四边形,其中 23cm 与 17cm 边的 90°夹角画角平分线 =10cm,并画凸弧长 =●。

4) 上帽与下帽的样片凸弧 =2×●,缝接就形成上下片帽领。

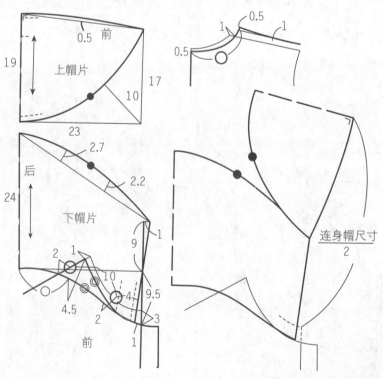

图 6-7-5　上下片帽领结构

二、飘带领结构设计

(一)蝴蝶结领结构设计(图 6-7-6)

1. 款式特点:领子呈长条、带状形,扎结方法不同产生的效果也不同,可结成蝴蝶结,也可像领带下垂的领子,采用不同的纱向,视觉效果也不同。

2. 结构要点:

1) 衣身横开领加大 0.3~0.5cm,前直开领下落 1.5cm,画新后领弧 =⊗,前领弧 =◎。

2) 根据前后领弧长及蝴蝶结长的需要画长条飘带领,长 =⊗+◎+(25~40)cm,宽 =2×6cm。

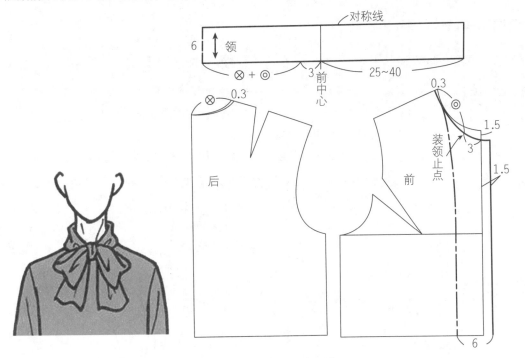

图 6-7-6　蝴蝶结领结构设计

(二)飘带海军领结构设计(图 6-7-7)

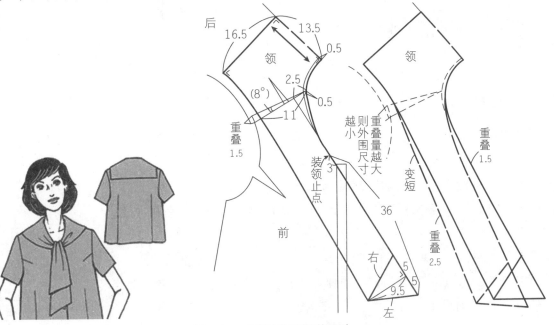

图 6-7-7　飘带海军领结构设计

1. 款式特点:领片平摊在肩上,后呈方领形,前呈 V 领形,并加长扎结为飘带状。

2. 结构要点:

1)横开领加大 1cm,前领深下落 8cm,追加 1.5cm 叠门量,修画新前后衣领弧。

2)前后侧颈点重叠,肩线叠合 1.5cm。后颈点、侧领点延出 0.5cm,修画领下口线。前领中上移 3cm 为扎结点,顺势延长约 36cm 为飘带长。

3)后领 = 13.5cm×16.5cm,侧领宽 = 11cm,画后方形领外口线,飘带宽 = 9.5cm,画飘带,左右飘带缺角为 10cm 的等边三角形。

4)肩线叠合量越大,领外围越小。

三、波浪领结构设计(图 6-7-8)

1. 款式特点:基于 V 字形平领,领片平摊在肩上,拉展形成波浪褶。

2. 结构要点:

1)前后肩线拼合,前领深下落至胸围线,追加 2cm 叠门量,修画新领弧线。

2)后领宽 = 11cm,顺势修画领外口线至前领深点。

3)将领片的下口线与外口线设等分切展线,后领部二等分,前领部四等分。

4)将等分线剪开拉展领外口线,拉展量越大,波浪褶越明显。

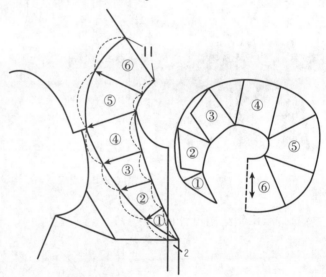

图 6-7-8　波浪领结构设计

四、垂褶领结构设计

垂褶领也叫罗马领,在前领窝和前中心(或后领窝和后中心)增加余量,自然垂坠形成垂褶效果。常见的有衣领分离式垂褶领和连身式垂褶领两种。

(一)衣领分离式垂褶领结构设计(图 6-7-9)

1. 款式特点:前衣身胸围不变,在前领窝和前中心缝接自然垂坠褶衣领。

2. 结构要点:

1)在前衣身领设定垂褶领形 ABCD,CD 是衣领与衣身的分割弧线。

2)以 C 为圆心,BC+垂褶量为半径画弧,以 D 点为圆心,AD+垂褶量为半径画弧。

3)以 D 点画的圆弧上取 E 点,以 C 点画的圆弧上取 F 切点,且 EF=前领口弧=AB 弧,连接 DE

弧、EF、FC,且弧 DE⊥EF、EF⊥FC。

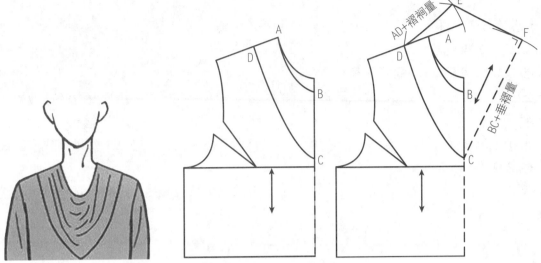

图 6-7-9　衣领分离式垂褶领结构设计

(二) 连身式垂褶领结构设计(图 6-7-10)

1. 款式特点:由衣身领口延出余量,在前领窝和前中心形成自然垂坠褶效果的领型,同时前衣身胸围也会顺势增加一定的余量。

2. 结构要点:

1) 在前衣身的肩线至前中心线上,靠近领窝弧设计垂褶位弧线。

2) 将各垂褶弧线剪开拉展,前中拉展量>肩线拉展量。

3) 连接 AB、CD 线,并延长 AB、CD 线,如图 6-7-10 所示,画 FG 弧⊥HG,AH⊥HG。

4) 肩线拉展量改为褶量。

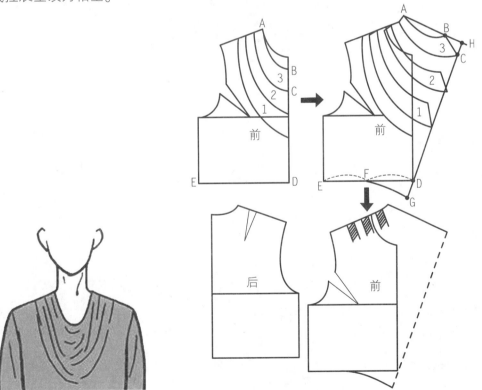

图 6-7-10　连身式垂褶领结构设计

课后作业

一、思考与简答题

1. 领子有哪些不同种类?

2. 领口领结构设计的关键因素有哪些?

3. 领子可分为哪几种? 影响立领结构设计的关键因素有哪些? 这些因素对立领成型的效果有哪些具体影响?

4. 平领可分为哪几种? 影响平领结构设计的关键因素有哪些? 这些因素对平领成型的效果有哪些具体影响?

5. 翻折领可分为哪几种? 影响翻折领结构设计的关键因素有哪些? 这些因素对翻折领成型的效果有哪些具体影响?

二、项目练习

1. 查阅资料,收集各种典型领子的不同结构设计方法。

2. 查阅资料,分别收集或设计 5 款领口领、平领、翻折领,并完成其结构设计。

3. 分别变化驳领的形状、翻领的形状、串口线的形态及领嘴形状,设计一组翻驳领(5 款以上),并完成结构设计。

4. 查阅资料,收集或设计各种特殊领(帽领、飘带领、波浪领及垂褶领) 一款,并完成其结构设计。

5. 除教材上例举的特殊领型外,再收集或设计其他特殊领型 3~5 款,并完成其结构设计。

第七章　袖子结构原理

【学习目标】

通过本章学习,了解袖子的造型理论基础、袖子的分类、袖款的变化等,掌握袖子结构变化的方法与技巧。从而培养举一反三、灵活运用的能力,为后期的服装款式结构设计打好基础。

【能力设计】

充分理解与掌握袖子结构原理及其结构变化原理。根据装袖、连身袖、插肩袖的款式变化,分别进行结构设计,掌握衣袖结构设计的制图方法。

袖子是围包人体手臂的裁片,是服装三大基本部件之一,在服装变化中处于十分重要的地位,袖子的结构设计与衣身袖窿造型有着密切的关系,两者结构是否吻合,必须了解袖子与衣身袖窿的构成原理。且使袖子与人体手臂、衣身袖窿相吻合,其匹配技术是服装结构设计的一大难题。

第一节　袖子的种类

常见的袖子分类可按装接形式、袖长、袖片数、袖子形态等分类。

一、按装接形式分类

分为装袖、连身袖与插肩袖。装袖是袖片与衣身为独立裁片缝接,装袖是服装中最常用的袖子,又可分为圆装袖和落肩袖;连身袖是衣身与袖身二合一,相连成一裁片,连身袖分别有蝙蝠袖、和服袖及插片连袖等;插肩袖是衣身的肩部与袖片相连,插肩袖又分为插肩袖、肩章袖、育克袖等(图7-1-1)。

二、按袖长分类

可分为无袖、短袖和长袖三类,其中短袖又根据实际袖长可分为超短袖(盖肩袖)、三分袖、四分袖、中袖、七分袖等(图7-1-2)。

三、按袖子片数分类

分为一片袖和两片袖及多片袖。一片袖常见于宽松服装,结构较简单,造型多为顺直型,采用肘省、袖省或袖衩产生袖弯,达到合体;两片袖一般为合体袖,主要体现在袖弯的处理上,袖弯使袖子产生前倾的造型。

四、按袖子形态分类

袖子的形态花样繁多,常见的款式见图7-1-3。

衣身与袖分别裁剪

圆筒装袖

落肩袖

图 7-1-1　袖子的装接分类

衣身与袖连裁

肩章袖

插肩袖

育克袖

无袖

3分袖

4分袖

中袖(5分袖)

$\frac{3}{4}$ 袖(7分袖)

短袖
(半截袖)

长袖

图 7-1-2　袖长分类

紧身袖:松量较少,紧密贴合于手臂的合体袖。

泡泡袖:在袖山处打褶裥的袖型。

灯笼袖:袖身圆鼓如灯笼,故称之为灯笼袖,多为短袖。

郁金香袖:袖子的前后片像郁金香花瓣一样重叠而成的袖型。

双层袖:底层是紧密贴合于手臂的紧身袖,上面再重叠一层加入喇叭量的广口袖。

喇叭袖:袖口处加入喇叭量,像喇叭花一样,在袖口起小波浪的袖型。

宝塔袖:向袖口方向袖身渐渐变宽,袖形呈宝塔状,故称宝塔袖。

羊腿袖:袖形如羊腿一样,上部蓬松,肘处开始变细。

图 7-1-3(a)　袖款造型

比夏朴袖子:这种袖子模仿了比夏朴(基督教徒)穿着的僧服袖子的形状。所以叫比夏朴袖子。下面比较宽松,袖口处抽褶,并且用宽带收紧。

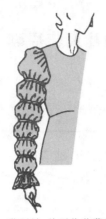

藕形袖:外形像莲藕因此而得名。间隔处用带子系住,造成膨胀效果的袖子。

衬衫袖:袖子的袖山比较低,能自由运动。多用在运动服、工作服上,特别是男衬衫。

土耳其式长袍袖子:土耳其人穿的长袍上的袖子。袖窿比较深,显得比较宽松,手腕处显得非常纤细。

和服袖:连着衣身裁剪没有装袖线的袖子。肩部相似于日本的和服,所以叫和服袖。为方便手臂活动,腋下插缝一块小三角片。

插肩袖:从领围开始到袖底为止进行切割,肩和袖连在一起。它模仿了意大利 Raglan 将军的战服而设计并命名。

肩章袖:从袖山处开始与衣身肩部连裁仿佛在衣身上加了肩章的袖型。

育克袖:延伸育克与袖连成一体的袖型。

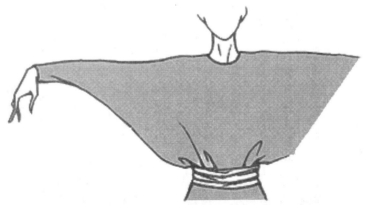

蝙蝠袖:袖窿很深、袖肥较宽,在袖口却又急剧变细的袖型。形状如蝙蝠的翅膀,故得此名。

图 7-1-3(b) 袖款造型

第二节　装袖结构及变化原理

一、装袖结构原理

（一）袖片与衣片的吻合关系

从袖子种类可见袖子的变化丰富,可长可短、可肥可瘦,袖口可宽可窄,且可对某些部位进行夸张造型,突出某种艺术效果。一般来说,不论袖子如何变化,最终袖子的袖山曲线与衣片的袖窿曲线长度应吻合(图7-2-1)。

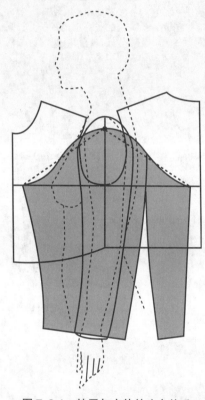

图 7-2-1　袖子与衣片的吻合关系

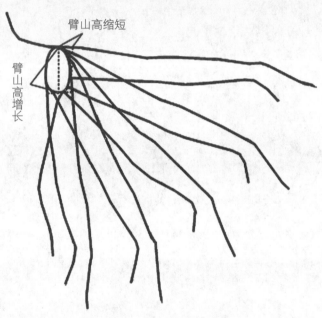

图 7-2-2　手臂活动状态

（二）手臂构成与活动功能

手臂由臂山高、臂围和臂长三个部位组成,过肩端(SP)点经腋围线构成臂根围,基本臂长又由臂山高、腋根至手腕长两部位组成。当手臂向上活动呈水平状时,臂山高缩为最短,向下垂直时臂山高增至最长(图7-2-2)。合体袖与手臂围的基本活动空隙量为2cm左右。

（三）衣袖与袖窿的关系及配袖方法

衣袖和袖窿的组合与手臂构成的关系密切,在配袖之前必须先确定衣身袖窿,袖窿深线根据整体造型而定,一般基本袖在腋根下 1~2cm,通常从侧颈点至袖窿深线 = B/6+(6~7)= 20~21cm;当需要内穿厚或松量时应下落,下落量按造型而定。袖窿弧长(AH)通过测量获得,AH是配袖的主要规格之一。

（四）袖肥与胸围的关系

为使配袖合理,不仅要了解手臂构成与活动规律,还要根据服装的造型,结合衣身设计袖子各部位规格,可以将袖肥和胸围视为两个柱体,袖肥以臂围为依据加放一定的松量,松量的确定应考虑衣身放松量大小,使两者协调合理,因此袖肥规格应以胸围规格为基数构成(即袖肥=B/5±变量),不同的胸围放松量确定不同的袖肥规格。袖肥大小的参考数值如下:

合体型胸围放松量=0~8cm,袖肥=B/5-(1.5~2)cm;

较合体型胸围放松量=10~14cm,袖肥=B/5-(1~1.5)cm;

较宽松型胸围放松量为16~20cm,袖肥=B/5+(-1~0.5)cm;

宽松型胸围放松量大于20cm,袖肥=B/5+(1~4)cm。

(五)肩线与袖窿弧的形状

在不考虑垫肩的情况下,根据服装宽松程度的造型,肩线的倾斜程度、长短与袖窿弧形状的变化有关(图7-2-3)。当肩线倾斜度大而不加长时,则袖窿弧线呈椭圆状;当肩线倾斜度小(平直状)而加长时,则袖窿弧线为窄长形,可见,袖窿弧线随肩线的倾斜程度、长短而变化。

(六)袖肥与袖山的反比关系及袖型

袖窿上AH是配袖的主要依据,袖肥与衣身又有密切的协调关系,因此当袖窿弧(AH)规格不变、袖肥窄时,袖山则高;反之,袖肥宽时,袖山则浅(图7-2-4)。袖山高、袖肥窄,则袖型修长,合体;袖山低、袖肥大,则袖型宽松便于运动。有时因造型的需要,不能在结构上过于增加袖肥,可以采用腋下三角,用以补充袖子的运动松量(图7-2-5)。

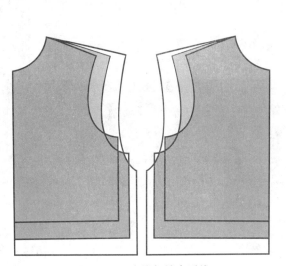
图7-2-3　肩线与袖窿弧线

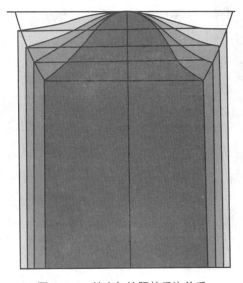
图7-2-4　袖山与袖肥的反比关系

袖子的结构因实际用途的不同可进行调整。调整部位主要在袖山高和袖肥,结构处理不同会产生袖子形态上的差异,有的内弯一些,有的外翻一些;有的与身体之间的角度大,有的角度小。不同的袖山弧线形状形成了不同的袖型(图7-2-5)。

(七)袖山弧长与袖窿弧长的关系

1. 袖山吃势量:装袖的袖山弧长与袖窿弧长存在着组合关系。为了袖山头饱满又圆顺,袖山头要增加吃势量,即袖山弧>袖窿弧。配袖时,袖山斜线=AH/2,则袖山弧长比袖窿弧长多1~3cm,作为上袖缝接时的吃势量。两者的弧长关系还应根据不同的工艺方法来确定,如:

装袖缝份倒向袖子时,袖山斜线=AH/2;

装袖缝份倒向衣身时,袖山斜线=AH/2-(0.5~1)cm,使袖山弧长=袖窿弧长;

西装袖需要增加吃势量,袖山斜线=AH/2+0.5cm。

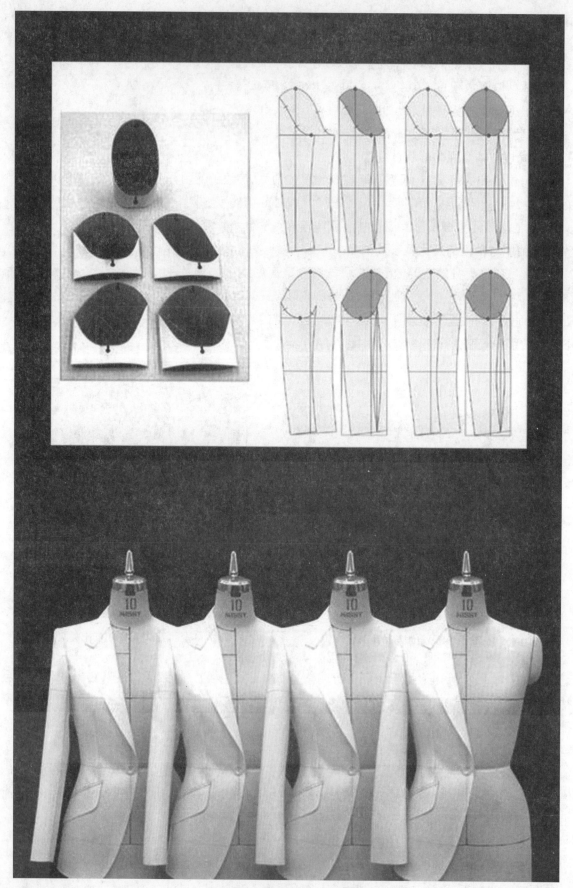

图 7-2-5　袖山、袖肥和袖型

2. 吃势量分配 (图 7-2-6) ：

$A \sim B' = A \sim B + ($ 总吃势量 $) 5\%$

$B' \sim SP' = B \sim SP + ($ 总吃势量 $) 40\% \sim 45\%$

$SP' \sim C' = SP \sim C + ($ 总吃势量 $) 30\% \sim 35\%$

$C' \sim A' = C \sim A + ($ 总吃势量 $) 15\% \sim 20\%$

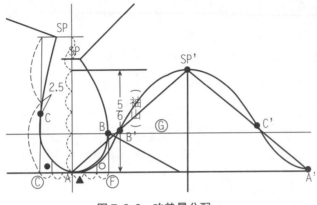

图 7-2-6　吃势量分配

二、装袖结构变化原理

(一) 合体袖结构原理

从人体侧面可见，手臂自然下垂时，略向前倾。因此合体袖结构设计时，不仅袖山结构要合体，而且袖身结构也需满足手臂的自然形态。袖子是与人体手臂的形态相对应的，袖肘线对应手臂肘部，是袖子设计袖弯的主要参考位置，袖弯的变化形式多样，可在不同位置设省。常见的有一片合体袖、两片合体袖。

1. 一片合体袖结构

一片合体袖是通过收肘省和后袖口省，将直筒袖身 (袖原型) 变为符合手臂自然弯曲的弯袖身型。

(1) 一片肘省合体袖结构 (图 7-2-7)

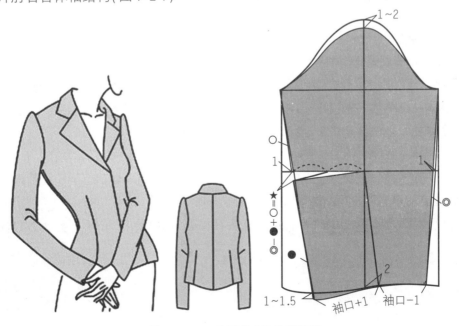

图 7-2-7　一片肘省合体袖结构图

袖子结构原理

1）基于袖原型将袖山顶点抬高1~2cm，修画新袖山弧线。

2）袖口前偏量：肘线至袖口的袖中线，前斜偏2cm。

3）前后袖口：袖口宽＝12cm，取前袖口＝袖口宽−1＝11cm，后袖口＝袖口宽＋1＝13cm，并连接袖肥画袖底缝。

4）袖底缝：前袖底缝凹弧1cm，后袖底缝凸弧1cm，后袖口顺势延长1~1.5cm，修画新袖口弧。

5）肘省：肘省＝后袖底缝长−前袖底缝长，即★＝○＋●−◎。

（2）一片后袖口省合体袖结构（图7-2-8）

基于一片肘省合体袖结构，后肘线中点至后袖口线中点连线为后袖口省位线，将肘省合并转为后袖口省即可。

（3）一片合体袖变化结构（图7-2-9）

基于一片后袖口省合体袖结构，在前袖部分纵向分割，分割宽＝∅，将∅量拼合到后袖底缝处，使袖缝向前位移。

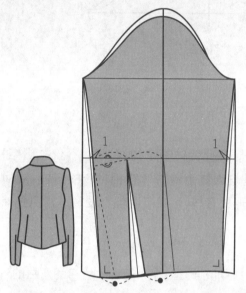

图7-2-8 一片后袖口省合体袖结构图

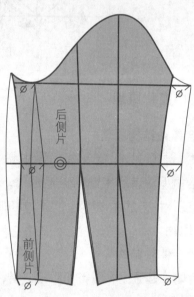

图7-2-9 一片合体袖变化结构图

2. 两片合体袖结构

通过肘省、后袖口省将直筒型袖身转化为弯弧型袖身，初步满足合体袖型的要求。若需合体袖造型更加完美，可采取纵向分割裁片的形式，常见于西装、大衣等外套的两片合体袖（图7-2-10）。

（1）两片合体袖结构线名称（图7-2-11）

（2）两片合体袖原型法结构（图7-2-12）

1）基于一片合体袖结构，前后袖肥、袖肘、袖口等分，纵向连线为前、后偏袖线［图7-2-12（a）］。

2）方法一：沿前、后偏袖线内折，设定前偏袖量＝○，后偏袖量＝●，大（外）袖片增加○和●量，小（内）袖片减去○和●量［图7-2-12（b）］。

3）方法二：后袖肥处偏袖量＝●，由上往下至后袖口处，偏袖量顺势消失［图7-2-12（c）］。

图 7-2-10　两片合体袖款式图

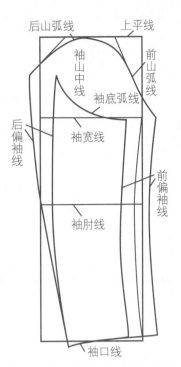

图 7-2-11　两片合体袖结构名称

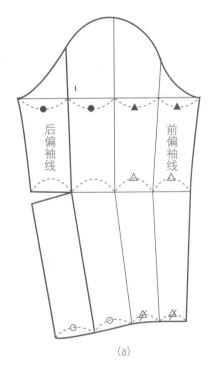

(a)

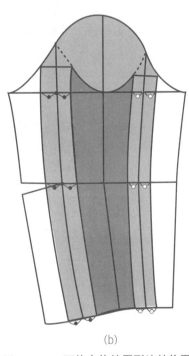

(b)

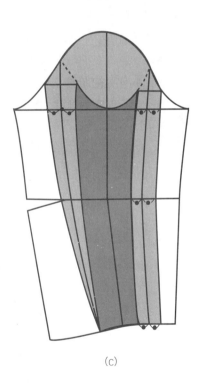

(c)

图 7-2-12　两片合体袖原型法结构图

(3)两片合体袖比例法结构(图 7-2-13)

　　1)根据已知袖长、袖窿弧长(AH),可求得:袖山斜线长=AH/2,袖山高=AH/3,肘线位=袖长/2 +2.5,如图画两片合体袖的长方形基础框架线[图 7-2-13(a)]。

　　2)上平线中点为袖山顶点,并四等分,前袖缝的袖山四等分,后袖缝的袖山三等分,前肘处凹弧 1cm,前袖偏量○=2~3cm,袖口大=11~13cm,前袖口上抬 0.8cm,后袖口下落 0.8cm,如图 7-2-13 (b)连线。

3) 后袖缝上面斜进 0.5~1cm,后袖偏量●=1~2cm,由上往下至后袖口处,偏袖量顺势消失[图 7-2-13(c)]。

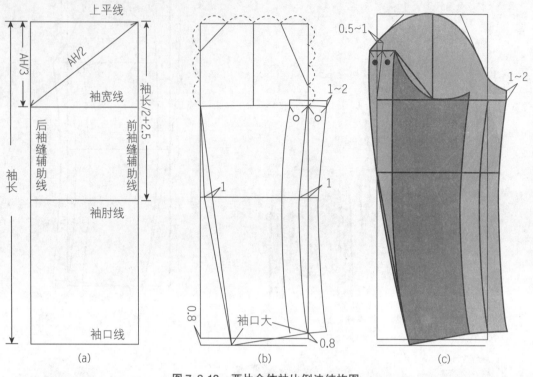

图 7-2-13　两片合体袖比例法结构图

(二)泡肩袖结构

1. 褶裥泡肩袖结构(图 7-2-14)

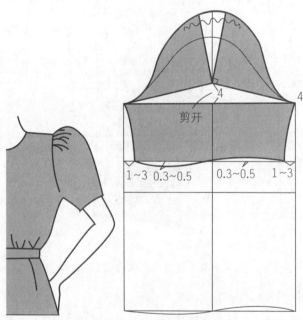

图 7-2-14　褶裥泡肩袖结构图

(1) 款式特点:袖山头抽缩成碎褶,微微隆起。

(2) 结构要点:

1) 基于袖原型,截取短袖长,袖口收进 1~3cm。

2）将袖山头的袖中线、袖肥线剪开拉展,拉展抬高约4cm,连接修画新袖山弧线。

2. 褶裥泡肩袖结构(图7-2-15)

(1)款式特点:袖山头设多个褶裥,高高隆起。

(2)结构要点:

1）基于袖原型,截取短袖长,袖口收进2~3cm,在凸势的袖山头等分设纵向剪展线。

2）将纵向剪展线剪开拉展,袖口不加量,袖山头拉展的褶裥量大小依次为1.5cm、2cm、2.5cm、5cm,并抬高约4cm,连接修画新袖山弧线。

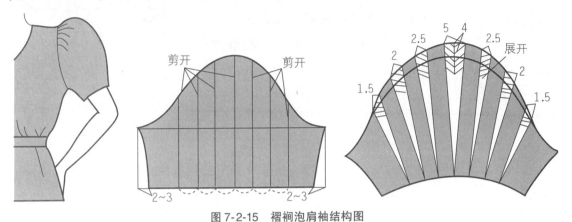

图7-2-15　褶裥泡肩袖结构图

(三)灯笼袖结构

1. 灯笼袖结构(图7-2-16)

(1)款式特点:袖山头皱褶隆起,另由袖头裁片收袖口,形似灯笼。

(2)结构要点:

1）基于袖原型,截取短袖长,袖中线、袖肥线为剪展线。

2）将袖中线剪开拉展5cm,袖肥线剪开拉展抬高4cm,袖口左右边放大2~3cm,连接修画新袖山弧线、袖口弧。

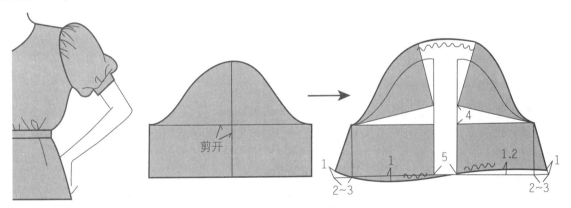

图7-2-16　灯笼袖结构图

2. 变化灯笼袖结构(图7-2-17)

(1)款式特点:单片裁袖,袖山头皱褶隆起,袖口弧形省皱缩收小,形似灯笼。

(2)结构要点:

1）基于袖原型,截取短袖长,袖口左右收进2cm左右,袖中线、圆弧线为剪展线。

2）将袖中线剪开拉展6~12cm,圆弧线剪开拉展4~6cm,连接修画新袖山弧线、弧形省线。

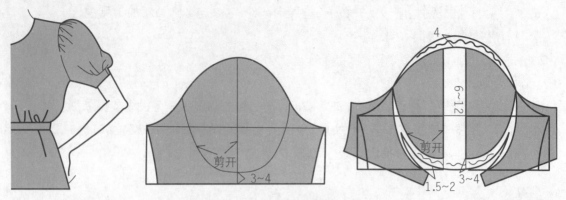

图 7-2-17　变化灯笼袖结构图

(四) 喇叭袖结构 (图 7-2-18)

1. 款式特点:袖山头无皱缩,袖口加大垂挂呈波浪褶,形似喇叭花。

2. 结构要点:

(1) 基于袖原型,截取短袖长,袖片等分设纵向剪展线。

(2) 将纵向剪展线剪开拉展,袖山头不加量,袖口拉展的褶裥量大小依次为 1cm、1.5cm、2cm、2.5cm、3cm,并在袖中的袖口追加 3cm 左右,连接修画新袖口弧线。

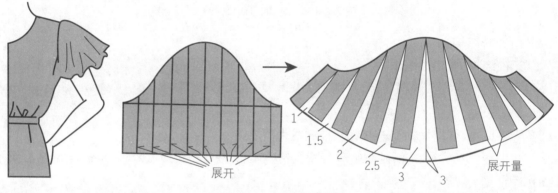

图 7-2-18　喇叭袖结构图

(五) 花瓣袖结构 (图 7-2-19)

1. 款式特点:单裁袖片,袖山弧形交叠,且袖山头皱缩隆起,形似花瓣。

2. 结构要点:

(1) 基于袖原型,截取短袖长,袖口左右收进 2cm,袖山头的袖中线、袖肥线剪展抬高 4cm。

(2) 设交叠弧形造型线,将右片型拷贝移出,袖底缝拼合,连接修画新袖片廓型线。

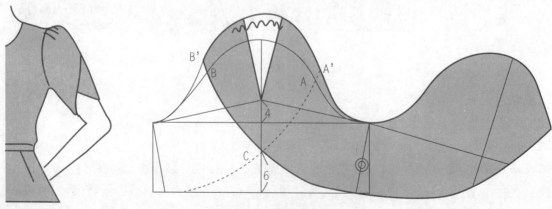

图 7-2-19　花瓣袖结构图

(六)气球袖结构(图7-2-20)

1.款式特点:袖肥放大,袖山头无皱缩,袖口收小,形似气球[图7-2-20(a)]。

2.结构要点:

(1)基于袖原型,截取短袖长,袖口左右收进2cm,袖片等分设纵向剪展线[图7-2-20(b)]。

(2)先将袖肥线剪开分为上下两裁片[图7-2-20(c)]。

(3)将上袖片的纵向各等分线剪开拉展,袖山头不加量,袖肥线各拉展量=1~2cm,袖肥线的袖中处加长3~4cm,再将下袖片的纵向各等分线剪开拉展,袖口不加量,使下袖肥线长=上袖肥线长[图7-2-20(d)]。

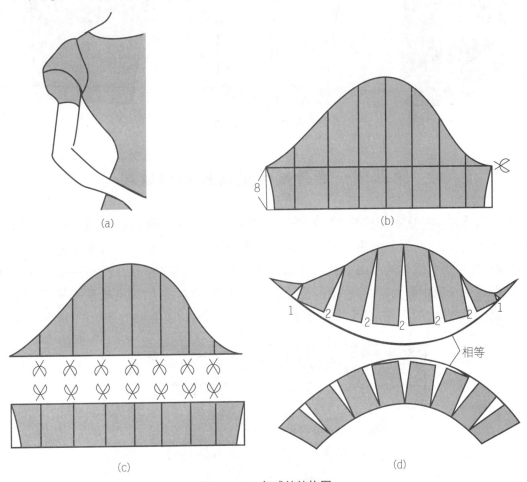

图7-2-20　气球袖结构图

(七)羊腿袖结构(图7-2-21)

1.款式特点:长袖,袖头皱褶,袖上臂呈泡隆状,袖下臂收小贴臂,形似羊腿。

2.结构要点:

(1)基于一片合体袖,袖肥线、袖肘线及肘线上的袖中线为剪展线。

(2)将肘线上的袖中线、袖肥线、袖肘线依次剪开,袖肘线、袖肥线处拉展抬高一定量,则袖山头顺势加量,连接修画新袖山弧线、袖底缝线。

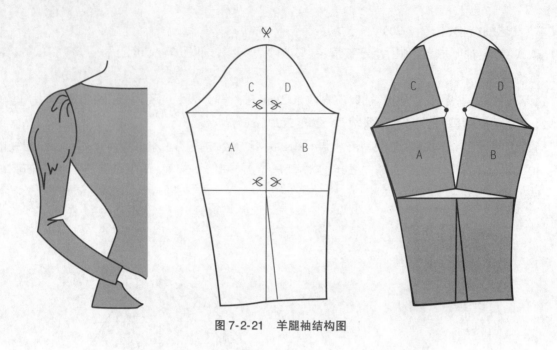

图 7-2-21　羊腿袖结构图

第三节　连身袖与插肩袖结构原理

　　顾名思义,连身袖是指衣身和袖身结构连成一裁片。从历史上看,连身袖服装是人类最古老的服装,几千年来,我国传统服装一直保持着平面连身袖的造型方式,几乎没有太大的变化,它代表了一种非常简单的使面料适体的原始的裁剪方法。连身袖没有袖窿线,肩袖拼接线可有可无,肩型平整圆顺,造型有袖根宽松肥大、袖口收紧的设计,也有筒形的合体设计,即宽松连身袖与合体连身袖。宽松连身袖分别有中式的平连袖、西式的蝙蝠袖(图 7-3-1),合体连身袖有和服袖(插片连袖)。

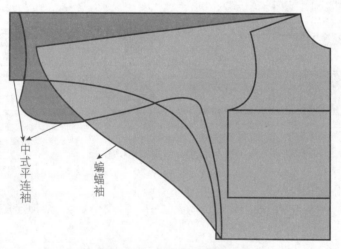

图 7-3-1　宽松连身袖造型

　　插肩袖是指衣身的部分和袖身相连的结构,是介于连袖和装袖之间的一种袖型,其结构特征是将袖窿的分割线由肩端点转移到肩线、领口、前中线等,使肩部与袖子连接在一起,在服装中应用广泛,尤其是秋冬外套、大衣、风衣款式中常见。插肩袖的肩袖分割线走向变化较多,形成插肩袖、肩章袖、育克袖、半插肩袖等。

一、连身袖、插肩袖结构原理

在结构上,连身袖与插肩袖有很多相似之处,如袖中线倾斜度对衣袖造型和手臂运动的影响,两者是相同的。同时,两者又有明显的不同之处,如连身袖的衣身与袖片相连,造型处理简单、直观,功能处理主要由袖中线倾斜度来完成。插肩袖在肩胸部有分割线,分割线既起到装饰作用,又与衣身袖窿弧线底部一起对衣袖起制约作用。

(一)袖中线的倾斜角

人体手臂抬起的程度受到衣袖腋下余量的制约,因此功能性永远是服装结构设计必须考虑的关键因素。连身袖、插肩袖的袖中线倾斜角能最直观地体现衣袖的功能,即着装后手臂抬起的程度。

袖中线倾斜角以袖中线与水平线的夹角为依据,从理论上讲,其变化范围在0°~60°,但大量实践证明,袖中线倾斜角≥55°时,尽管袖型美观但实用功能不足。由此,从造型和功能来综合评价,袖中线倾斜角变化范围在0°~60°取值。一般袖中线倾斜角在0°~20°时,衣与袖之间存在一定的间隙量,造型宽松、手臂活动自如,属于宽松型连身袖和插肩袖;袖中线倾斜角30°~45°时,衣与袖之间间隙量极少,袖型合体,腋下需加活动裆布量(或衣袖交叠活动量),获得衣袖功能与外形美观的平衡,属于合体型连身袖和插肩袖(图7-3-2)。

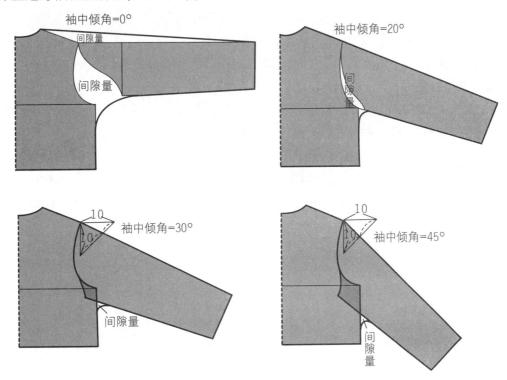

图7-3-2 袖中线的倾斜角变化

在结构制图中,确定袖中线倾斜角的方法有角度式、比例式和三角式(图7-3-3)。角度式是用量角器直接量取法。比例式是以肩端(SP)点画15cm水平线,过端点向下画x垂线,以x垂线长来调整袖中线倾斜度(x=0~5.5cm时,袖中线倾角为0°~20°;x=5.5~9cm时,袖中线倾角为20°~30°;x=9~15cm时,袖中线倾角为30°~45°)。三角式是过肩端(SP)点,作直角边=10cm的直角等腰三角形,其斜边/3≈30°,斜边/2=45°。

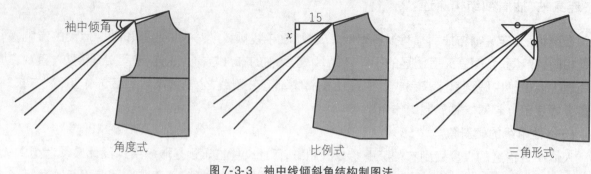

图7-3-3　袖中线倾斜角结构制图法

（二）袖裆（腋下活动量）结构分析

合体连身袖影响结构变化的因素主要有两个，即袖斜度和袖裆（腋下活动量）结构。前者决定了肩部造型的舒适合体性以及袖子整体造型的贴体度，后者决定了连身袖、插肩袖的活动功能。正如前面所分析，在腋下加入袖裆从而加长袖内侧长度，使腋下增加活动的松度，满足人体活动的需要。这两个因素形成有机整体，互相制约。如何处理好两者的关系，在造型和功能上达到统一合理，是进行连身袖、插肩袖结构设计的关键。

连身袖、插肩袖的结构设计必须注意以下三点：一是袖中线与水平线夹角应在0°～45°之间，以避免袖裆或袖下余量过大而影响外观；二是腋下开缝的位置应具有隐蔽性，使袖裆遮在臂下；三是巧用衣身分割线，将袖裆（腋下活动量）结构包含在衣身或衣袖结构之中。

（三）袖山高与袖宽

在连身袖、插肩袖结构中，袖山高取值依然是结构设计的重点。与装袖结构一样，袖山高与袖宽的反比制约关系同样存在于插肩袖结构中，袖山高越深，袖宽越小；袖山高越浅，袖宽越大（图7-3-4）。

同时，袖山高、袖宽和袖中线倾斜度也存在紧密关系。袖中线倾斜度越大，袖山高越深，袖宽越小；袖中线倾斜度越小，袖山高越浅，袖宽越大（图7-3-5）。结构制图时，袖中线倾斜度=0°～20°时，袖山高=0～10cm；袖中线倾斜度=21°～30°时，袖山高=10～14cm；袖中线倾斜度=31°～45°时，袖山高=14～17cm。

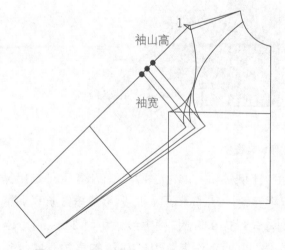

图7-3-4　插肩袖袖山高与袖宽的反比关系

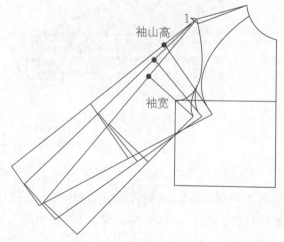

图7-3-5　袖中线斜度与袖山高、袖宽的关系

总之，当袖中线与水平线夹角逐渐变大，袖中线与肩线的夹角也逐渐变大，即肩凸越来越明显，腋下所需交叠量或袖裆也越变越大；当袖中线与水平线夹角逐渐变小，则袖中线与肩线的夹角也逐

渐变小,即肩凸越来越趋于平缓,腋下所需交叠量或袖裆也越变越小;当袖中线与肩线和水平线重合时,肩凸消失,腋下的活动量达到了最大,无需袖裆设计。

二、连身袖结构设计与应用

连身袖有宽松的无插角连身袖与合体插角连身袖之分。下面列举多款连身袖结构设计。

(一)无插角连身袖

1.蝙蝠袖结构(图7-3-6)

(1)款式特点:袖窿深,袖肥宽大,袖口急剧收小,因形似蝙蝠的翅膀而得名。手臂下垂时腋底皱褶较多。

(2)结构要点:

1)前后衣片自侧颈点水平(或肩线直接)延长袖长,袖中线=袖长+小肩宽,依图画出袖口、袖底线和侧缝线。

2)前后袖中线可以拼合,形成单裁片。

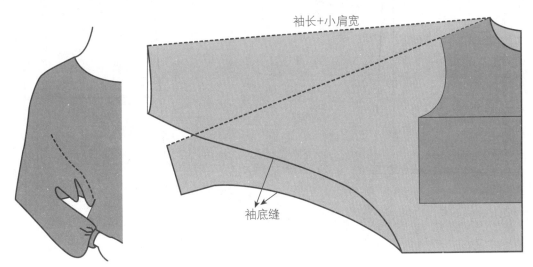

袖长+小肩宽

袖底缝

图7-3-6　蝙蝠袖结构图

2.平连身袖结构(图7-3-7)

(1)款式特点:平连身袖的袖中线倾斜度同蝙蝠袖,便于手臂上下活动,但袖窿深、袖肥较小,腋下没有插角,当手臂下垂时腋底也有皱褶。

(2)结构要点:前后衣片自肩线延长袖长,依图画出袖口、袖底线和侧缝线。

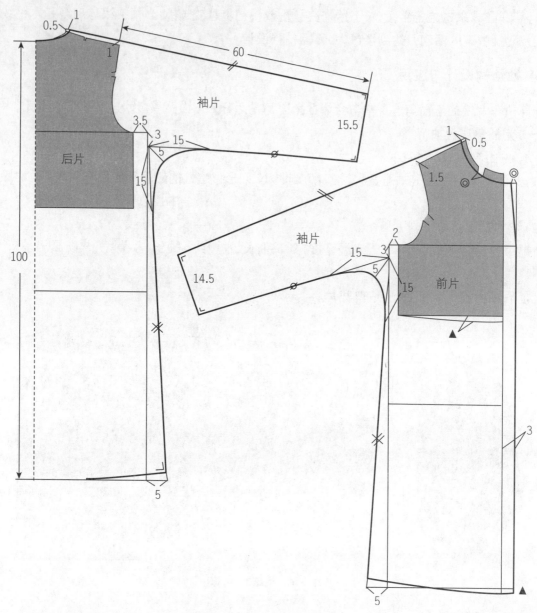

图 7-3-7　平连身袖结构图

（二）插角连身袖

插角连身袖是合体连身袖，袖中斜度较大，肩袖身合体，为方便手臂抬举，腋下加入插角片。下面以多种插角形式为例，讲解常用插角连身袖结构设计。

1. 菱形插角连身袖结构（图 7-3-8）

（1）款式特点：为手臂抬举活动方便，腋下加入菱形插角片，是合体连身袖的常见款式。

（2）结构要点：

1）在袖中线倾斜角＝45°基础上，使前后袖中接缝线符合手臂自然前倾状，前袖中线倾斜角下落 1cm，后袖中线倾斜角提高 1cm，画袖中线＝袖长＝60cm，前袖口大＝13cm，后袖口大＝15cm。

2）腋下插角的前身剪开止点是距胸宽线 1cm 的胸围线上，后身剪开止点是距背宽线 4cm 的胸围线上，袖底缝的插角止点位在袖长/2 上移 3cm 处，绘制腋下剪开线、袖底缝。

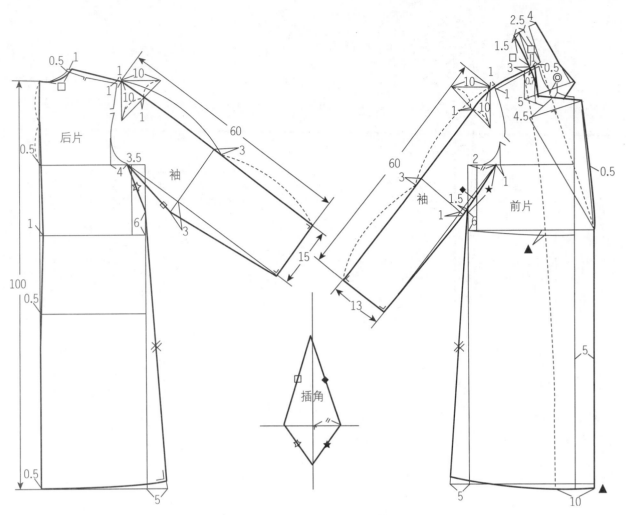

图 7-3-8 菱形插角连身袖结构图

2. 侧身插片连身袖结构(图 7-3-9)

(1)款式特点:衣身呈 A 字形,腋下纵向分割形成侧身插片,袖片与衣大身片相连。其优点是手臂抬高时,腋下存有一定活动量,整体外观保留着连身袖的外形特征。

(2)结构要点:

1)在袖中线倾斜角 = 45°基础上,使前后袖中接缝线符合手臂自然前倾状,前袖中线倾斜角不移,则后袖中线倾斜角提高 1.5cm,画袖中线 = 袖长 = 60cm。

2)腋下插片的前身分割止点是距胸宽线 1cm 的胸围线上,后身分割止点是距背宽线 3.5cm 的胸围线上,袖窿深下落 2.5cm 左右,画腋底袖窿弧。

3)后侧身纵分割处增加 6cm 衣摆量,前侧身纵分割处增加 5cm 衣摆量,前后身侧缝合并,形成侧身插片。

4)确定袖山高 = 17cm 左右,画袖肥线,并影射腋底袖窿弧画袖山底弧,袖山底弧与袖肥线相切,且袖山底弧 = 腋底袖窿弧。

5)根据袖肥大小确定袖口,袖口大 = 袖肥×3/4。

(注:确定袖山高、画袖底弧要考虑袖底弧止点在腋下纵向分割线以外)

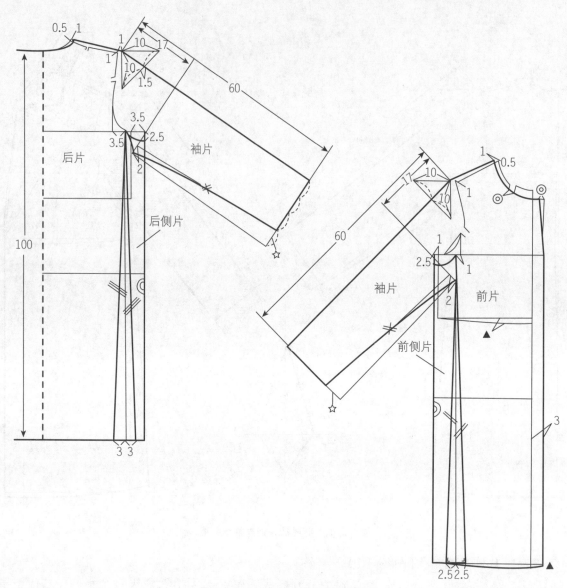

图7-3-9　侧身插片连身袖结构图

3.刀背插片连身袖结构(图7-3-10)

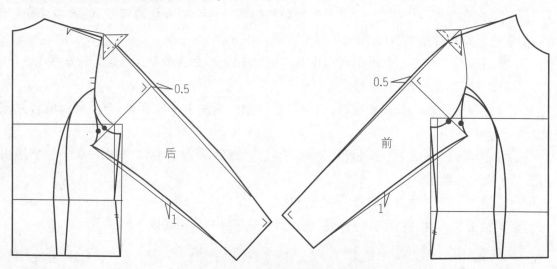

图7-3-10　刀背插片连身袖结构图

（1）款式特点：衣身刀背分割合体型，腋下形成刀背插片，袖片与衣大身片相连。优点同侧身插片连身袖，整体外观保留着连身袖的外形特征。

（2）结构要点：

1）前后衣身刀背分割，前、后分割起点在前、后腋点，袖窿深下落 2~3cm，画腋底袖窿弧。

2）袖中线倾斜角=45°，袖长=60cm，确定袖山高=15~17cm，画袖肥线，并影射腋底袖窿弧画袖山底弧，袖山底弧与袖肥线相切，且袖山底弧＝腋底袖窿弧。

3）前袖口=12cm，后袖口=14cm，连接袖宽并画袖底缝线。

三、插肩袖结构设计的应用

插肩袖根据衣袖分别有松身、合体和贴体型的变化，根据分割线走向变化分别有插肩袖、肩章袖、育克袖、盖肩袖、半插肩袖等；根据衣袖片数可分为一片式、两片式和三片式的插肩袖。下面列举多款插肩袖结构设计。

（一）一片式插肩袖结构（图 7-3-11）

1. 款式特点：一片式插肩袖指肩斜和袖中斜呈直线状的松身插肩袖，通常以连身袖原型为基础。袖窿较深，袖肥较大，常出现在宽松的大衣和夹克中。因前后袖片以袖中线合并，故称一片式插肩袖。

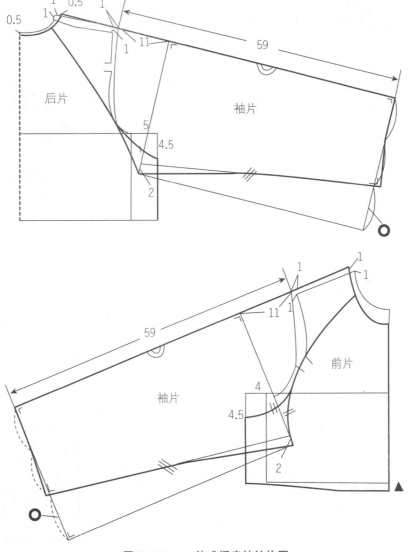

图 7-3-11　一片式插肩袖结构图

2. 结构要点：

（1）整体衣身结构为宽松直筒型，前后肩线抬高 1cm，肩端点放出 1cm，袖窿深下落 4.5cm，另延长肩线画袖中线＝袖长、袖口线；前后领弧线/3 为颈部插肩点，修画新袖窿弧。

（2）自肩端点沿袖中线取袖山高＝11cm，画袖宽线。与袖宽线相切画装袖弧线，装袖底弧线＝袖窿底弧线，袖口大＝袖宽×2/3。

（3）将前后袖片取出，合并袖中线为一片插肩袖。

（二）两片式插肩袖

两片式插肩袖由于袖中线倾斜角变大，与肩线也呈一定夹角，肩凸造型变得明显，前后袖中接缝，故称两片插肩袖。它适用于较为合体、袖窿不太深的服装结构。

1. 半插肩袖结构（图 7-3-12）

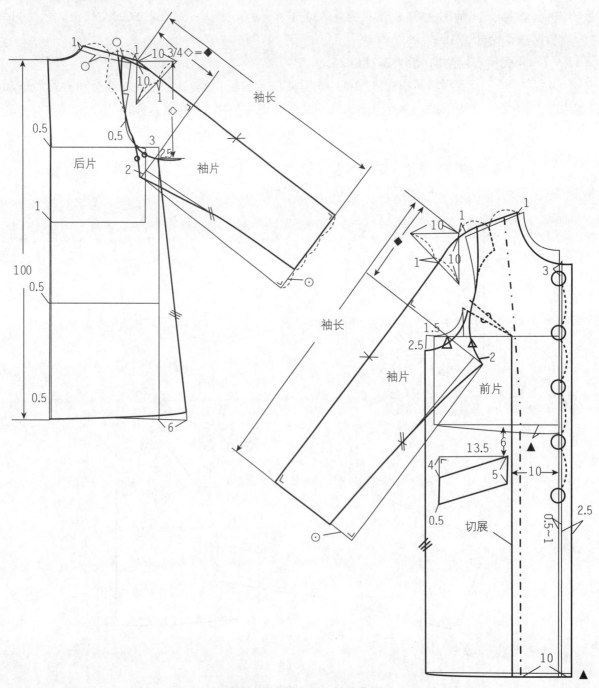

图 7-3-12　半插肩袖结构图

（1）款式特点：半插肩袖是两片插肩袖的款式之一。指分割线在小肩/2 或小肩/3 处，小肩的部分留在衣身，故称半插肩袖。

（2）结构要点：

1）肩线抬高 1cm，肩端点放出 1cm，袖窿深下落 2.5cm，小肩/2 或小肩/3 点为插肩点，如图 7-3-12 所示，修画新袖窿弧。

2）在袖中线倾斜角＝45°基础上，前袖中线倾斜角下移 1cm，后袖中线倾斜角提高 1cm，画袖中线＝袖长，画袖口线。

3）与袖宽线相切画装袖底弧线，装袖底弧线＝袖窿底弧线，后袖口大＝后袖宽×3/4，绘制前后插肩袖结构。

（三）三片式插肩袖结构（图 7-3-13）

1. 款式特点：三片式插肩袖更能突出袖子的立体造型，其袖中线倾斜角更大，肩凸明显，袖身也更加合体、贴身，适用于合体服装的插肩袖结构。

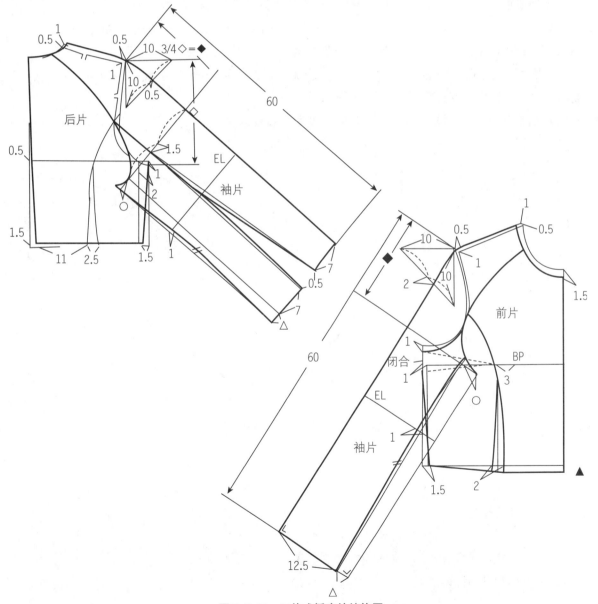

图 7-3-13 三片式插肩袖结构图

2. 结构要点：

（1）肩线抬高1cm，肩端点放出0.5cm，袖窿深下落1cm，另前后领弧线/3为颈部插肩点，修画新袖窿弧。

（2）在袖中线倾斜角＝45°基础上，前袖中线倾斜角下移2cm，后袖中线倾斜角提高0.5cm，袖山高＝袖窿深×3/4＝◇，画插肩袖结构。

（3）根据后身刀背分割点，设后袖片对应的纵向分割线，袖口省设在分割线处去掉，画出后袖缝线。

（4）将前袖宽减去○量补于后袖宽，前袖口减去△量补于后袖口，形成小袖片，前袖缝线的袖肘处凹进1cm，修画前袖缝线。

（一）盖肩插肩袖结构（图7-3-14）

1. 款式特点：基于合体连身袖结构，经前后腋点设肩胸育克式分割弧线，前后分别形成盖肩育克、衣身和袖片的三片裁结构，故称盖肩插肩袖。

2. 结构要点：

（1）袖中线倾斜角＝45°，袖中线＝袖长＝60cm，袖山高＝15～17cm，画袖宽线、袖口线。

（2）袖窿深下落2～3cm，前、后腋点为分割线基点，画腋底袖窿弧。

（3）影射腋底袖窿弧与袖宽线相切画袖山底弧，且袖山底弧＝腋底袖窿弧，并经前、后腋点和袖山高/3的点，画盖肩育克分割弧线。

（4）前袖口＝12cm，后袖口＝14cm，连接袖宽并画袖底缝线。

（5）可将前后袖片取出，合并袖中线为一片袖。

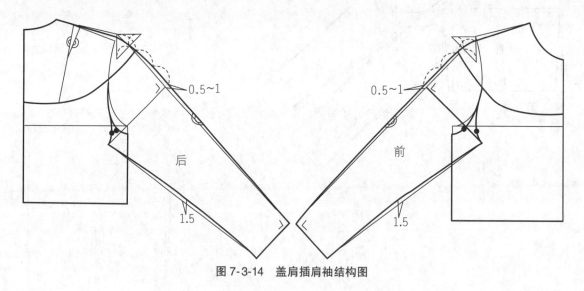

图7-3-14　盖肩插肩袖结构图

课后作业

一、思考与简答题

1. 衣袖可按几种形式分类？各种类有哪些变化款？

2. 衣袖结构设计的关键因素有哪些？袖肥与袖山的关系如何？

3. 说明袖窿弧长、袖山斜线与袖山弧长的关系？

4. 装袖的袖山吃势量如何取值？如何分配？

5.连袖、插肩袖结构中,什么因素的确定是结构设计的关键? 其常见的结构变化有哪几种? 它的确定方式有哪几种?

6.指出连袖、插片连袖、插肩袖的结构差别。

二、项目练习

1.对本章的合体装袖、造型袖款有选择性地进行结构制图,制图比例分别为 1:1 和 1:3(或 1:5)的缩小图。

2.对本章的连袖、插片连袖、插肩袖款有选择性地进行结构制图,制图比例分别为 1:1 和 1:3(或 1:5)的缩小图。

3.查阅资料,收集或设计 3~5 款新颖的装袖款,并完成其结构设计,制图比例分别为 1:1 和 1:3(或 1:5)的缩小图。

4.查阅资料,收集或设计 3~5 款连袖与插片连袖的变化款,并完成其结构设计,制图比例分别为 1:1 和 1:3(或 1:5)的缩小图。

5.查阅资料,收集或设计 3~5 款插肩袖变化款,并完成其结构设计,制图比例分别为 1:1 和 1:3(或 1:5)的缩小图。

6.查阅资料,收集或设计 3~5 款创意袖款,并完成其结构设计,制图比例分别为 1:1 和 1:3(或 1:5)的缩小图。

第八章 女衬衣结构设计与纸样

【学习目标】

通过本章学习,了解女衬衣种类、学习与掌握基本女衬衣结构设计、女衬衣廓型变化、分割变化、褶裥变化结构设计及组合的变化款结构设计等相关知识,从而能够灵活运用女衬衣结构原理及其结构变化原理,培养举一反三的能力。

【能力设计】

1. 充分理解女衬衣结构制图步骤、衬衣结构原理,培养学生对变化款女衬衣结构设计与纸样制作的能力,达到专业制图的比例准确、图线清晰、标注规范的要求。

2. 根据不同变化款和时尚款女衬衣的款式,分别进行相应的结构设计与纸样制作,从而掌握衣领、衣袖变化造型设计及其与衣身的配伍关系、不同衣袖造型袖山高的确定等。

3. 掌握省道、褶裥、抽褶及分割线的结构原理和变化应用。

女衬衣又名女衬衫,美国称 shirtwaist,英国称 shirt 或 blouse,法国称 chemise,日本称ブラウス,是女士春夏季穿着的单层服装的总称,包括罩衫、长袖衫、短袖衫、无袖衫等,是女装当中重要的品种之一。衬衣的穿着范围很广,既可以作为正式的服装外穿,也可以内穿,在其外配穿背心、毛衣、夹克、西装、大衣等;按照穿着方式可分为罩在下装外面穿的,塞在下装里面穿的及穿在外衣里面的;可做成无袖或短袖在夏季穿着,也可做成棉衬衣在春秋季外穿。

第一节 女衬衣的种类

女衬衣的款式变化繁多,根据造型、衣长、领型、袖型及材料和用途可有不同变化;根据用途可分为职业装衬衣、与西服配穿的正装衬衣、与毛衣、牛仔装配穿的休闲衬衣;女衬衣还通常融入抽褶、悬垂、波浪等装饰手段,使款式变化更加丰富。

一、按衣身分类

女衬衣的衣身款式造型变化繁多,主要分类从衣身放松量和衣长来分。

(一)按放松量分类(图 8-1-1)

1. 紧身型衬衣:一般胸围放松量 4~6cm,常采用夏季薄料或针织面料制作。

2. 适体型衬衣:一般胸围放松量 6~12cm,强调收腰效果,体现女性曲线美。

3. 宽松型衬衣:一般胸围放松量 12cm 以上,常作为外衣穿着。

紧身背带女衬衣　　　　合体女衬衣　　　　宽松女衬衣

图 8-1-1　女衬衣松量分类图

（二）按长度分类（图 8-1-2）

1. 长衬衣：长度至人体大腿中部。

2. 中长衬衣：长度在人体的臀围线上下。

3. 短衬衣：长度至人体的腰节线上下。

长衬衣　　　　中长衬衣　　　　短衬衣

图 8-1-2　女衬衣长度分类图

二、按衣袖分类

女衬衣的衣袖通常以装袖形式为主，无袖和插肩袖为辅。常见以袖长和袖头造型分类为主。

（一）按袖长分类（图 8-1-3）

1. 无袖型：省略衣袖，目的是留出手臂的活动空间，突出手臂运动。无袖设计主要应用在春夏装中，根据袖窿的位置、形状、大小的不同而呈现出不同的服装风格特点。

2. 短袖型：袖长在手肘以上的装袖，短袖设计主要在夏装中应用，根据袖子的造型变化而呈现出不同的服装风格特点。

3. 长袖型：袖长在手腕或手掌/3 处的袖子，长袖在女衬衣中应用较广泛，袖子造型变化多样，以装袖头的见多。

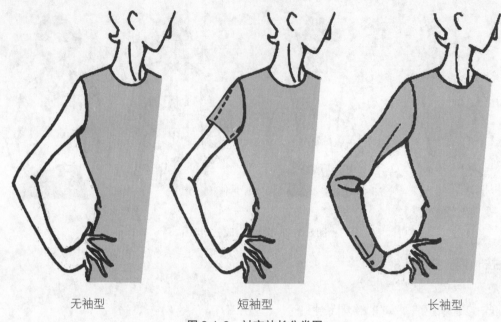

无袖型　　　　　　　　　短袖型　　　　　　　　　长袖型

图8-1-3　衬衣袖长分类图

（二）按袖头分类：常见的衬衣袖头（图8-1-4）

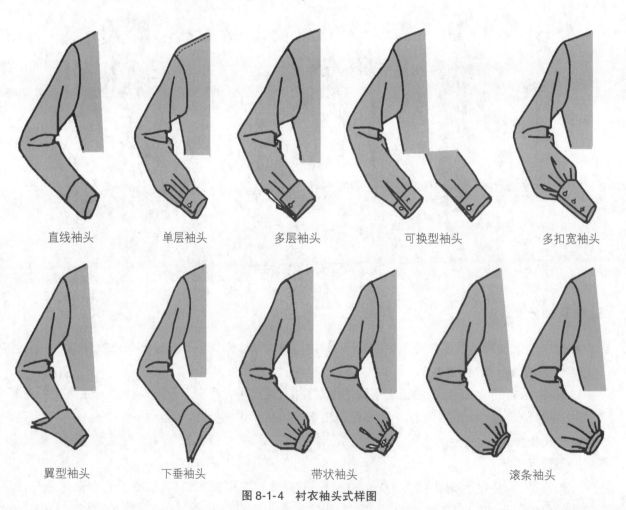

直线袖头　　　单层袖头　　　多层袖头　　　可换型袖头　　　多扣宽袖头

翼型袖头　　　下垂袖头　　　　带状袖头　　　　　　滚条袖头

图8-1-4　衬衣袖头式样图

三、按衣领分类

按衣领分主要分无领和装领两大类,无领指只在领圈线上变化的领型。装领指在衣身领圈线上,缝接各式样的领子。常见的衬衣领型如图 8-1-5 所示。

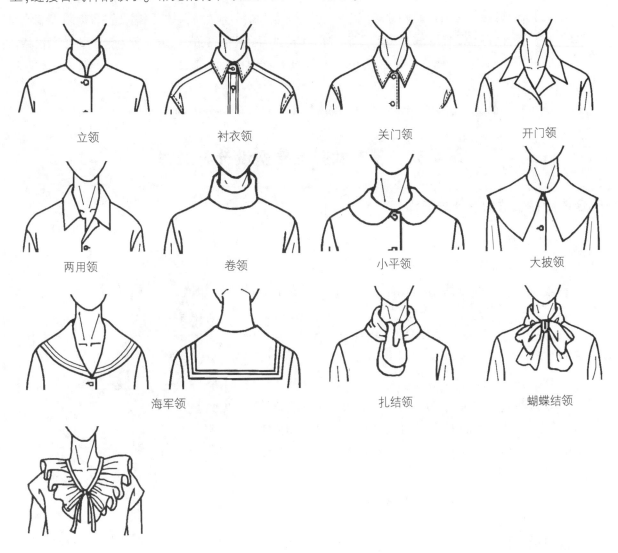

立领　　　　　衬衣领　　　　　关门领　　　　　开门领

两用领　　　　　卷领　　　　　小平领　　　　　大披领

海军领　　　　　　扎结领　　　　　蝴蝶结领

荷叶边领

图 8-1-5　常见衬衣领型

1. 立领:直立围绕颈部一周的领型,改变领宽与竖立角度会有不同的效果,亦称旗袍领。

2. 衬衣领:领座竖立围绕颈部一周,翻领面拼缝于领座之上,亦称分体企领,即领面与领座沿翻折线剪开缝接而成的领型。

3. 翻领:沿翻折线分为领面和领座两部分,领面和领座连裁,亦称连体企领。含关门领、两用领(指第一个纽扣与不扣)等。

4. 翻驳领:翻领与由衣身连裁出的驳头缝接而成,且有领缺嘴的领型,亦称敞领、开门领等。

5. 卷领:翻卷竖立围绕颈部一周的领型,后中心开口较多。使用斜料裁制,效果会更柔和。

6. 平领:亦称坦领、披领。领座较低,平坦翻在衣身的肩、胸、背部上,改变领宽与领外围形状会有多种效果。如大圆披领、海军领等。

7. 扎结领:呈长条、带状下垂的领子,扎结方法不同,产生的效果也不同。如飘带式、领带式、蝴

女衬衣结构设计与纸样

蝶结式领等。

此外,还有各种变化的装饰领,如荷叶边领。

四、按穿着用途分类

1. 职业装衬衣:通常为上班时间穿着的衬衣,其设计简练,结构较为合体,不需要过多地附加装饰。

2. 休闲衬衣:指在非工作时间穿着的日常衬衣,其造型洒脱,穿着舒适,结构多为半合体或宽松状。

3. 礼服衬衣:在某些社交场合穿着的正规衬衣,结构合体,面料高档,做工精致,整体设计搭配完美。

此外还可按穿着场合、季节、年龄、职业、材料与用途等因素来分类命名。

第二节　基本女衬衣结构设计与纸样

一、合体女衬衣结构设计与纸样

(一)款式、面料与规格

1. 款式特点(图 8-2-1)

该款合体女衬衣属经典衬衣款式,适合各个层次的女性穿着。款式特点为收省合体型衬衣领,前片设腋下省和腰省,左胸贴袋,开襟 6 粒纽;后片收腰省,下摆呈圆弧造型;袖口收两个褶裥,宝剑头袖衩,装袖头,钉一粒纽。

2. 面料

该款女衬衫面料选用比较广,全棉、亚麻、化纤、混纺等薄型面料均可采用。如马德拉斯格条纹(RETHINKING MMADRAS)、青年纯棉、老粗布、色织、提花布、牛津布、条格平布、细平布等薄型面料。

用料:面布幅宽 114cm,用量 120cm;面布幅宽 144cm,用量 115cm;黏合衬幅宽 90cm,用量 65cm。

图 8-2-1　合体女衬衣款式图

3. 规格设计

以多数服装企业的母版号型规格的 M 号为例,表 8-2-1所示为基本合体女衬衣规格表。表中的规格尺寸均不含其他影响成品规格的因素,如缩水率等。

表 8-2-1　合体女衬衣规格表　　　　　　　　　　　　　(单位:cm)

号　　型	部位名称	衣长(L)	胸围(B)	腰围(W)	臀围(H)	肩宽(S)	袖长(SL)	袖口围	袖头
160/84A	净体尺寸	38(背长)	84	66	90	38.4	52(臂长)	/	/
	成品尺寸	56	92	76	96	39	56	21	23×4

(二)原型法结构制图步骤

1. 衣身结构设计(图 8-2-2)

(1)原型的省道处理:前片胸省的 2/3 合并转移为腋下省,余下的 1/3 留给袖窿为松量;后片肩省/2 转移到袖窿为松量,余下省量为肩部吃势处理。

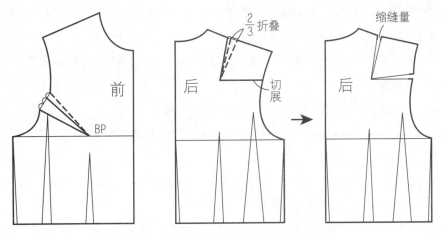

图 8-2-2(a) 合体女衬衣原型省道处理图

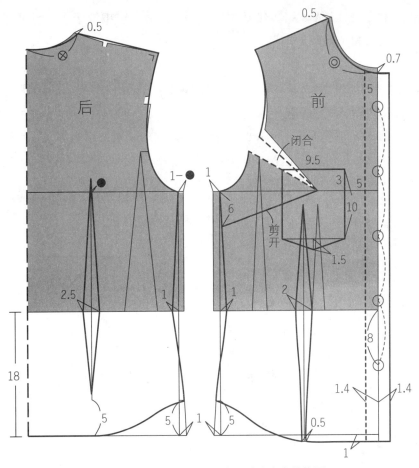

图 8-2-2(b) 合体女衬衣原型法衣身结构图

（2）衣长线：以原型为基础确定女衬衫衣长，即 38（原型背长）+18＝56cm；由于女性的形体特点，前衣身长再下移 1cm。

（3）叠门线：画前中心线的平行线，两线间距 1.4cm。

（4）前后领口线：后侧颈点开大 0.6cm；前侧颈点开大 0.5cm，前直开领低落 0.7cm，修画前后领口弧线。

（5）前后片胸围大：该款女衬衣的胸围放松量是 8cm，因原型中已有基本放松量 12cm，故还需减少 4cm，前后分别减少 1cm。由于后衣片后省道已经收进了●量，故后衣片减量＝1-●。

(6)前后片腰围大:该款女衬衣的胸围与腰围之差是14cm,通常前后腰部收省约2.5cm(腰省的确定并非固定的数值,也可按胸腰之间的差数做适当的调整),故侧缝腰节处收进1cm即可。

(7)前后下摆大:该款女衬衣的臀围与胸围之差是4cm,故前后侧缝线在下摆处放出1cm,胸、腰、臀摆的侧身连接画侧缝线。

(8)底边弧线:由底边线在摆缝处提高5cm,画S形弧线。

(9)后腰省:距后中线10cm处画平行线为省中线,省大为2.5cm,上省尖在胸围线上3~4cm,下端省尖在腰节线下13cm。

(10)前腰省:由BP点向侧缝偏1cm点向下摆画垂线,省大为2cm,上省尖在胸围线下3~4cm,下端省尖在腰节线下12cm,并画0.5cm直通省。

(11)前左胸贴袋:由胸宽线进2.5cm,胸围线提高3cm为袋口位,袋口大=9.5cm,袋长=10cm,袋底中间低下1.5cm。

(12)纽眼位:在搭门线上,第一纽扣位在衬衣领座上,第二纽扣位于领口深下5cm,最后纽扣距腰节线向下8cm,其他纽扣位置等分。

2. 袖子结构设计(图8-2-3)

(1)袖山高:将前后衣片侧缝合并,以侧缝向上的延长线作为袖山线。袖山高是以前后肩高度差的1/2到袖窿深线的2/3再抬高0.7cm来确定。

(2)袖长线:自袖山点向下量取袖长-袖头宽=56-4=52cm,画袖口基线。

(3)袖肥大:从袖山点分别量取前AH-0.5cm和后AH,连接到袖窿深线确定袖肥。

(4)袖山弧线:根据前后袖斜线,如图8-2-3画顺袖山弧线。

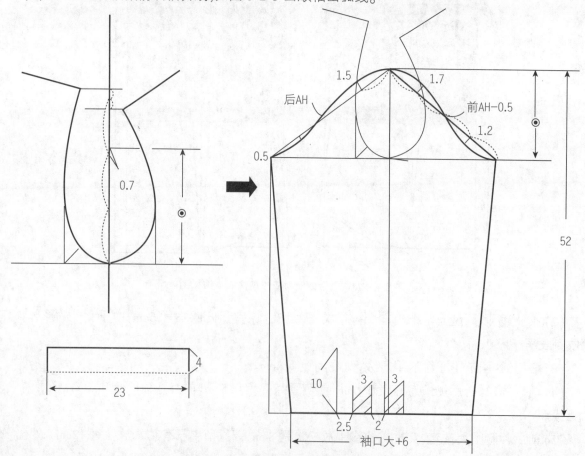

图8-2-3　合体女衬衣原型法袖子结构图

(5) 袖口线:袖口大(21)+褶裥量(6)=27cm,连接袖肥大与袖口大。

(6) 袖衩:位于后袖口大的中点,袖衩长10cm。

(7) 褶裥:距袖衩2.5cm,设两褶裥大=3cm,间距2cm。

(8) 袖头:袖头长=23cm,袖头宽=4cm。

(三) 比例法结构制图步骤

1. 规格设计

(1) 衣长=4/10 号−8=56cm。

(2) 胸围=净胸围+8~10(松量)=92cm。

(3) 腰围=净腰围+8~10(松量)=78cm。

(4) 臀围=净臀围+5~6 (松量)=96cm。

(5) 肩宽=净肩宽+0.6(松量)=39cm。

(6) 袖长=3/10 号+8=56cm。

2. 后衣片结构设计(图 8-2-4)

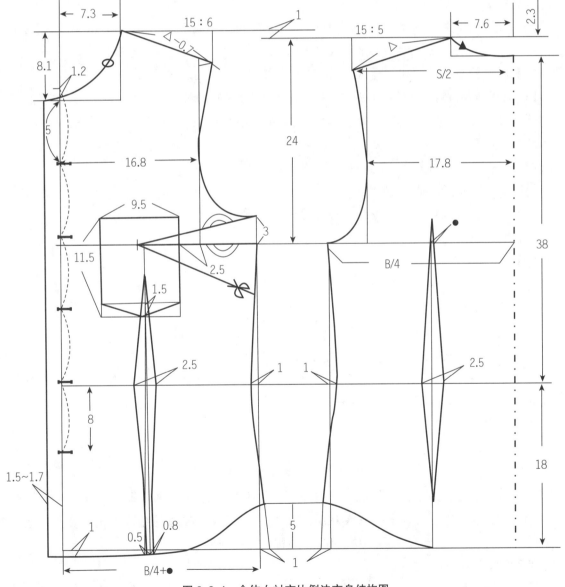

图 8-2-4 合体女衬衣比例法衣身结构图

女衬衣结构设计与纸样

（1）基础线：画上平线、后中垂线。

（2）领口深线：由上平线下取 2.3cm。

（3）衣长线：由领口深线下取 56cm。

（4）胸围线：由上平线下取 24cm。

（5）腰节线：由领口深线下取 38cm。

（6）领口宽线：后横开领大为 7.6cm。

（7）落肩线：采用比值法（15：5）取落肩量。

（8）后背宽：后背宽 = 1.5B/10+4 = 17.8cm，画后中线的平行线。

（9）后胸围大：后胸围 = B/4 = 23.5cm，画后中线的平行线。

（10）领口弧线：由领口宽大的 1/3 起至肩颈点，用弧线画顺。

（11）肩宽：肩宽为 S/2 = 19.5cm，与肩颈点相连为肩斜线。

（12）袖窿弧线：由肩端点起经过背宽点至后胸围大，画顺后袖窿弧线。

（13）侧缝线、底摆弧线、后腰省：同后衣身原型画法。

3. 前衣片结构设计（图 8-2-4）

（1）上平线：由于女性的体型特征，正常体型前腰节长比后腰节长出 0.5~1cm，所以在腰节线水平基础上，前片上平线比后片上平线抬高 0.5~1cm。

（2）胸围线、腰节线按后衣片延长，底边线比后衣片下落 1cm。

（3）前胸宽：前胸宽为 1.5B/10+3 = 16.8cm，画前中线的平行线。

（4）前胸围大：前胸围大 = B/4+●，画前中线的平行线。

（5）搭门线：搭门宽 = 1.7cm，画前中线的平行线。

（6）领口宽线：前横开领大 = 7.3cm。

（7）领口深线：由上平线下取 8.1cm。

（8）领口弧线：肩颈点与领口深点连成弧线。

（9）落肩线：采用比值法（15：6）取落肩量。

（10）肩宽：前肩斜长 = 后肩斜长 -0.7cm。

（11）腋下省：垂直距离侧颈点 24.5~25cm，水平距离前中心 9cm 为 BP 点。胸省量为 3cm 左右，省尖距 BP 点 2~3cm。

（12）袖窿弧线：由肩端点起经过胸宽点至前胸围大，画顺前袖窿弧线。

（13）侧缝线、底边弧线、前腰省、前左胸贴袋：同前衣身原型画法。

（14）纽扣位：在搭门线上，第一纽扣位在领座上，由领口深线提高 1.2cm 处，第二纽扣位于领口深下 5cm 处，最后纽扣距腰节线向下 8cm，其他纽扣位置等分。

4. 袖子结构设计（图 8-2-5）

（1）基础线：画十字交叉的垂平线。

（2）袖山高：在袖中线上，水平线以上取袖山高 = AH/4+3。

（3）袖长线：在袖中线上，从袖山点向下取袖长 - 袖头宽 = 52cm，画袖口基线。

（4）袖肥大：从袖山点分别量取前 AH-0.5cm、后 AH，连接到袖窿深线确定袖肥。

（5）袖山弧线、袖口缝线、袖衩、褶裥、袖头：同袖片原型画法。

5. 领子结构设计（图 8-2-6）

（1）领座基线：画长方形框，长 = ○（前领弧长）+ ▲（后领弧长），宽 = 后领座宽 = 3cm。

（2）领座结构：前领座起翘 0.8cm，并顺势延长搭门量＝1.7cm（同衣身搭门量），前领座宽＝2.5cm，领台圆角处理。

（3）翻领底线：在后中基础线上，自领座高向上取 2cm，该点至领座前中心点连成与领座上口线曲线相反的曲线，该曲线的长度比领座上口曲线长度稍长 0.5cm 左右。

（4）翻领结构：翻领后中宽＝4.2cm，外口线与领角形状根据领型设计制图。

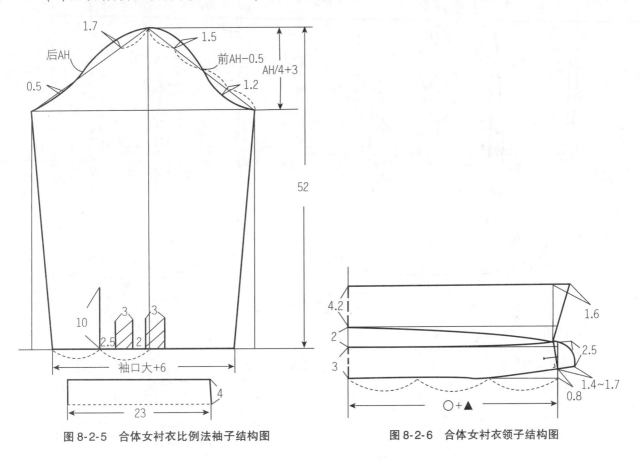

图 8-2-5　合体女衬衣比例法袖子结构图　　　　　图 8-2-6　合体女衬衣领子结构图

（四）合体女衬衣样版制作（图 8-2-7、图 8-2-8）

1. 缝份

女衬衫样版的放缝并非一成不变，其缝份的大小可根据面料的质地性能、工艺处理方法等不同而发生相应的变化。

（1）衣片侧缝、肩缝、袖窿、领口的缝份为 1cm，下摆的缝份为 1.5cm，门襟止口贴边的缝份为 6.6cm。

（2）袖山弧线、袖缝、袖口的缝份为 1cm。

（3）翻领、领座、袖头的四周缝份为 1cm。

2. 剪口与定位

腰围、门襟、省大、褶大等处剪口，在省道内距省尖 2cm 定位扎孔。

3. 文字标注

各裁片标注纱向、款名、裁片名、号型、裁片数等。

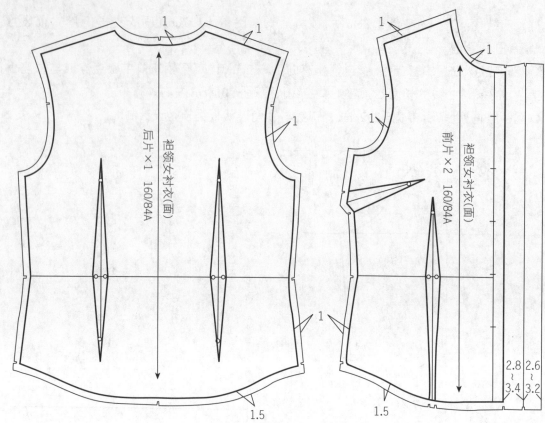

图 8-2-7　袒领女衬衣衣身样版

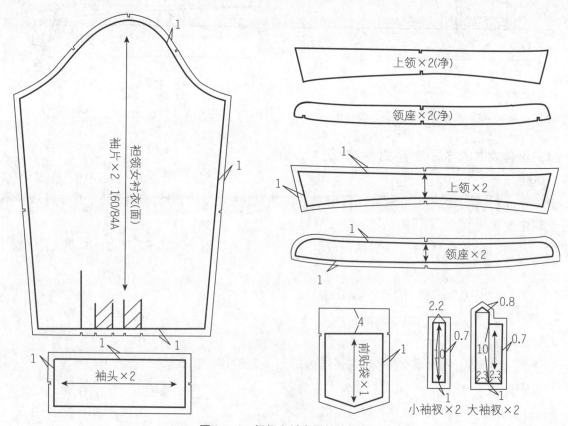

图 8-2-8　袒领女衬衣零部件样版

二、袒领女衬衣结构设计与纸样

(一)款式、面料与规格

1. 款式特点(图 8-2-9)

该款女衬衫外轮廓呈直筒宽松型,可在胯部系一细皮带,适合追求时尚的现代女性穿着。款式特点为衣身较长,袒领,肩部育克分割收细裥,前中开短门襟钉五粒纽的套头式平下摆衬衫,袖口收碎褶装袖头。

2. 面料

该款女衬衫面料选用范围较广,轻质、垂悬性好的面料均可采用。如府绸、雪纺、仿真丝、绉纱、乔其纱、泡泡纱等薄型面料。

用料:面布幅宽 114cm,用量 130cm;面布幅宽 144cm,用量 120cm;黏合衬幅宽 90cm,用量 30cm。

3. 规格设计

该款女衬衣的袖子在袖口处收碎褶,故袖长规格设置时需追加 2cm 的悬垂量。表 8-2-2 所示为袒领女衬衣规格表。

图 8-2-9　袒领女衬衣款式图

表 8-2-2　袒领女衬衣规格表　　　　　　　　　　　　(单位:cm)

号　型	部位名称	衣长(L)	胸围(B)	肩宽(S)	袖长(SL)	袖头
160/84A	净体尺寸	38(背长)	84	38.4	52(臂长)	/
	成品尺寸	64	96	39	58	22×2

(二)原型法结构制图步骤

1. 衣身结构设计(图 8-2-10、图 8-2-11)

(1)原型的省道处理:前片根据款式设定肩育克线并剪开,胸省的 2/3 分两次转移到剪开线的位置,转移的省量作为抽褶量,若褶量不足,可以再次剪切加量处理,剩余 1/3 留在袖窿为松量(图 8-2-10);后片肩省/2 转移到袖窿作为育克分割处去除,剩余的省量在肩部以吻合肩胛骨突出的造型。

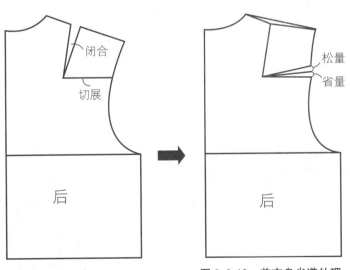
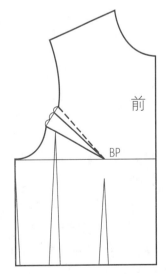

图 8-2-10　前衣身省道处理

261

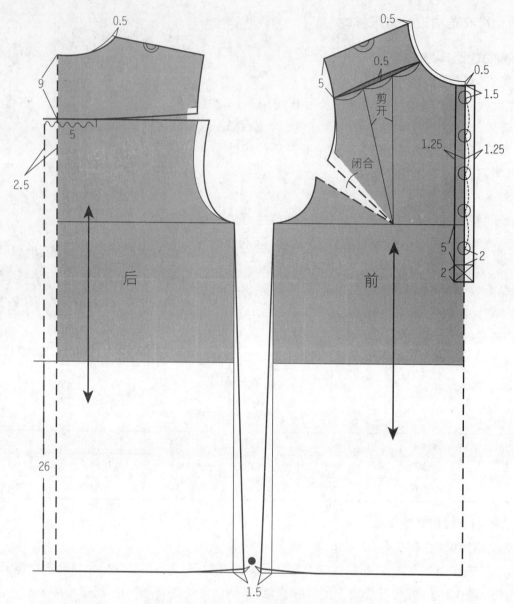

图 8-2-11　袒领女衬衣原型法衣身结构制图

（2）衣长线：以原型为基础确定女衬衫衣长，即 38（原型背长）+26=64cm。

（3）叠门线：做前中心线的平行线，两线间距 1.25cm，门襟止口在胸围线低落 5cm 处。

（4）前后领口线：侧颈点开大 0.5cm；前直开领低落 0.5cm，画出领口弧线。

（5）育克分割线：后领深点低落 9cm，做后衣片育克分割线；前肩端点低落 5cm，做前衣片育克分割线。

（6）袖窿弧线：因后中抽细褶，故在袖窿处加放 2cm 的抽褶量。

（7）前后片胸围大：该款女衬衣的胸围放松量与原型放松量一样，不需要另外加放松量。

（8）前后下摆大：前后侧下摆处放出 1.5cm 画侧缝线。

（9）底边弧线：由于侧缝外斜，侧底摆起翘 1cm，弧线画顺。

（10）纽扣位：在搭门线上，第一粒纽扣位由领口深线低落 2cm，最后一粒纽扣距止口线抬高 3cm，其他纽扣位置等分。

2. 袖子结构设计（图 8-2-12）

（1）袖山高：将前后衣片侧缝合并，以侧缝向上的延长线作为袖山线。袖山高是以前后肩高度差的 1/2 到袖窿深线的 2/3 再抬高 0.7cm 来确定。

(2)袖长线:自袖山点向下量取袖长-袖头宽=58-2=56cm,画袖口基线。

(3)袖肥大:从袖山点分别量取前 AH-0.5cm 和后 AH,连接到袖窿深线确定袖肥。

(4)袖山弧线:根据前后袖斜线,用弧线画顺。

(5)袖缝线:由袖肥大与袖口大(根据袖子造型取值)相连接。

(6)袖衩:位置在袖缝线上,袖衩长 8cm。

(7)袖头:袖头长=22cm,袖头宽=2cm,其中袖头搭门=2cm。

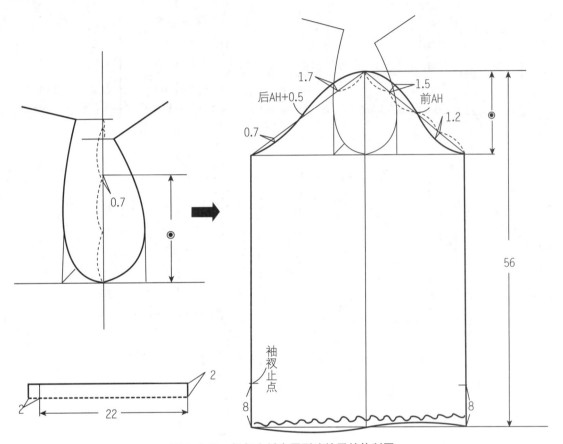

图 8-2-12 袒领女衬衣原型法袖子结构制图

3. 领子结构设计(图 8-2-13)

(1)将前后肩线重叠,颈肩点重合,肩端点重叠 2~4cm,其产生的领座是重叠量的 1/4,效果视重叠量的多少而决定。

(2)为缩短后领弧长,配领时提高 0.5cm。

(3)为使前领可以稍微立起来,前领弧比衣身领围弧的弯弧小一些,前领装领止点下落 0.5cm。

(4)确定翻领前后宽,画领外围弧。

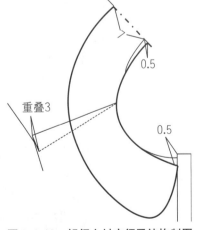

图 8-2-13 袒领女衬衣领子结构制图

(三)样版制作

1. 前后衣片样版(图8-2-14)

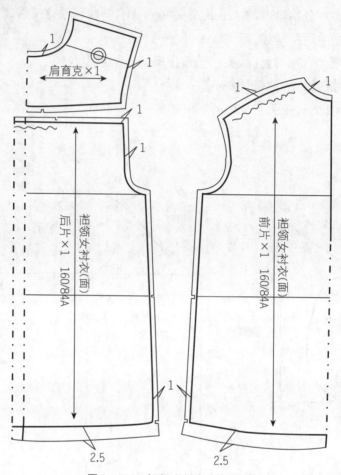

图 8-2-14　袒领女衬衣衣身样版

2. 袖、领及零部件样版(图8-2-15)

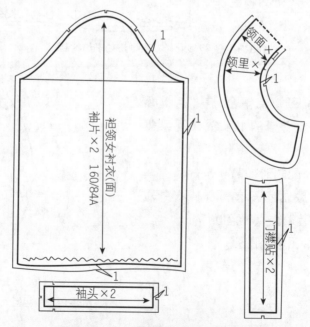

图 8-2-15　袒领女衬衣零部件样版

第三节 变化女衬衣款结构设计与纸样

一、V字开口尖领女衬衣结构设计与纸样

(一)款式、面料与规格

1. 款式特点(图8-3-1)

该款女衬衣庄重、大方,比较适合夏季职场上穿着。款式特点是前衣身刀背缝,后衣身收两腰省至底摆,带领座的尖领,短袖,"V"字开口,外贴明门里襟,微圆下摆。

2. 面料

该款女衬衫面料选用范围较广,全亚麻、棉、化纤等一般中薄型面料均可采用。如青老粗布、辐射布、CISTES布、棉平纹布、色织、提花条纹、牛津布、条格平布、细平布等薄型面料。

用料:面布幅宽114cm,用量115cm;面布幅宽150cm,用量85cm;黏合衬幅宽90cm,用量65cm。

3. 规格设计

表8-3-1所示为V字开口尖领女衬衣裤规格表。

图8-3-1 V字开口尖领女衬衣款式图

表8-3-1 V字开口尖领女衬衣规格表 （单位:cm)

号 型	部位名称	衣长(L)	胸围(B)	腰围(W)	臀围(H)	肩宽(S)	袖长(SL)	袖口围
160/84A	净体尺寸	38(背长)	84	66	90	38.4	52(臂长)	/
	成品尺寸	60	94	78	96	39	20	30

(二)结构制图

结构要点如图8-3-2~图8-3-4所示。

1. 原型的省道处理:前片胸省/3留在袖窿为松量,胸省的2/3设为刀背分割线中去除;后片肩省2/3转移到袖窿为松量,余下省量为肩部吃势处理。

2. 将胸省与腰省相连形成刀背缝线(腰省的确定并非固定的数值,应按照胸腰之间的差数做适当的调整。制图时应重视关键部位规格尺寸的核对)。

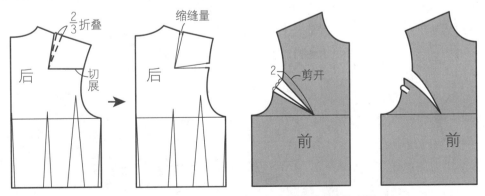

图8-3-2(a) V字开口尖领女衬衣原型省道处理图

3.考虑到人体胸部以上较凹,故在绘制前衣片"V"字领部位时要弧进一些。

4.考虑到袖子的功能性,袖山的高度是以前后肩高度差的 1/2 到袖窿深线的 2/3 再抬高 1.2cm 来确定。前袖斜线=前 AH−0.5,后袖斜线=后 AH,连接画顺袖山弧线。

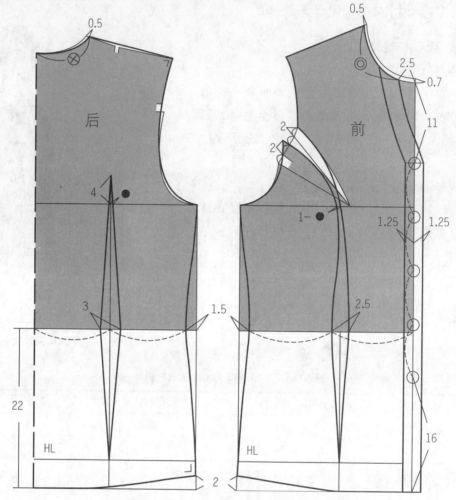

图 8-3-2(b)　V 字开口尖领女衬衣衣身结构图

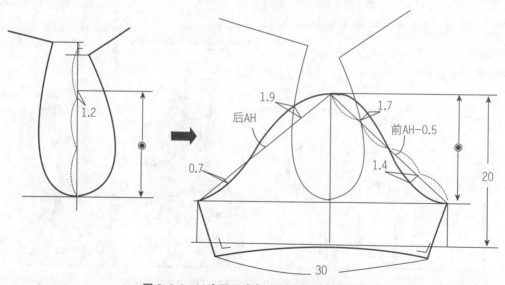

图 8-3-3　V 字开口尖领女衬衣袖片结构图

5. 袖口大＝30cm, 袖口线呈凹弧, 使袖缝拼合后袖口线圆顺。

6. 为了使领座的前端与衣身的止口顺畅地连接, 要将领座前中心的直角线向后倾斜0.3cm。为了盖住绱领线, 翻领应比领座宽约1cm。

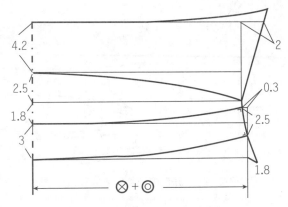

图8-3-4　V字开口尖领女衬衣领子结构图

（三）样版制作

1. 衣身样版（图8-3-5）

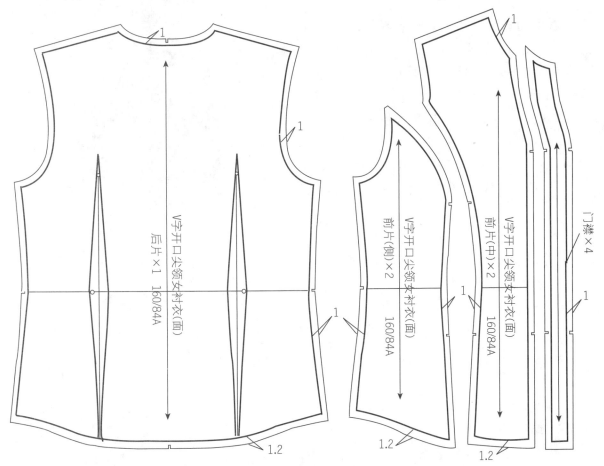

图8-3-5　V字开口尖领女衬衣衣身样版

2. 袖片和领片样版(图8-3-6)

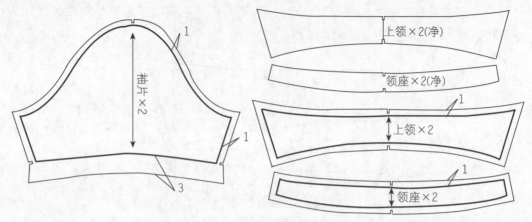

图8-3-6　V字开口尖领女衬衣袖和领片样版

二、连腰飘带女衬衣结构设计与纸样

(一)款式、面料与规格

1. 款式特点(图8-3-7)

该款女衬衫设计重点是连腰飘带,前身纵向分割,侧身片腰部横向延伸蝴蝶结飘带量,并在前中腰扎结装饰,前开襟7粒纽扣,后片收腰省、衬衣领、平下摆,装可翻折的翼型袖头。适合成熟优雅的白领女士穿着,体现女性时尚、个性、高贵、华丽的气质。

2. 面料

这款女衬衫面料选用手感柔软滑爽,色泽鲜艳,光泽柔和,吸湿性好,穿着舒适的面料。如电力纺、真丝、丝绸、缎面、仿真丝等薄型面料。

用料:面布幅宽114cm,用量190cm;面布幅宽150cm,用量140cm;黏合衬幅宽90cm,用量65cm。

3. 规格设计

表8-3-2所示为连腰飘带女衬衣规格表。

图8-3-7　连腰飘带女衬衣款式图

表8-3-2　连腰飘带女衬衣规格表　　　　　　　　　　(单位:cm)

号　型	部位名称	衣长(L)	胸围(B)	腰围(W)	臀围(H)	肩宽(S)	袖长(SL)	袖口围
160/84A	净体尺寸	38(背长)	84	68	90	38.4	52(臂长)	/
	成品尺寸	58	92	78	96	39	56	23

(二)结构制图

结构要点如图8-3-8~图8-3-11所示。

1. 原型的省道处理:前片首先根据款式设定BP点至肩的剪开线,胸省的2/3转移到剪开线的位置,胸省/3留在袖窿为松量;后片肩省/2转移到袖窿为松量,余下省量为肩部吃势处理。

2. 考虑到人体胸部以上较凹,故在绘制前衣身片胸围线以上剪开线时略弧。前衣片腰部的省道直接折叠闭合。

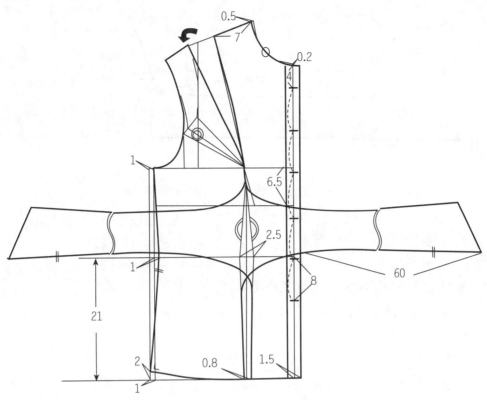

图 8-3-8　连腰飘带女衬衣前衣身结构图

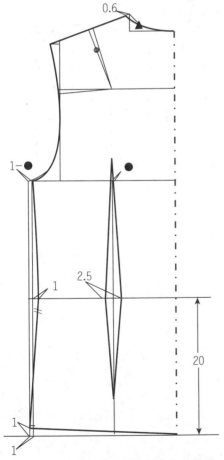

图 8-3-9　连腰飘带女衬衣后衣身结构图

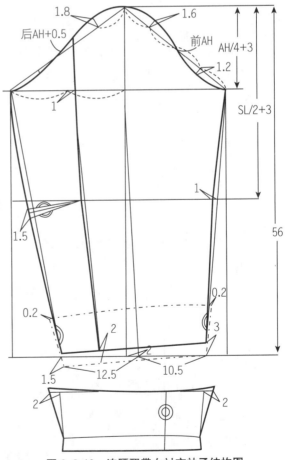

图 8-3-10　连腰飘带女衬衣袖子结构图

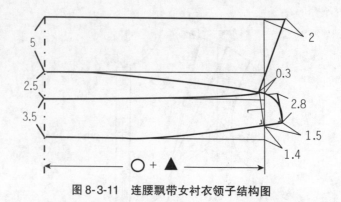

图 8-3-11　连腰飘带女衬衣领子结构图

3. 下摆放出的量主要由臀围的大小及款式的造型决定,底边起翘量由女性胸部的突出和臀围的大小决定,摆缝与底边线的夹角画成直角,下摆放出的量越大,起翘量也越大。

4. 衣袖按贴体弯身形一片袖结构制图。转移肘省至袖口,折叠袖肘省道时,应对连接线进行细部修正,使分割线圆顺,而不必拘泥于省道的原来形状。

5. 后领座 = 3.5cm,前领座 = 2.8cm,前中起翘 1.4cm。翻领宽与领座间凹弧 2.5cm,后翻领宽 = 5cm,前翻领角视款式造型绘制。

(三)样版制作

1. 前衣片样版(图 8-3-12)

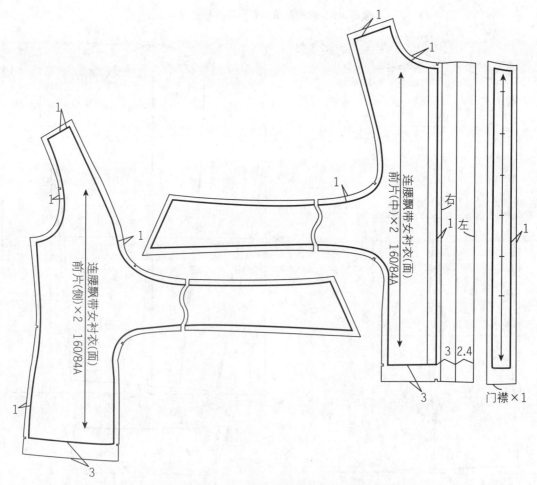

图 8-3-12　连腰飘带女衬衣前衣片样版

2.后衣片和领片样版(图8-3-13)

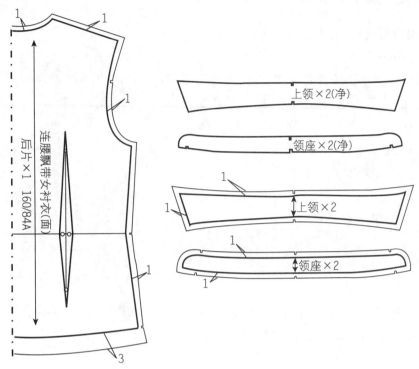

图8-3-13　连腰飘带女衬衣后衣片和领片样版

3.袖片样版(图8-3-14)

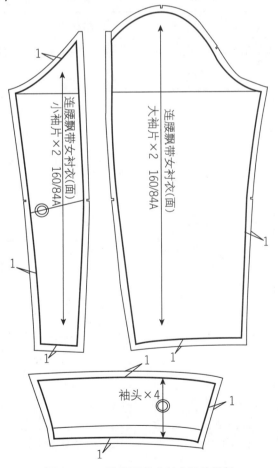

图8-3-14　连腰飘带女衬衣袖片样版

三、平立领女衬衣结构设计与纸样

(一)款式、面料与规格

1. 款式特点(图8-3-15)

该款女衬衫追求休闲的风格,显得宽松、清爽。借鉴中国传统旗袍立领改变为平坦在肩上的平立领,前后肩胸背"U"字方型分割,前胸下分割线安装宝剑式横祥,订水晶钻装饰,下摆处穿细松紧带,衣身自然蓬松;短袖,袖口装条状袖头。

2. 面料

该款女衬衫可选用的面料比较丰富,夏季常用棉麻或化纤等轻薄凉爽型面料。如丝棉、质感雪纺、透明纱蕾丝、青年布、牛津布、条格平布、细平布等薄型面料。

用料:面布幅宽114cm,用量140cm;面布幅宽150cm,用量100cm;黏合衬幅宽90cm,用量70cm。

3. 规格设计

表8-3-3所示为平立领女衬衣规格表。

图8-3-15　平立领女衬衣款式图

表8-3-3　平立领女衬衣规格表 (单位:cm)

号　型	部位名称	衣长(L)	胸围(B)	肩宽(S)	袖长(SL)	袖口围
160/84A	净体尺寸	38(背长)	84	38.4	52(臂长)	/
	成品尺寸	60	96	39	28	28

(二)结构制图

结构要点如图8-3-16~图8-3-18所示。

1. 原型的省道处理:前片根据款式设定BP点至肩、摆的剪开线,胸省/4留在袖窿为松量,后片肩省/2转移到袖窿为松量,余下省量为肩部吃势处理。

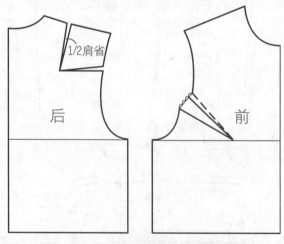

图8-3-16(a)　平立领女衬衣省道处理图

2. 将前后肩线重叠,颈肩点重合,肩端点重叠2cm,平立领宽=2.8cm。

3. 袖子在衣身袖窿弧线上制图,袖山弧吃势为1~3cm。

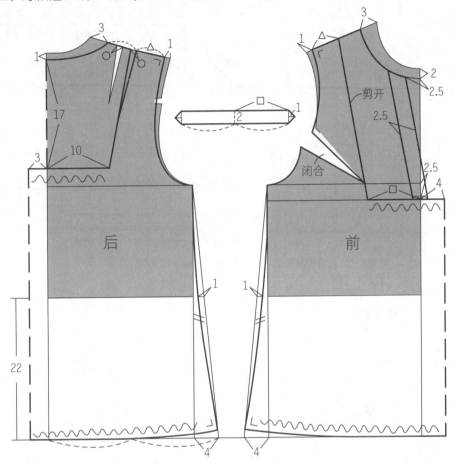

图 8-3-16(b)　平立领女衬衫衣身结构图

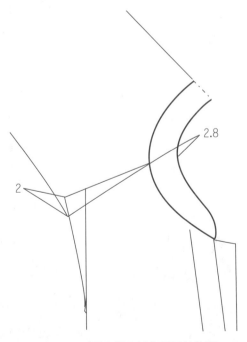

图 8-3-17　平立领女衬衣领子结构图

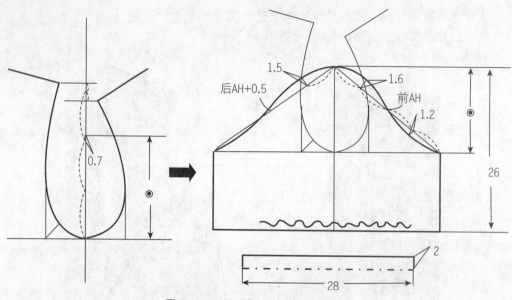

图 8-3-18　平立领女衬衣袖子结构图

(三)样版制作

1. 前后衣片样版(图 8-3-19)

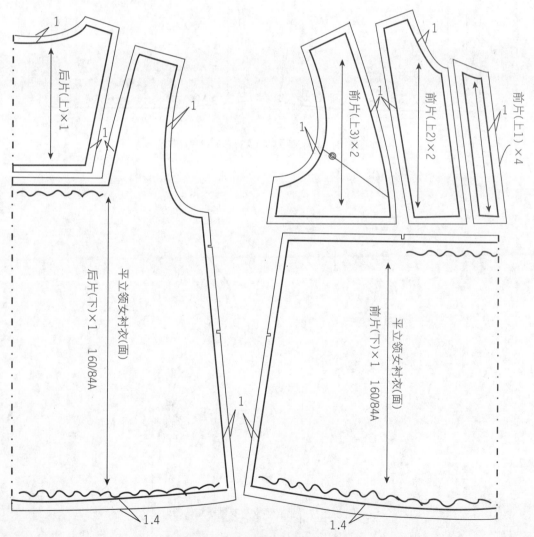

图 8-3-19　平立领女衬衣衣身样版

2. 袖、领及零部件样版(图 8-3-20)

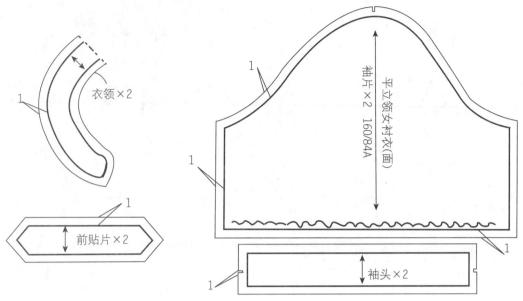

图 8-3-20　平立领女衬衣零部件样版

四、圆弧育克领女衬衣结构设计与纸样

(一)款式、面料与规格

1. 款式特点(图 8-3-21)

该款女衬衫为宽松型,领口圆弧育克式领,前后衣身各设置 6 个活褶裥,侧摆开衩,下摆宽折边,泡泡袖,袖口装条状袖头。

2. 面料

该款女衬衫选用手感柔挺,光泽柔和,穿着滑爽舒适的薄型面料。如柔软滑平布、电力纺、富春纺、巴厘纱等薄型面料。

用料:面布幅宽 114cm,用量 125cm;面布幅宽 150cm,用量 95cm;黏合衬幅宽 90cm,用量 40cm。

3. 规格设计

该款女衬衣的袖子在袖山处打褶裥,故肩宽规格设置时不加放松量。表 8-3-4 所示为圆弧育克领女衬衣规格表。

图 8-3-21　圆弧育克领女衬衣款式图

表 8-3-4　圆弧育克领女衬衣规格表　　　　　　(单位:cm)

号　型	部位名称	衣长(L)	胸围(B)	肩宽(S)	袖长(SL)	袖口围
160/84A	净体尺寸	38(背长)	84	38.4	52(臂长)	/
	成品尺寸	60	96	38.4	21	30

(二)结构制图

结构要点如图 8-3-22~图 8-3-24 所示。

275

1. 由于领围开大,前领围易浮起,为使前肩线内移减少前横开领,即后横开领比前开大 0.4cm。

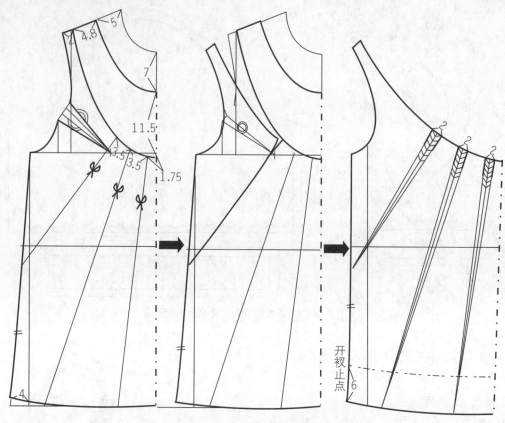

图 8-3-22　圆弧育克领女衬衣前衣身结构图

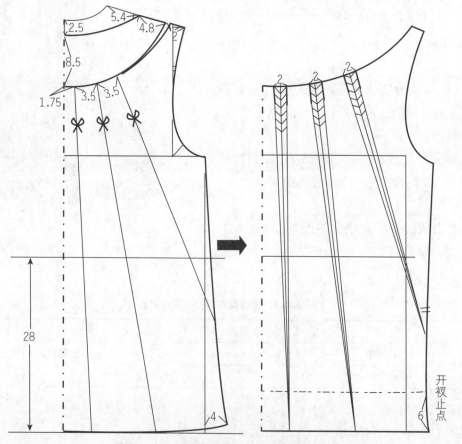

图 8-3-23　圆弧育克领女衬衣后衣身结构图

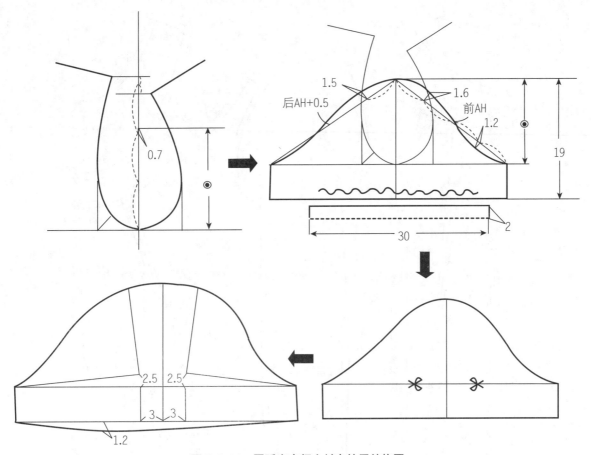

图 8-3-24　圆弧育克领女衬衣袖子结构图

2. 原型的省道处理:根据款式特点前片设定圆弧育克领的分割线,将胸省的 1/3 留在袖窿为松量,胸省的 2/3 转移到剪开线为肩省;后片肩省/2 转移到袖窿为松量,余下省量转移到弧形分割线中为肩胛省。

3. 根据款式设定前、后褶裥剪开线,然后剪开拉展各褶裥量＝2cm。

4. 根据衣身袖窿弧,绘制基本短袖结构。

5. 根据款式特点,袖山和袖口都抽褶,先平行剪开袖中线拉展袖口、袖肥量,再剪开袖肥抬高袖山高,后袖口要追加 1.2cm 左右的膨胀量,袖口处装条状袖头。

(三)样版制作

1. 前后衣片样版(图 8-3-25)

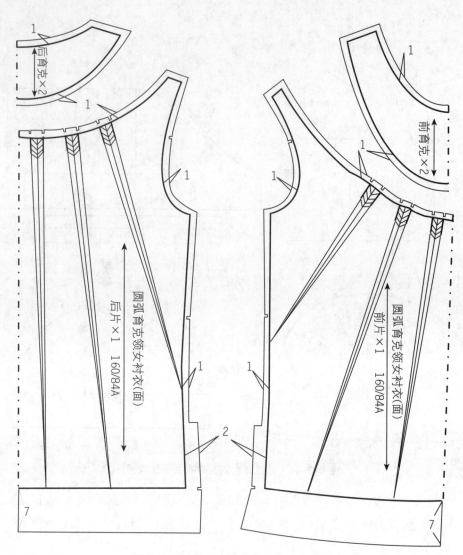

图 8-3-25 圆弧育克领女衬衣衣身样版

2.袖片与零部件样版(图 8-3-26)

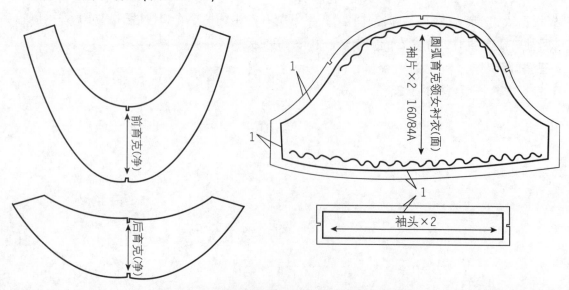

图 8-3-26 圆弧育克领女衬衣袖片与零部件样版

第四节 时尚女衬衣款结构设计与纸样

一、前襟塔克休闲女衬衣结构设计与纸样

(一)款式、面料与规格

1. 款式特点(图8-4-1)

该款女衬衫宽松、舒适,追求休闲个性,穿着场合比较广泛,如旅游、休闲娱乐等场所。特点是下摆展开 A 字廓型,后中心有一活褶,前胸塔克饰褶设计;外贴明门里襟,7 粒纽;衬衣领,下摆呈前短后长的圆弧造型,装饰上翻袋盖;宽袖头两粒纽。

2. 面料

该款女衬衫面料选用范围较广,全棉、丝绵等薄型面料均可采用。如 BIACKQUEEN 牛仔布、格子棉布、青年布、条格平布、细平布等薄型面料。

用料:面布幅宽114cm,用量205cm;面布幅宽150cm,用量180cm;黏合衬幅宽90cm,用量80cm。

3. 规格设计

该款女衬衣为宽松休闲型,故肩宽规格设置时放松量加大。表8-4-1所示为前襟塔克休闲女衬衣规格表。

图 8-4-1 前襟塔克休闲女衬衣款式图

表 8-4-1 前襟塔克休闲女衬衣规格表 (单位:cm)

号 型	部位名称	衣长(L)	胸围(B)	肩宽(S)	袖长(SL)	袖口围
160/84A	净体尺寸	38(背长)	84	38.4	52(臂长)	/
	成品尺寸	72	96	40	56	21

(二)结构制图

结构要点如图 8-4-2 所示。

1. 原型的省道处理:前片根据款式设定 BP 点至肩、摆的剪开线,胸省/3 留在袖窿为松量,胸省/3 转移到肩剪开线为肩省量,另 1/3 转移为下摆展开量;后片肩省/2 转移到袖窿在肩育克分割线中去除,余下肩省为肩部吃势处理。

2. 后中有对褶,需加褶裥量/2=3cm。

3. 前胸塔克褶处理:捏起布料沿经纱方向熨烫褶裥,并暗缝固定,使面布显出立体褶,从而达到装饰效果。再用样版附在上面进行改版,注意褶裥的位置必须准确(图8-4-3)。

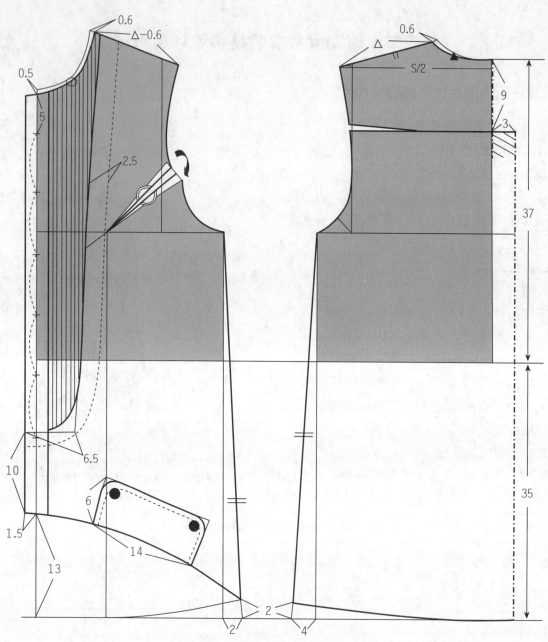

图 8-4-2　前襟塔克休闲女衬衣衣身结构图

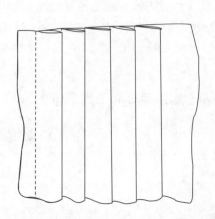

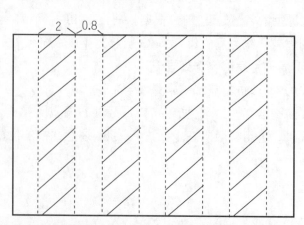

图 8-4-3　塔克褶处理

4. 衣袖为紧身一片袖结构,其肘凸省转移至袖口分裁为大小袖片,并利用袖口省的位置开衩,满足手臂的活动(图8-4-4)。

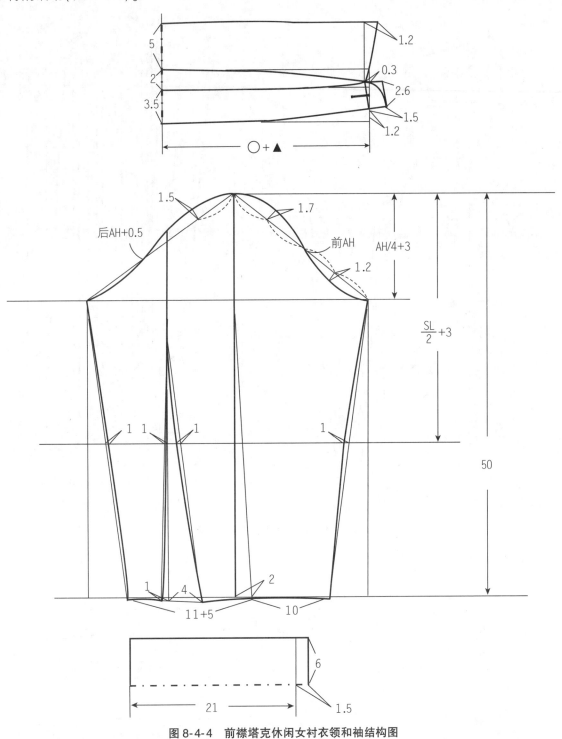

图8-4-4　前襟塔克休闲女衬衣领和袖结构图

(三)样版制作

1.前后衣片样版(图8-4-5)

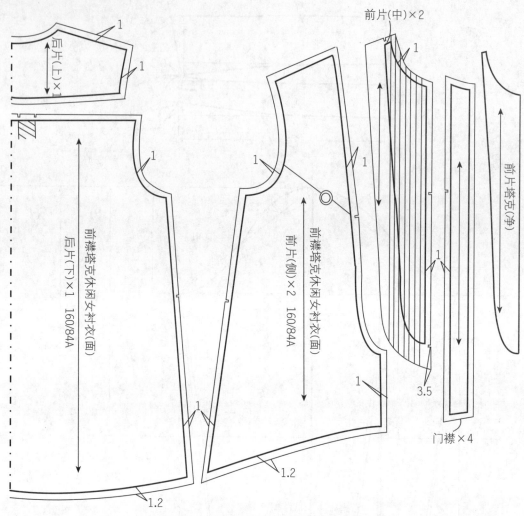

图8-4-5　前襟塔克休闲女衬衣衣身样版

2.袖片、衣领及零部件样版(图8-4-6)

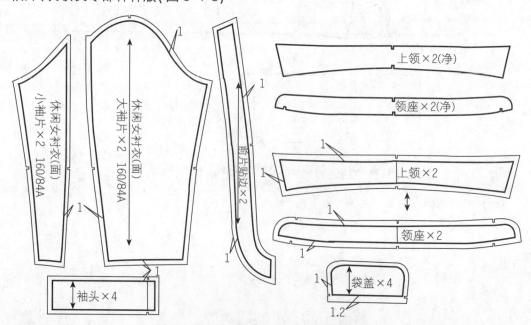

图8-4-6　前襟塔克休闲女衬衣零部件样版

二、娃娃式女衬衣结构设计与纸样

(一)款式、面料与规格

1. 款式特点(图8-4-7)

该款女衬衫特点是小圆领,领口方形育克,衣袖多皱褶设计,外观呈蓬松型轮廓。前外贴门里襟9粒纽,下摆装腰克夫;插肩式多褶袖,装袖头。领口育克和下摆克夫缉装饰明线改善视觉效果。

2. 面料

该款女衬衣面料大多数选用麻类型、亚麻、化纤、麻质面料均可采用。如柔软、薄折褶光泽布、滑平布、细平布等薄型面料。

用料:面布幅宽114cm,用量120cm;面布幅宽150cm,用量90cm;黏合衬幅宽90cm,用量55cm。

3. 规格设计

表8-4-2所示为娃娃式女衬衣规格表。

图 8-4-7　娃娃式女衬衣款式图

表 8-4-2　娃娃式女衬衣规格表　　　　　　　　　　(单位:cm)

号　　型	部位名称	衣长(L)	胸围(B)	肩宽(S)	袖长(SL)	袖口围
160/84A	净体尺寸	38(背长)	84	38.4	52(臂长)	/
	成品尺寸	54	96	39.4	16.5	30

(二)结构制图

结构要点如图8-4-8所示。

1. 后片肩省转移到袖窿为松量,前片胸省的1/2转移到腰摆,余下1/2留在袖窿为松量。

2. 育克前中修进1.5cm为明门襟宽/2。

3. 袖窿开深3cm,从方育克转折点至袖窿深点,重画衣身袖窿弧线,确定袖山高=11.5cm,袖肥宽线,影射袖窿弧画袖山弧线。

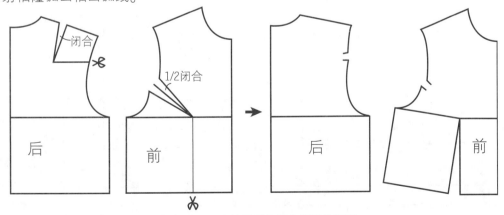

图 8-4-8(a)　娃娃式女衬衣省道处理图

283

3. 该款女衬衣采用了多褶设计,衣身、袖片的抽褶量/2 = 6cm 以上 (非固定的数值,应根据服装造型、面料的质地性能等因素调整)。

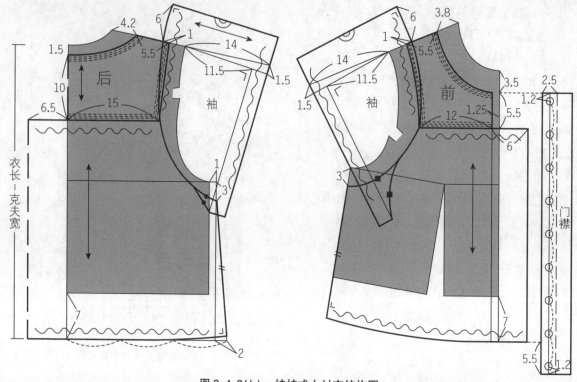

图 8-4-8(b) 娃娃式女衬衣结构图

(三) 样版制作

1. 前后衣片样版 (图 8-4-9)

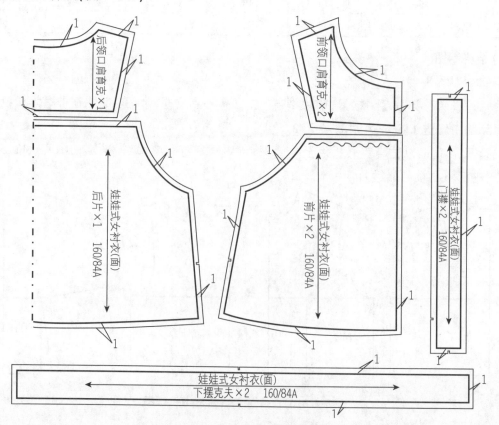

图 8-4-9 娃娃式女衬衣衣身样版

2. 袖片样版(图8-4-10)

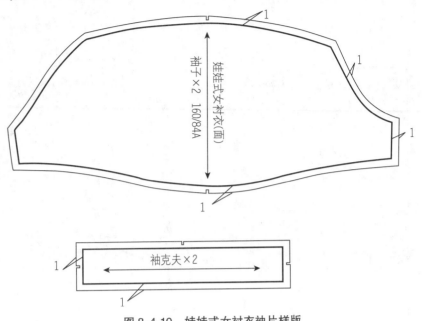

图 8-4-10　娃娃式女衬衣袖片样版

三、双层卷领饰边女衬衣结构设计与纸样

(一)款式、面料与规格

1. 款式特点(图8-4-11)

该款女衬衣特点是双层卷领,后中开口;前胸襟装荷叶饰边,显出动感效果;右侧缝开衩,下摆装飘带系蝴蝶结;盖肩袖,袖口滚边处理。

2. 面料

这款女衬衫面料最好选用吸湿、透气性好,且柔软滑爽、色泽鲜艳的面料。如雪纺绸、双绉、塔夫绸、府绸等薄型面料。

用料:面布幅宽113cm,用量120cm;面布幅宽150cm,用量100cm;黏合衬幅宽90cm,用量70cm。

3. 规格设计

表8-4-3所示为双层卷领饰边女衬衣规格表。

图 8-4-11　双层卷领饰边女衬衣款式图

表 8-4-3　双层卷领饰边女衬衣规格表　　　　　　　(单位:cm)

号　型	部位名称	衣长(L)	胸围(B)	肩宽(S)	袖长(SL)
160/84A	净体尺寸	38(背长)	84	38.4	52(臂长)
	成品尺寸	62	92	39	11

(二)结构制图

结构要点如图8-4-12~图8-4-14所示。

1. 原型的省道处理:后片肩省的1/2转移到袖窿,剩余的省量作为肩部吃势处理;前片胸省的1/3分给袖窿,剩余2/3合并转移为腋下省。

2. 由于是盖袖,衣身靠近腋下的袖窿部分不装袖子,所以衣身袖窿深线不宜开得太低,一般在胸围线向上 1~2cm。

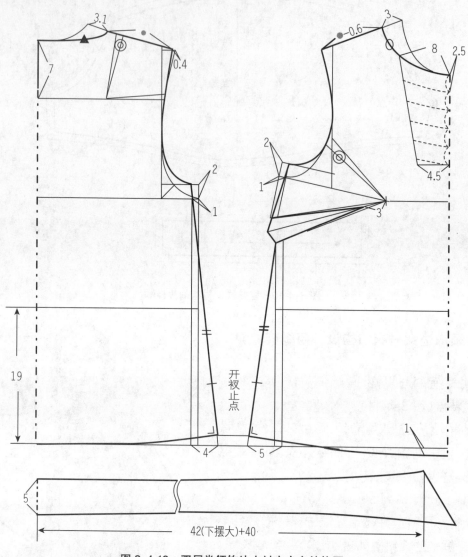

图 8-4-12　双层卷领饰边女衬衣衣身结构图

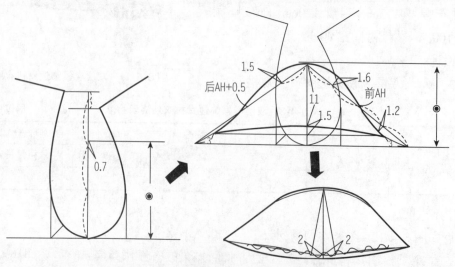

图 8-4-13　双层卷领饰边女衬衣袖片结构图

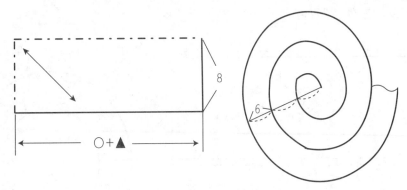

图 8-4-14　双层卷领饰边女衬衣领与饰边结构图

3. 画袖结构图时,沿袖山弧线设定装袖止点,袖长=11cm。

4. 袖口切展加入松量作为碎褶量,袖口滚边处理。

(三)样版制作

1. 前后衣片样版(图 8-4-15)

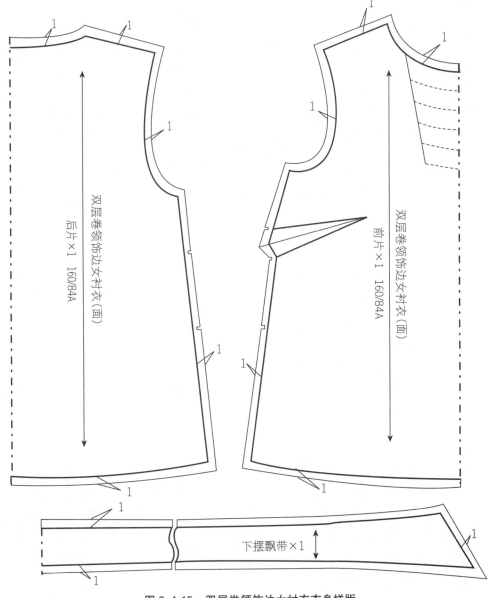

图 8-4-15　双层卷领饰边女衬衣衣身样版

2. 袖片、衣领及零部件样版（图8-4-16）

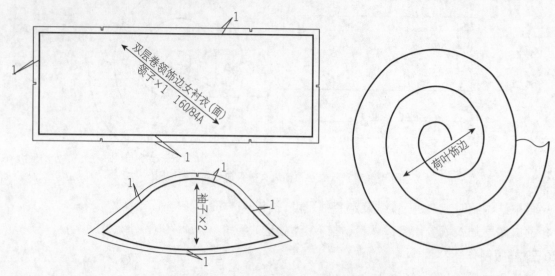

双层卷领饰边女衬衣（面）
领子×1 160/84A

荷叶饰边

袖子×2

图8-4-16　双层卷领饰边女衬衣零部件样版

课后作业

一、思考与简答题

1. 女衬衣可以按哪几种形式分类？

2. 女衬衣省道设计与转移的原则是什么？

3. 描述女衬衣衣领的结构分类和设计要素。

4. 描述女衬衣衣袖结构种类和设计要素。

5. 描述女衬衣衣袖袖山高的确定及袖山高风格设计。

二、项目练习

1. 绘制合体女衬衣结构图，制图比例1：1。

2. 对本章女衬衣变化款、时尚款有选择性地进行结构制图与纸样制作，制图比例分别为1：1、1：3或1：5的缩小图。

3. 根据市场调研收集的时尚流行女衬衣款和"女装设计（一）"课程中自行设计的裤款中，选择1~3款展开1：1结构制图与纸样制作，培养举一反三、灵活应用的能力。

结构制图要求：制图步骤合理，基础图线与轮廓线清晰分明，公式尺寸、纱向、符号标注工整明确。

第九章　女上衣结构设计与纸样

【学习目标】

通过本章的学习,了解女上衣的种类,学习与掌握女西服结构设计、女上衣廓型变化、分割变化、褶裥变化结构设计及组合的变化款结构设计等相关知识,从而了解与掌握女上衣结构原理及其结构变化原理,并能举一反三,灵活运用。

【能力设计】

1. 基本款女上衣结构制图步骤及其结构原理分析、不同廓型与结构变化女上衣的结构设计和连身袖、插肩袖及连身帽的结构变化原理。

2. 不同上衣衣身原型的结构处理。

3. 不同上衣款式的衣身造型、袖型、领型等结构变化。

第一节　女上衣的种类与面辅料

上衣是上身穿着服装的总称。本章的女上衣专指在春秋季节上身外穿的女性服装,女上衣的种类丰富,既有实用性又具有装饰美化的功能,既有适合上班族穿着的职业装,也有日常生活穿着的便装。根据人的年龄、性格、职业、功能可分为:女西装、夹克衫、小外套、长外套、休闲装、便装、运动服装、职业装、户外服装、猎装、连帽装等。

现代女装的形成与男装有着千丝万缕的联系,女上衣中有许多款式是由男装演变而来的,如女西装、女夹克衫、牛仔上衣等。工业革命以后,随着妇女走向职业岗位,女装开始摆脱过去以裙装为主的形式,开始采用便于生产劳动、便于运动的款式。时至今日,我们可以发现,女上衣的款式已经与男装极为相似,区别主要体现在版型方面和装饰风格上。

女西装的形式出现是在19世纪70年代后期。当时妇女参加社会活动和体育运动已经普及,男西装的特征被引入到女装当中。到了19世纪90年代,女西装作为外出服已基本定型。进入20世纪后,经过两次世界大战,随着职业女性的增加,各式的女装开始普及并定型。

女上衣的版型主要有合体、宽松两种,基本由领、袖、衣身片组成。合体女上衣的结构主要体现在收腰造型、胸省处理、肩部宽窄、袖型、领型的变化上。这就需要理解女性上身的基本结构和原型,并以此为基础去设计版型。除了体现女上衣基本造型的因素外,设计时还应注重各要素之间的配合关系,如 X 型女上衣配合较为宽大的驳领,才能够在风格上统一起来。另口袋、袖口、装饰件、门襟的造型等都是女上衣表现的主要内容。

一、女上衣的种类

1. 按造型划分

X 型女上衣:上身贴合人体,能体现女士凸胸细腰的优美曲线,适合形体优美的少女和女士穿着,是深受女士喜好的经典款式。

A 型女上衣:窄肩宽摆,从胸部至底摆自然放大呈梯型。可包住人体并掩盖体型不足的经典廓型。短款童真雅趣,长款自然、优雅。

H 型女上衣:宽松直身造型,不强调人体曲线,可掩盖女性身材的不足,使身材看起来更修长。适合胖体、中老年妇女穿着。

T 型女上衣:宽肩窄摆,从肩部至底摆,衣身渐渐变窄,整体呈倒梯型。设计时加肩章或肩育克,尽显军装、猎装风格。

O 型女上衣:宽松,领口、下摆收小,采用腰头、袖头收口,整体呈 O 型。常见于夹克衫、运动服。

2. 按长度划分

短上衣:长至胸围线至腰部以下 10cm 之间;

中长上衣:腰部以下 10cm 到 30cm;

长上衣:腰部以下 30cm 或更长至膝。

3. 按服装发展史划分

西服、猎装、工装、休闲装(便装)、职业装等。常规女外套有:

西服:具有经典西装风格外套的总称,主要分单排扣平驳西服和双排扣戗驳西服,领子、口袋、造型等根据流行元素的不同发生变化。有平驳单排扣西服,也有宽松感休闲西服。

诺福克服装:诺福克是英国的地名,基于西服型,后面有过肩或褶、束腰带、功能性较好的外套,多用于运动装。

夏耐尔服装:是服装设计师夏耐尔设计的、以简洁线条为基调的女式无领套装。领口、前门襟、下摆、袋口等处都有镶边。

包列罗服装:引自西班牙的民族服装,长度在腰围线附近的短外套。通常穿在罩衫等外面,敞开穿着。

无领外套:V 字形开领的休闲轻便套装,可作为有运动感的上装,着装轻松。

短外套:指比较合体的短上衣。因 19 世纪初期 Spencer 伯爵喜欢穿用,便由此得名。

接腰型外套:上衣腰部断开,腰下带摆叶设计,摆叶多做褶饰,强调吸腰造型,风格典雅。

衬衣型套装:明门襟、衬衣领、带袖头的衬衣型宽松长外套。

猎装:为猎人、探险者等穿用的、带有贴袋、腰带的户外活动型外套。

巴特尔外套:从作战用外套中演变出来的造型,带有很多口袋,并且下摆带有腰带的短外套。

夹克外套:衣身宽松具膨胀感,下摆与袖口处装腰带和袖头或系绳子收口的外套。

宽松外套:具有宽松罩衣式的外套。

4. 根据目的、用途的命名划分

午后服:是午后访问、社交时穿用的,有正午后服的格调,为简化后的套装。

外出服:上街时穿用的外套。

休闲服:也称便服,户外、游玩或清闲时穿着的轻便外套。

旅行服:户外登山、摄影、旅行等穿着的外套,内外多口袋、立体袋等是服装的款式特点。

骑马服:为适于骑马,衣身较长,衣下摆后中心开衩的外套,常与马裤或裙裤搭配。

皮服:用动物皮、皮革制作的套装,可防风防寒的秋冬季皮外套。

针织服:用编织物或针织布料制作的外套。

二、女上衣的面辅料

女上衣的材料选择极为丰富,考虑到女上衣主要是在春秋季节穿着,其材料多选择中厚面料,具有一定的挺括性,利于服装的塑型。女上衣根据季节、设计、用途、着装者的爱好来选择色彩、图案、材料等。一般情况下,当造型比较简洁时,力求面料素材的变化;当造型比较复杂时,使用简洁的面料素材。

1. 面料

毛料:法兰绒、粗花呢、华达呢、乔其绉、凡立丁、波拉呢、开士米、驼丝锦、精纺毛,毛与化纤的混纺、交织等。

丝绸:丝织猎装绒、古香缎、织锦缎、罗缎、印度丝、塔夫绸、绉绸、天鹅绒,丝与化纤的混纺、交织等。

其他:棉布、亚麻布、化纤、皮革等。

2. 里料

为了穿脱方便,选择滑溜特性的里布,加了里布的上衣不仅穿着舒适、还能保护面料、延长衣服的使用寿命,并能加强服装的立体感。因此,耐磨、耐洗、不掉色是里布所要具备的条件,此外,还有保暖、保型等作用。

里布的组织有平纹、斜纹、缎纹和经编等,材质有人造丝、尼龙、涤纶、棉、丝绸等。因各自的特性都不相同,所以选择时,要适合于面料的造型。一般使用与面料同色的无花纹布料。如果是成套服装,有时也使用与衬衣相同的布料作里布。

第二节 合体女上衣(女西服)结构设计与纸样

一、合体女上衣结构分解

合体女上衣符合人体体型,结构设计遵循人体规律,塑造符合人体形态的服装外观,另一方面,合体女上衣在生活中又具有实用性,方便人们的工作、生活。因而在结构设计中既包含了符合人体的造型尺寸,也包含了功能方面的因素。如果从合体的角度来分析结构,服装会划分成为若干的部分(图9-2-1),但是在实际的服装设计中,即使是合体的服装,除了满足人体舒适量的设计外,也会有一些较为宽松的造型量,形成了不同的服装外观;另一方面,为了制作上的方便快捷和服装外观的简洁明快,过多的分割线往往被合并,合体的元素被融入到几条主要的分割线中。因此,在设计合体女上衣时,考虑人体造型,可不必拘泥于人体,要在整体合体的情况下,体现出服装本身的特色。

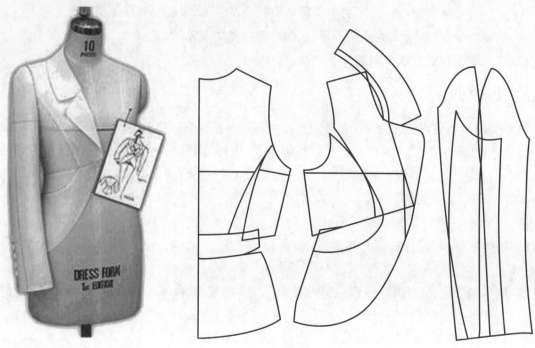

图 9-2-1　合体女上衣结构分解

二、女西服结构设计与纸样

女西服是合体女上衣中的典型服装品种,成为白领职业女性在工作中首选的服装,端庄大方,简洁明快。女西装的结构设计重点是驳领、腰部省道及两片合体袖的处理。样版设计基于女装原型。

(一)单排扣平驳领女西服结构设计与纸样

1.款式、面料与规格

(1)款式特点

单排扣平驳领女西服是三开身六片裁结构,即采用分割、胸省和腰省体现背部和腰身的合体造型,两片合体袖,服装合体含蓄,适合女性白领穿着(图 9-2-2)。

(2)面料:毛料、毛与化纤混纺、交织等面料。

用料:面布幅宽 160cm,用量 140cm;里布幅宽 90cm,用量 190cm;厚衬(前身、里领)幅宽 70cm,用量 90cm;薄衬(贴边、领面、里领座、后背、下摆、袖口、口袋)幅宽 100cm,用量 90cm。

(3)规格设计

表 9-2-1 所示为单排扣平驳领女西服规格表。

图 9-2-2　单排扣平驳领女西服款式图

表 9-2-1　单排扣平驳领女西服规格表

（单位:cm）

号　　型	部位名称	后衣长(L)	胸围(B)	腰围(W)	臀围(H)	肩宽(S)	袖长(SL)	袖口宽(CW)
160/84A	净体尺寸	38(背长)	84	68	90	38.5	52(臂长)	/
	成品尺寸	63	96	80	99	39	58	13

2.结构设计

(1)原型衣身省道处理(图9-2-3)

1)后身:肩省 2/3 移到袖窿为松量,剩下肩省/3 为缩缝量。

2)前身:保持前后袖窿平衡,胸省 1/3~1/4 留在袖窿为松量,0.5~1cm 胸省量移至领围处为撇胸,其余先移为肩省。

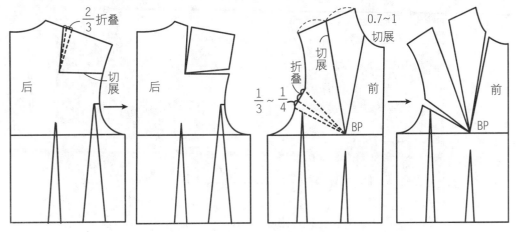

图 9-2-3　原型衣身省道处理

(2)衣身外轮廓结构(图9-2-4)

1)确定衣长和身宽:前后衣身侧缝间加放 3cm(松量 0.5cm+分割造型收量 2.5cm),腰节线平齐摆放,腰节以下加长 25cm,前中加叠门量 2cm,另实际腰位线上提 1cm,造型更佳。

2)横领大与肩线:横开领加大 1cm,一般服装肩宽与原型肩宽相等,如有垫肩需加长 1~2cm 的放量。另背部较前胸上部厚而呈弧线,需要加入一些吃势,则后肩长 = △,前肩长 = △-0.5cm。

3)绘制袖窿弧线:原型袖窿最贴近人体臂弯弧,考虑手臂活动松量,前后腋点处、后腋下加适当松量,绘制前倾袖窿弧线。背宽线至胸宽线间距的 1/2 处向前衣身偏 1cm 为对位点。

(3)衣身内部结构(图9-2-4)

1)确定分片位置:本款是较为合体造型的三开身六片结构。如图 9-2-4 设定分割位置,各分割线和腰省,以符合人体曲面造型画出,臀围不足量在前侧分割线与 HL 相交处补足,形成前大身、腋下片、后大身。

2)背中线:背中线能够更好地体现背部曲线,腰部收量 1.5cm,向下臀部展开,臀部收量 0.5cm。

3)胸腰省:胸省是合体女上衣一个重要的设计内容,除三分割线处塑型外,胸下设腰省宽 1.5cm。

4)驳领止点与扣位:本款为三粒扣,第一粒于胸线下 6cm,即驳领止口,第二粒在腰线,第三粒参照上两粒间距向下取定。

5)袋位与袋盖:袋位距前中 8.5cm,距腰节 5cm;袋盖大小 15cm×5.5cm。

(4)驳领结构(图9-2-4)

1)确定翻折线:侧颈点沿肩线偏进 0.7cm,然后延伸侧领座宽 = 2.5cm,定翻折基点,叠门宽 = 2cm,在门襟线上定驳领止点并连接翻折基点画翻折线。

2)绘制驳领:过基领窝弧下 1cm 点画串口线,驳领宽 = 8cm,绘制驳领形状,并在串口线偏进 3.5cm 画领嘴角 ≈ 60°,翻领领角宽 = 4cm。驳领宽 = 8cm,绘制驳领的形状,翻领前领角宽 = 4cm,领缺嘴大 = 3.5cm。

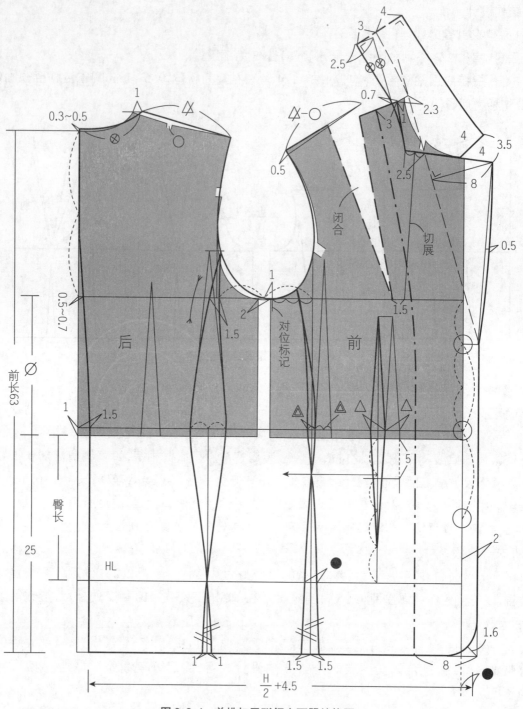

图 9-2-4　单排扣平驳领女西服结构图

3）绘制翻领：过侧颈点偏进 0.7cm 点画翻折线的平行线=后领口弧线长=●，领座宽÷翻领宽=3÷4，则倾倒角=14°，画后翻领下口线=●，画翻领下口线的垂线=领座宽+翻领宽，继而再画垂线，并连接翻领领角，曲线自然流畅。

4）领口省：串口线偏 1cm 点连接 BP 点为领省位，将肩省转移至领省，实际省尖距 BP 点 4cm。

（5）袖子结构（图 9-2-5）

1）确定袖山高：拷贝衣身袖窿弧，袖窿底的对位点向上画垂直线；取前后肩高低间距的一半，向下至袖窿底 6 等分，袖深 5/6=袖山高=◎，向后衣身偏 1cm 为袖山顶点。

2）绘制袖山弧线：测量前后袖窿弧线 AH 的长度，从袖顶点向两边袖肥线分别连斜线为前 AH、后 AH+1cm,袖山弧线绘制同袖原型,注意整体圆顺和形态的饱满。

　　3)大小袖前袖缝:从袖顶点向下取袖长=臂长+6cm,前后袖肥中点向下画垂线交袖口基线,前袖缝的大小袖借量 2.5cm,并向上 2cm,调整修画前袖山弧。继而袖口线处也向左右偏 2.5cm,袖肘线向里弯 1cm,分别绘制大小袖的前袖缝线。

　　4)确定袖口:取袖口大=13cm,与后袖肥中点连线,后袖口向下倾斜=1~2cm(倾斜角度根据后袖斜度而定,保持与后袖缝呈直角)。

　　5)大小袖后袖缝:后袖肥中点连接后袖口,后袖缝的大小袖借量 1.5cm,并向上交后袖山弧,并影画小袖的袖山弧。肘线处大小袖借量 0.7cm,连接画大小袖后袖缝呈弧线逐渐向后袖口靠拢交于一点。

　　6)袖衩:袖衩止点在袖口向上 8cm 的后袖缝上,两粒扣。

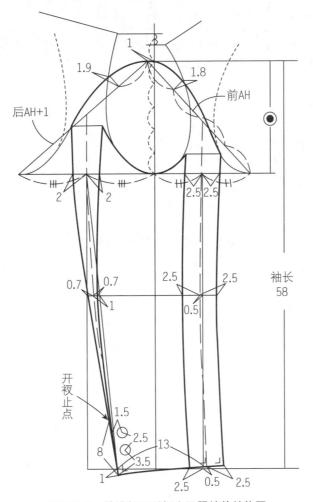

图 9-2-5　单排扣平驳领女西服袖片结构图

3.样版制作

(1)面布样版

1)衣身样版制作要点(图 9-2-6)

①肩缝、后背缝的缝份 1.2~1.5cm,低摆折边 4cm,其余缝份 1cm。

②挂面驳头比衣身驳头缝份多 0.2cm,挂面纱向斜 5°~10°(与驳头边平行)。

(2)衣领衣袖样版(图 9-2-7)

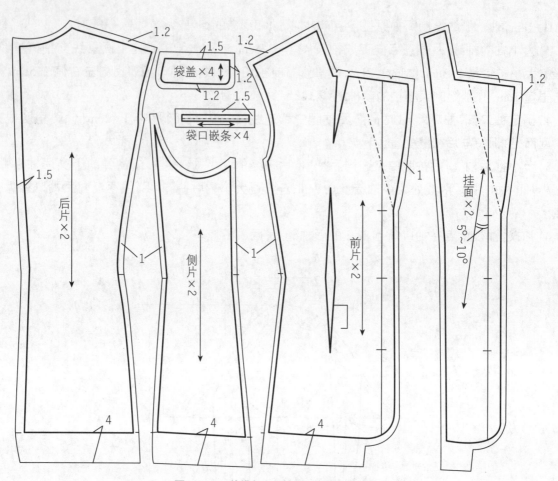

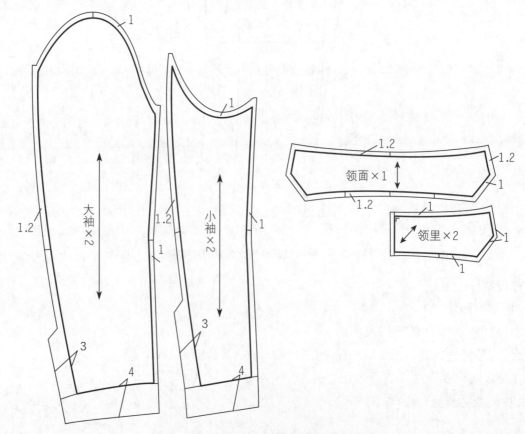

图 9-2-6　单排扣平驳领女西服衣身样版

图 9-2-7　单排扣平驳领女西服衣领衣袖样版

(3)里布样版制作要点(图9-2-8)

①里布横向缝份比面布大0.3cm,衣摆、袖口折边1~2cm。

②衣身袖窿底缝份比面布大0.5cm,袖片从袖山至袖窿底缝份为1~2.5cm递增。

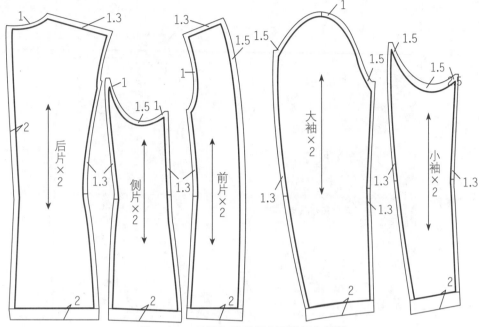

图9-2-8　单排扣平驳领女西服里布样版

(二)双排扣戗驳领女西服结构设计与纸样

1. 款式、面料与规格

1)款式特点:

双排扣戗驳领女西服结构类似单排扣女西服,不同之处只是衣长稍长包臀,稍松身,戗驳领型、双排扣门襟,后背摆左右开叠衩,服装也合体含蓄,适合职业女性穿着(图9-2-9)。

2)面料:同单排扣平驳领女西服。

3)规格设计

表9-2-2所示为双排扣戗驳领女西服规格表。

图9-2-9　双排扣戗驳领女西服款式图

表9-2-2　双排扣戗驳领女西服规格表 （单位:cm）

号　型	部位名称	后衣长(L)	胸围(B)	腰围(W)	臀围(H)	肩宽(S)	袖长(SL)	袖口宽(CW)
160/84A	净体尺寸	38(背长)	84	68	90	38.5	52(臂长)	/
	成品尺寸	72	98	78	103	39.5	58	13

2. 结构设计

(1)原型衣身省道处理(略:同单排扣平驳领女西服)。

（2）衣身结构要点（图 9-2-10）

1）由于衣身稍长稍松身，衣长 72cm，前后侧身间距 3.5cm，袖窿深下落 0.5cm。

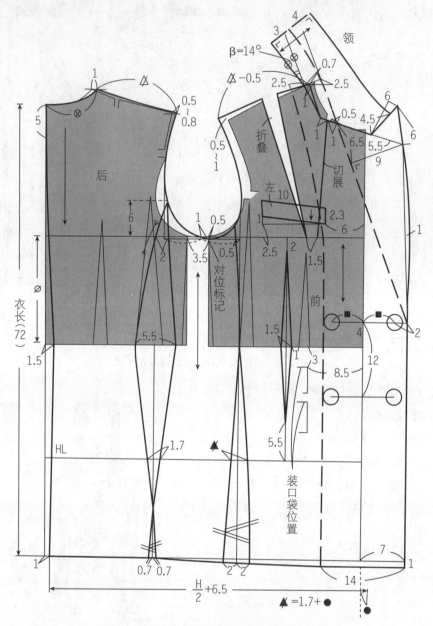

图 9-2-10（a）　双排扣戗驳领女西服结构图

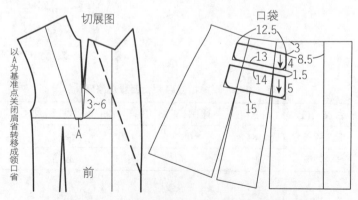

图 9-2-10（b）　双排扣戗驳领女西服领省与口袋处理图

2）有薄垫肩塑型，肩宽加大 0.5~0.8cm，前肩抬高 0.5~1cm。

3）双排扣，门襟加量 7cm，驳领止点在腰线向上 4cm 的门襟线上，扣位间距 12cm。

4）驳头宽 9cm，绘制戗驳头造型。

5）左胸袋位在胸线向上 2.5cm，距前中心 6cm，大小 10cm×2.3cm，倾斜 1cm。

6）两大袋位在腰线向下 3cm 起，距前中心 8.5cm。

（3）衣袖结构要点（图 9-2-11）

1）袖深 5/6＝袖山高＝◎，袖山顶点向后衣身偏 3cm。

2）袖缝：前袖缝处袖肘线向里弯 0.5cm，袖口外倾 0.5cm，后袖缝的袖肥线大小袖借量 1.2cm。

3）袖衩：袖衩止点在袖口向上 10cm 的后袖缝上，三粒扣。

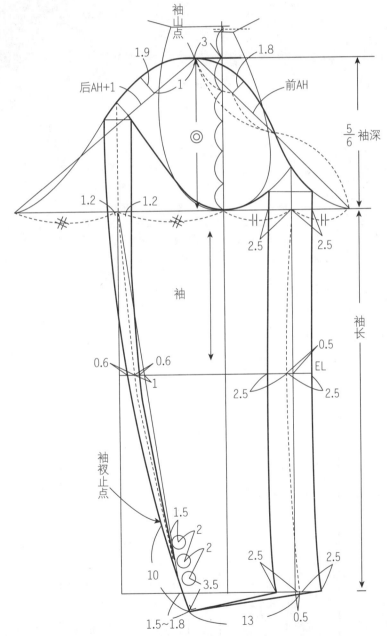

图 9-2-11　双排扣戗驳领女西服袖片结构图

3. 双排扣戗驳领女西服样版制作（略：方法与单排扣平驳领女西服类似）

第三节　变化女上衣款结构设计与纸样

一、短袖刀背缝女上衣结构设计与纸样

（一）款式、面料与规格

1. 款式特点

此款为短袖较合体女上衣，刀背分割至腰节，前侧腰、后腰线横向分割，圆角翻驳领，配以圆角前衣摆，新颖泡肩小短袖，适合于春夏季穿着，可搭配长袖针织衫，产生层次感（图9-3-1）。

2. 面料

可采用真丝素缎、水洗棉、化纤混纺、交织等面料。

用料：面布幅宽150cm或110cm，用量110cm；里料幅宽100cm，用量100cm（可略）；黏合衬幅宽90cm，用量70cm。

3. 规格设计

表9-3-1所示为短袖刀背缝女上衣规格表。

图9-3-1　短袖刀背缝女上衣款式图

表9-3-1　短袖刀背缝女上衣规格表　　　　　　　　（单位：cm）

号　型	部位名称	后衣长（L）	胸围（B）	腰围（W）	摆围	肩宽（S）	袖长（SL）	袖口（CW）
160/84A	净体尺寸	38	84	66	90	38.5	52	/
	成品尺寸	52	91	75	93	34.5~36.5	16	32

（二）结构设计

1. 衣身结构要点（图9-3-2）

（1）衣身原型处理：后肩省2/3移到袖窿为松量，剩下肩省/3为缩缝量。前胸省不转移，1/3留在袖窿为松量，其余为袖窿分割省缝。

（2）由于是泡肩袖，则肩端点偏进1~2cm。

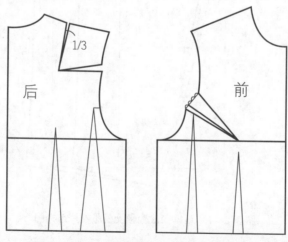

后　　　1/3　　　前

图9-3-2(a)　短袖刀背缝女上衣省道处理图

（3）整体合体收身造型,从袖窿至衣下摆如图 9-3-2 绘制刀背分割缝,且腰线横断,衣摆腰省合并后起翘,前中下摆圆角。

2. 领、袖结构要点(图 9-3-2)

（1）领子:翻驳领倾倒角＝23°(领座宽÷翻领宽＝3÷4.5）,翻领角、驳头画圆角形。

（2）袖子:拷贝衣身袖窿弧,绘制基本一片短袖,袖口弧形结构。设定左右泡肩褶裥位置线,剪开拉展褶裥量＝4cm,袖口不加量。

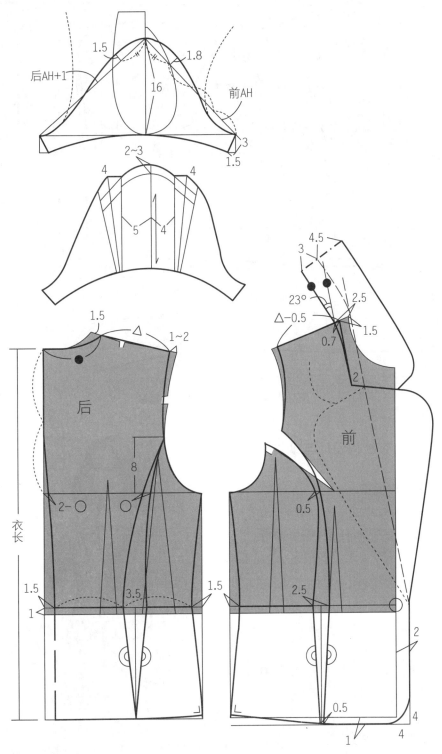

图 9-3-2(b)　短袖刀背缝女上衣袖子与衣身结构图

（三）样版制作（图9-3-3）

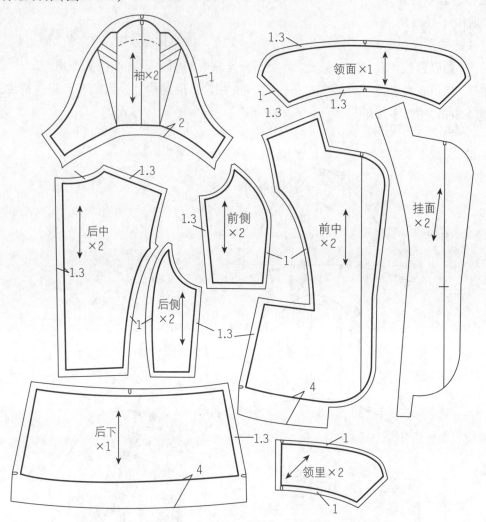

图9-3-3　短袖刀背缝女上衣样版

二、公主线分割女上衣结构设计与纸样

（一）款式、面料与规格

1.款式特点

此款女上衣整体造型为 H 型,略有收腰,简洁大方,是一款方便实用的女式上衣便装,适合工作和休闲时穿着(图9-3-4)。

2.面料

采用化纤混纺、交织、呢绒、羊毛呢等面料。

用料:面布幅宽150cm 或 110cm,用量130cm;里料幅宽100cm,用量120cm;黏合衬幅宽90cm,用量55cm。

3.规格设计

表9-3-2所示为公主线分割女上衣规格表。

图9-3-4　公主线分割女上衣款式图

表 9-3-2 公主线分割女上衣规格表 　　　　　　　　(单位:cm)

号　型	部位名称	后衣长(L)	胸围(B)	腰围(W)	摆围(H)	肩宽(S)	袖长(SL)	袖口大(CW)
160/84A	净体尺寸	38	84	68	90	38.5	52	/
	成品尺寸	53	93	78	93	38.5	58	11

(二)结构设计

1.衣身结构要点(图9-3-5)

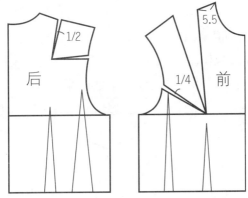

图 9-3-5(a)　公主线分割女上衣原型省道处理图

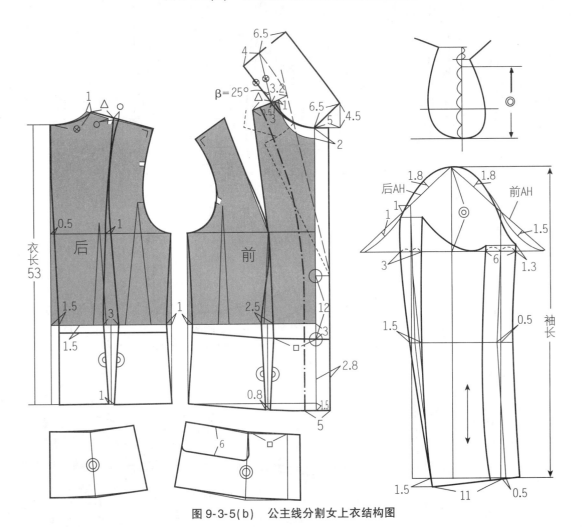

图 9-3-5(b)　公主线分割女上衣结构图

（1）衣身原型处理：后肩省/2移到袖窿为松量，剩下肩省/2为肩省公主分割省缝；前胸省/4留在袖窿为松量，余省转移至肩省为公主分割省缝形成胸部造型。

（2）后腰线下移1.5cm，前腰线下移3cm分割，达到腰身细长的视觉效果。

（3）腰线下的衣摆合并腰省，侧摆起翘呈弧线。

（4）在腰线分割处夹缝口袋，袋盖＝14cm×5.5cm。

2.领、袖结构要点（图9-3-5）

（1）领子：前领深上抬2cm为串口线，驳领止点在胸线下1cm的门襟线上，驳领细长，翻领片宽大，与驳领形成对比造型。

（2）袖子：两片合体袖结构，袖肥适中。

（三）公主线分割女上衣样版制作（图9-3-6）

注：图9-3-6为面布样版，里布样版制作方法与前述款型做法基本相似（略），未标注的线条放缝量约为1cm。

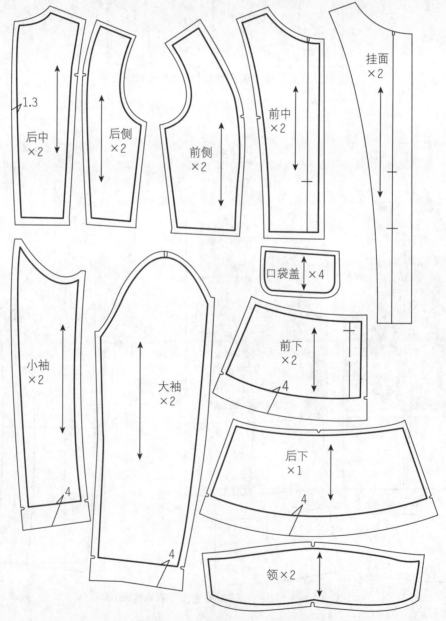

图9-3-6 公主线分割女上衣样版

三、牛仔女上衣结构设计与纸样

(一)款式、面料与规格

1. 款式特点

此款牛仔女上衣的胸部以上较合体,腰与摆稍松的独特造型,具高腰的视觉效果,明门襟连至衣领,形成两用领,采用 T 字分割,大贴袋,袖口带衩(图 9-3-7)。

2. 面料

以牛仔布为主,可采用棉麻布、水洗棉等面料。

用料:面布幅宽 150cm 或 110cm,用量110cm;里料幅宽 100cm,用量 120cm;黏合衬幅宽 90cm,用量 60cm。

3. 规格设计

表 9-3-3 所示为牛仔女上衣规格表。

图 9-3-7 牛仔女上衣款式图

表 9-3-3 牛仔女上衣规格表 (单位:cm)

号　型	部位名称	后衣长(L)	胸围(B)	臀围(H)	肩宽(S)	袖长(SL)	袖口宽(CW)
160/84A	净体尺寸	38(背长)	84	90	38.5	52(臂长)	/
	成品尺寸	52	94	102	39.5	58	13

(二)结构设计

1. 衣身结构要点(图 9-3-8)

(1)衣身原型处理:后肩省/2 移为袖窿分割省,剩下肩省/2 为肩缝吃势;前胸省 2/3 留在袖窿为松量,前胸省/3 为袖窿分割省,形成胸部造型。

(2)在原型的基础上,腰下加长 14cm,门襟量 1cm,横开领加大 1cm,肩部略有加放 0.5cm,袖窿深下落 1cm。

(3)胸腰间距 1/2 处的侧缝收进 1cm,前、后侧下摆分别翘出 3cm、1.5cm。

(4)前后衣身采用 T 字分割,胸腰间距 1/2 处,前收省 1.5cm,后收省 2cm。整体服装由提高的腰线处向下摆打开,具独特的外观造型。

(5)大贴袋=15cm×14cm,贴袋上设斜插开口。

2. 领、袖结构要点(图 9-3-8)

(1)领子:基于前领口线绘制翻领,翻领倾倒角=26°×2=52°(3.5÷5.5 对应 26°倾倒角),门襟延长至翻领片。

(2)袖子:袖山高=袖深的 4/5,一片设肘省的袖片结构,将肘省转移至袖口省,并分割成两袖片形成袖弯,整体袖型呈前弯的造型。另外,袖口处设袖衩结构。

(三)样版制作

1. 衣身、衣领及部件样版(图 9-3-9)

注:未标注的缝份量均为 1cm。

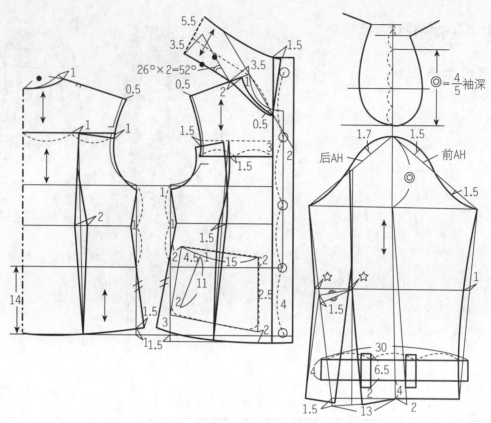

图 9-3-8　牛仔女上衣结构图

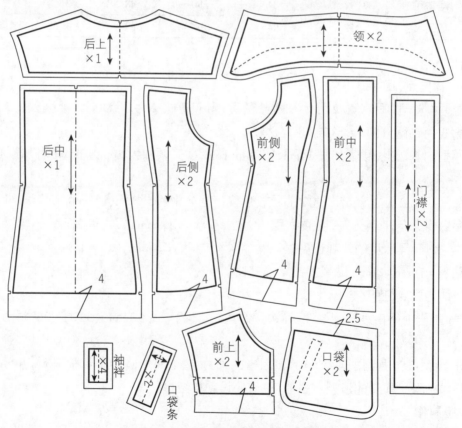

图 9-3-9　牛仔女上衣衣身、衣领及部件样版

2.衣袖样版(图9-3-10)

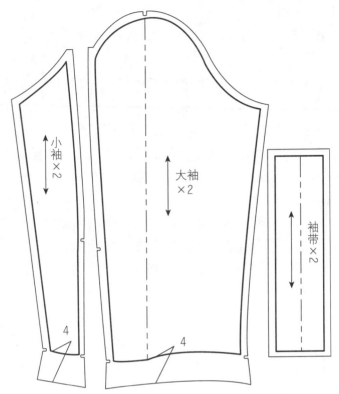

图9-3-10 牛仔女上衣衣袖样版

四、连帽上衣结构设计与纸样

(一)款式、面料与规格

1.款式特点

此款为针织连帽女式上衣,款式较为宽松,套头式,前中开口便于穿脱,腰部有绳带可调节造型,前片有一体式的口袋,风格独特,为春夏季单穿上衣或外披短小外套(图9-3-11)。

2.面料

采用针织汗布、花色乔其或抓绒面料。

用料:面布幅宽150cm或110cm,用量110cm;黏合衬幅宽90cm,用量50cm。

3.规格设计

表9-3-4所示为牛仔女上衣规格表。

图9-3-11 连帽上衣款式图

表9-3-4 连帽女上衣规格表 （单位:cm）

号　型	部位名称	衣长(L)	胸围(B)	肩宽(S)	袖长(SL)	袖口宽(CW)
160/84A	净体尺寸	38(背长)	84	38.5	52(臂长)	/
	成品尺寸	73	98	38.5	56	11

（二）结构设计

1.衣身结构要点(图9-3-12)

（1）衣身原型处理:后肩省/3 为肩缝吃势,剩下肩省 2/3 移至袖窿为松量;前胸省 2/3 留在袖窿为松量,前胸省/3 转为衣摆。

（2）在原型的基础上,腰线下加长 35cm,胸围加放 0.5cm,下摆稍加大 1.5cm,体现较为宽松的风格,整体造型呈 H 型。

（3）横开领加大 2cm,前直开领下落 3cm,前领深至胸线间距/2 为开口止点,方便穿脱。

（4）在腰部下 12cm 处设计绳带,系扎后可以提至腰部,形成上衣宽松的造型。

（5）前身绳带位上面设计一个整体的大贴袋,斜弧袋口。

2.衣领、衣袖结构要点(图9-3-12)

（1）领子:采用连帽结构,帽身 = 24.5cm×30cm,帽底弧线 = 前后衣领弧线,帽口前沿 2.5cm 宽折边,宽折边里面穿绳带,可根据需要调整帽子的贴体程度。

（2）袖子:一片袖结构,袖口宽 = 11cm,袖肥与袖口连线,在肘部收进 1cm,形成瘦长的袖版型。

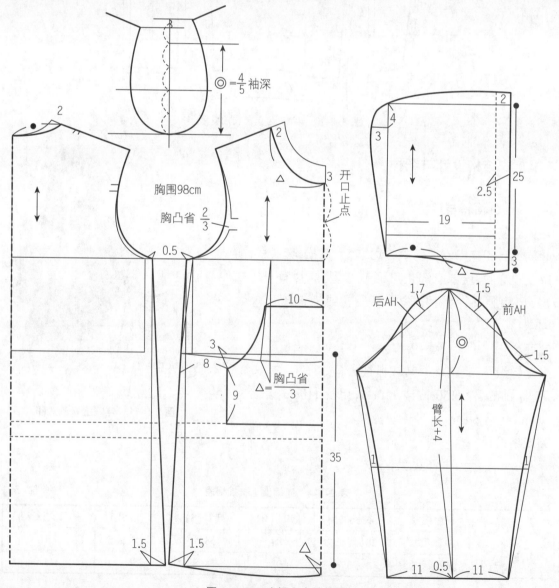

图 9-3-12　连帽上衣结构图

(三)样版制作

1. 衣身样版(图 9-3-13)

注:未标注的缝份量均为 1cm。

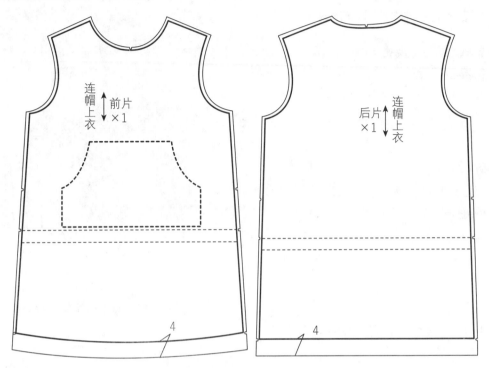

图 9-3-13　连帽上衣衣身样版

2. 领袖样版(图 9-3-14)

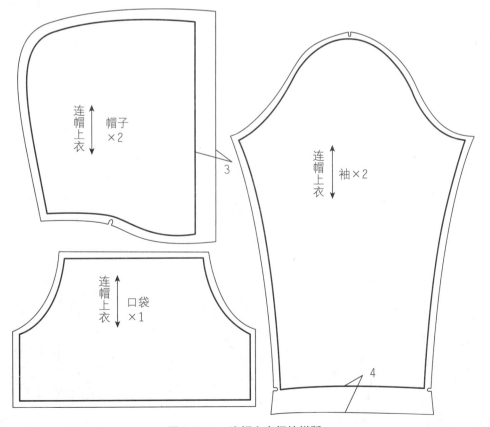

图 9-3-14　连帽上衣领袖样版

第四节　时尚女上衣款结构设计与纸样

一、弧形门襟女上衣结构设计与纸样

（一）款式、面料与规格

1.款式特点

此款采用夸张的弧形造型门襟，连身立领，后身公主线分割的合体型，为七分袖的女短上衣（图9-4-1）。

2.面料

采用较为挺括的棉麻布、水洗棉、化纤混纺、呢绒、羊毛呢等面料。

用料：面布幅宽 150cm 或 110cm，用量 110cm；里料幅宽 100cm，用量 100cm；黏合衬幅宽 90cm，用量 50cm。

图 9-4-1　弧形门襟女上衣款式图

3.规格设计

表 9-4-1 所示为弧形门襟女上衣规格表。

表 9-4-1　弧形门襟女上衣规格表 （单位：cm）

号　型	部位名称	后衣长（L）	胸围（B）	腰围（W）	臀围（H）	肩宽（S）	袖长（SL）	袖口宽（CW）
160/84A	净体尺寸	38（背长）	84	66	90	38.5	52（臂长）	/
	成品尺寸	46	94	80	/	39.5	44	11

（二）结构设计

1.衣身结构要点（图9-4-2）

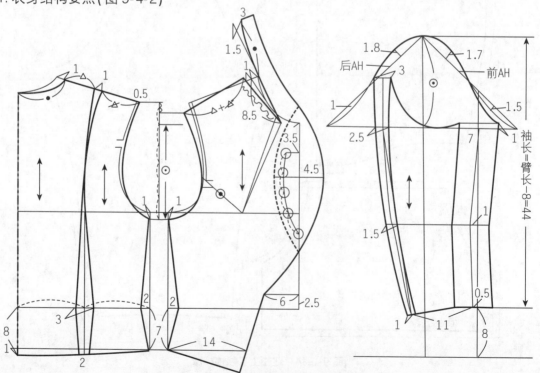

图 9-4-2　弧形门襟女上衣结构图

（1）衣身原型处理：后肩省/2 移至袖窿为松量，余下肩省/2 为公主分割省；前胸省 2/3 留在袖窿为松量，胸省/3 转为领省。

（2）在原型的基础上，腰线下加长 8cm，胸围不加量，袖窿深下落 1cm，肩宽略加大 0.5cm，横开领加大 1cm。

（3）后身肩部分割省量＝1cm，腰线处分割省量＝3cm，如图 9-4-2 绘制公主分割线。

（4）前身为弧线形门襟，门襟量＝4.5cm，连立领高＝3cm，腰线下为斜直前门襟，衣摆为直角。在前弧线形门襟部位设计排列紧密的纽扣起装饰效果。

2. 衣领、衣袖结构要点（图 9-4-2）

（1）领子：立领与前衣身相连，为了达到贴体的效果，在肩颈结合处设计领省，省长＝8.5cm，省大＝2cm。

（2）袖子：两片合体七分袖结构，袖长＝臂长−8＝52−8＝44cm，前袖缝左右借量偏大＝3.5cm，小袖窄细。

（三）样版制作

1. 衣身样版（图 9-4-3）

注：未标注的缝份量均为 1cm。

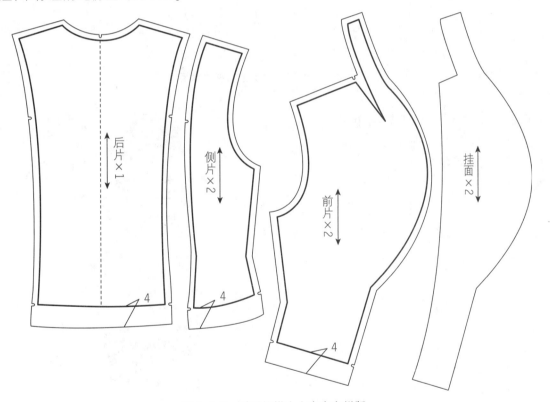

图 9-4-3　弧形门襟女上衣衣身样版

2. 衣袖样版(图 9-4-4)

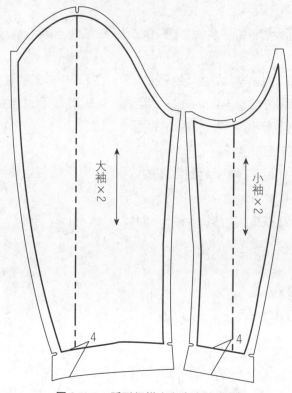

大袖×2

小袖×2

4

4

图 9-4-4　弧形门襟女上衣衣袖样版

二、分割合体女上衣结构设计与纸样

(一)款式、面料与规格

1. 款式特点

此款为分割合体女上衣,衣长至中臀,衣身分割线独特,斜弧腰线分割,上身刀背分割,侧身连片,下摆设较大的褶裥,分离的立驳领,立领做褶饰(图 9-4-5)。

2. 面料

采用棉麻布、水洗棉、化纤混纺、交织、呢绒、羊毛呢等面料。

用料:面布幅宽 150cm 或 110cm,用量 110cm;里料幅宽 100cm,用量 100cm;黏合衬幅宽 90cm,用量 50cm。

3. 规格设计

表 9-4-2 所示为分割合体女上衣规格表。

图 9-4-5　分割合体女上衣款式图

表 9-4-2　分割合体女上衣规格表

(单位:cm)

号　型	部位名称	后衣长(L)	胸围(B)	腰围(W)	摆围(H)	肩宽(S)	袖长(SL)	袖口宽(CW)
160/84A	净体尺寸	38	84	66	90	38.5	52	/
	成品尺寸	50	92	46	91	37.5	58	12.5

(二)结构设计

1. 衣身结构要点(图9-4-6)

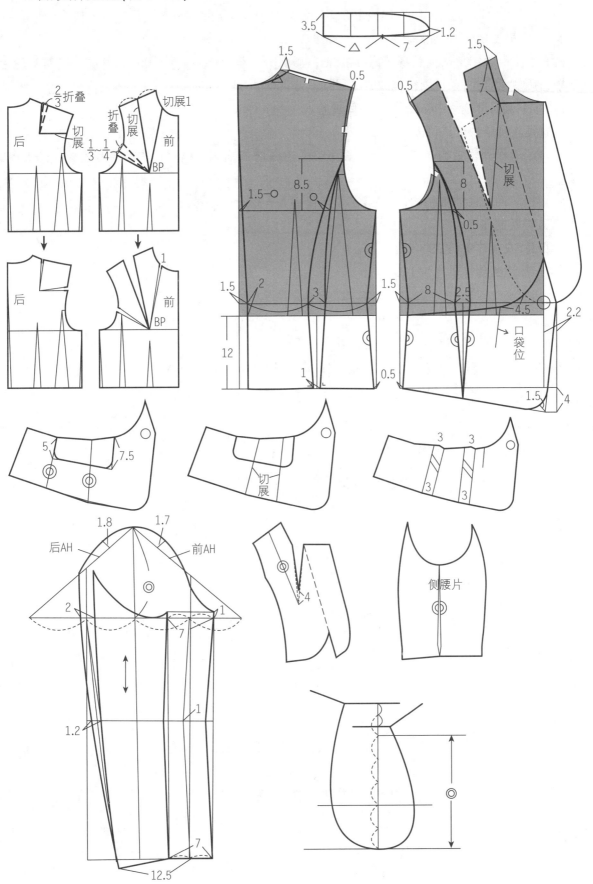

图9-4-6　分割合体女上衣结构图

（1）衣身原型处理：后肩省2/3移至袖窿为松量，余下肩省/3为后肩线吃势；前胸省/3留在袖窿为松量，胸省2/3为刀背分割省。

（2）在原型的基础上，腰线下加长10cm，前后胸围加放0.5cm（补后中、后刀背缝量）。横开领加大1.5cm，肩宽加0.5cm，袖深下落1cm，门襟量2cm。

（3）腰节线上抬2cm，前后身刀背分割，前斜腰弧分割至后侧身，前后侧身合并成一完整的侧片。前下摆与后侧摆合并，前设两褶裥线并拉展褶裥量为上2cm、下4cm。

（4）前斜腰弧分割线中，夹缝装饰性假袋盖。

2.衣领衣袖结构要点（图9-4-6）

（1）领子：小立领结构，立领5等分，领下口弧拉展增加褶裥。小立领与衣身驳领构成分离的立驳领。

（2）袖子：两片合体袖结构，前袖缝左右借量偏大=3.5cm，小袖窄细。

（三）样版制作

1.衣身、衣领样版（图9-4-7）

注：未标注的缝份量均为1cm。

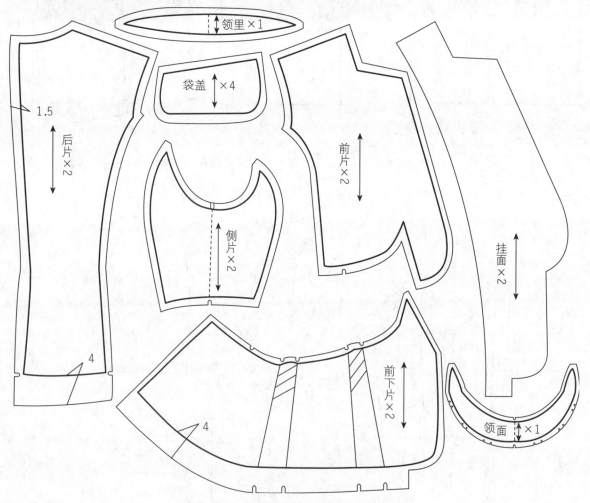

图9-4-7　分割合体女上衣衣身、衣领样版

2. 衣袖样版 (图 9-4-8)

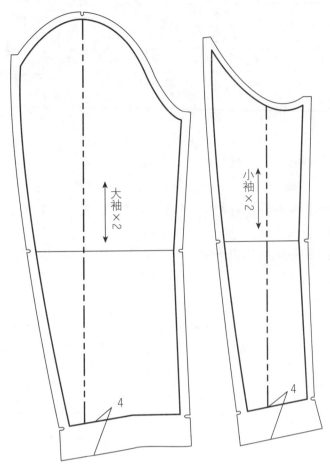

图 9-4-8 分割合体女上衣衣袖样版

三、贴身女短上衣结构设计与纸样

(一) 款式、面料与规格

1. 款式特点

此款为收腰短小上衣,前身设腰省,后身刀背分割,平驳领,七分袖,轻便活泼,适合与牛仔裤搭配穿着 (图 9-4-9)。

2. 面料

采用化纤混纺、交织、呢绒、羊毛呢等面料。

用料:面布幅宽 150cm 或 110cm,用量 110cm;里料幅宽 100cm,用量 90cm;黏合衬幅宽 90cm,用量 60cm。

3. 规格设计

表 9-4-3 所示为贴身女短上衣规格表。

图 9-4-9 贴身女短上衣款式图

表9-4-3 贴身女式上衣规格表 （单位：cm）

号 型	部位名称	后衣长（L）	胸围（B）	腰围（W）	肩宽（S）	袖长（SL）	袖口宽（CW）
160/84A	净体尺寸	38（背长）	84	66	38.5	52（臂长）	/
	成品尺寸	46.5	94	78	38.5	43	11

（二）结构设计

1. 衣身结构要点（图9-4-10）

（1）衣身原型处理：后肩省2/3移至袖窿为松量，余下肩省/3为后肩线吃势；前胸省/3留在袖窿为松量，胸省2/3转移至腋省。

（2）在原型的基础上，腰线下加长8cm，侧颈点开大1cm，门襟量2cm。

（3）腰节线上移2cm，前侧腰横向分割至腰省处，前身腋省转移至腰部，与腰省二合一，前片为圆下摆，后身刀背分割，合体收身造型。

（4）前侧腰缝设装饰性袋盖，纽扣做点缀。

2. 衣领衣袖结构要点（图9-4-10）

（1）领子：宽大平驳领结构。

（2）袖子：两片合体七分袖结构，袖长＝臂长－9＝52－9＝43cm，前袖缝左右借量＝3.5cm，小袖窄细。

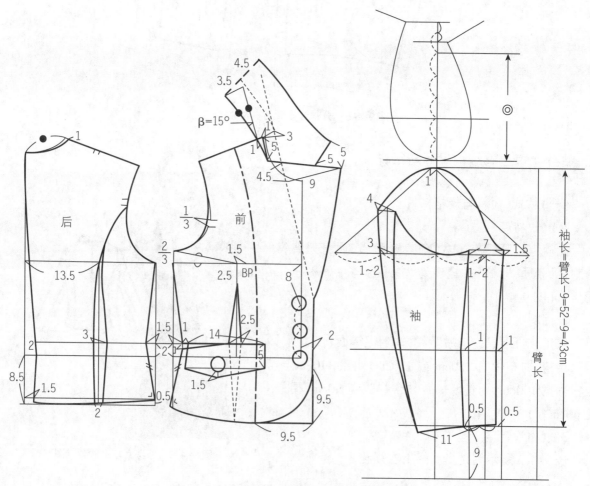

图9-4-10 贴身女短上衣结构图

(三)样版制作

1. 衣身、衣领样版(图 9-4-11)

注:未标注的缝份量均为 1cm。

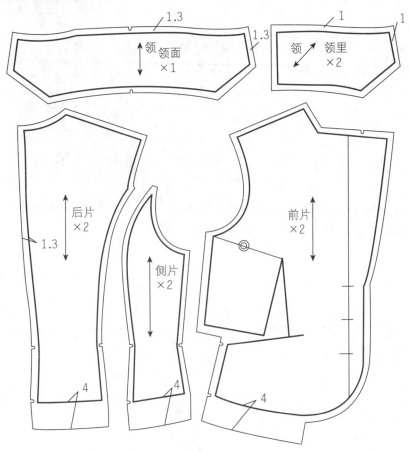

图 9-4-11　贴身女短上衣衣身、衣领样版

2. 衣袖、挂面样版(图 9-4-12)

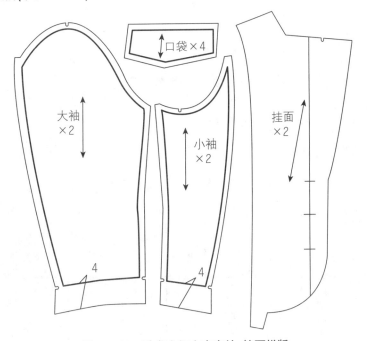

图 9-4-12　贴身女短上衣衣袖、挂面样版

四、宽松女短上衣结构设计与纸样

(一)款式、面料与规格

1. 款式特点

此款女上衣造型较宽松,衣长短至腰部,独特的翻驳领,T字分割,前胸横缝设假大袋盖,中袖,两用宽袖头(可向上翻折)。穿着随意大方,为年轻女孩喜好(图9-4-13)。

2. 面料

采用棉麻布、色织水洗棉、化纤混纺、交织、呢绒等面料。

用料:面布幅宽150cm或110cm,用量90cm;里料幅宽100cm,用量80cm;黏合衬幅宽90cm,用量50cm。

3. 规格设计

表9-4-4所示为宽松女短上衣规格表。

图9-4-13　宽松女短上衣款式图

表9-4-4　宽松女短上衣规格表 （单位:cm)

号　型	部位名称	后衣长(L)	胸围(B)	腰围(W)	肩宽(S)	袖长(SL)	袖口围
160/84A	净体尺寸	38(背长)	84	66	38.5	52(臂长)	/
	成品尺寸	42	100	92	38.5	37	26

(二)结构设计

1. 衣身结构要点(图9-4-14)

1)衣身原型处理:后肩省2/3移至袖窿为松量,余下肩省/3为后肩线吃势;前胸省/2留在袖窿为松量,胸省/2转移至分割省。

2)在原型的基础上,腰线下加长4cm,门襟量2cm,前胸围加放1.5cm,后胸围加放1cm,前身侧摆外倾2.5cm,形成前大后小的外观形态。

3)前后衣身T字分割,前后稍收衣摆,分割腰省=2cm,衣片整体形态宽松自然。

4)侧颈点开大1.5cm,前片驳领处设计领省起撇胸处理。

5)前胸横缝设装饰性大袋盖,纽扣做点缀。

2. 衣领衣袖结构要点(图9-4-14)

1)领子:翻驳领结构,倾倒角=14°(领座宽÷翻领宽=3÷4),驳头、领角如图9-4-14绘制。

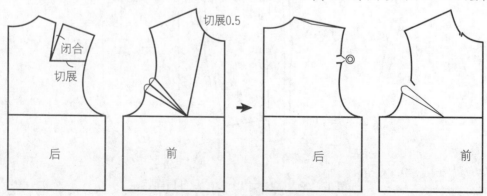

图9-4-14(a)　宽松女短上衣原型省道处理图

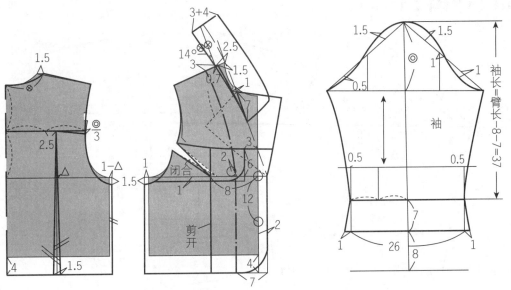

图9-4-14(b)　宽松女短上衣结构图

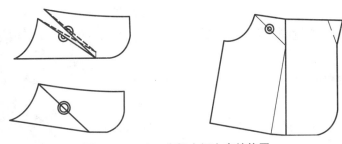

图9-4-14(c)　宽松女短上衣结构图

2)袖子:一片七分袖结构,袖山高=袖深4/5,袖长=臂长-8=52-8=44cm,袖口大=26cm,袖头宽=7cm。

(三)样版制作

1.衣身样版(图9-4-15)

注:未标注的缝份量均为1cm。

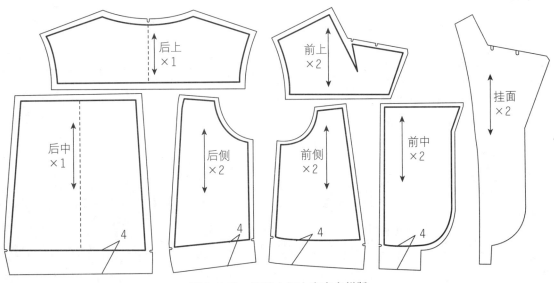

图9-4-15　宽松女短上衣衣身样版

2.衣领、衣袖样版(图9-4-16)

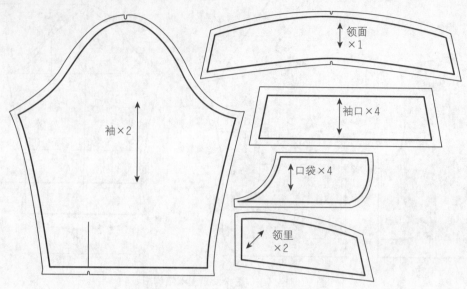

袖×2

领面
×1

袖口×4

口袋×4

领里
×2

图9-4-16　宽松女短上衣领、袖样版

五、褶裙式长上衣结构设计与纸样

(一)款式、面料与规格

1.款式特点

此款女上衣为上身刀背缝收腰,腰线下移分割呈现修长造型,大褶裥的下摆,系宽腰带,形成短裙效果。小立领,小灯笼袖,可搭配长袖针织衫、羊毛衫,产生层次感(图9-4-17)。

2.面料

采用棉麻布、水洗棉、化纤混纺、交织、呢绒等面料。

用料:面布幅宽150cm或110cm,用量120cm;黏合衬幅宽90cm,用量45cm。

3.规格设计

表9-4-5所示为褶裙式长上衣规格表。

图9-4-17　褶裙式长上衣款式图

表9-4-5　褶裙式长上衣规格表

(单位:cm)

号　型	部位名称	后衣长(L)	胸围(B)	腰围(W)	肩宽(S)	袖长(SL)	袖口围
160/84A	净体尺寸	38(背长)	84	66	38.5	52(臂长)	/
	成品尺寸	64	94	74	36.5	19	28

(二)结构设计

1.衣身结构要点(图9-4-18)

1)衣身原型处理:后肩省2/3移至袖窿为松量,余下肩省/3为后肩线吃势;前胸省/3留在袖窿为松量,胸省2/3为袖窿分割省。

2)在原型的基础上,肩线偏进1cm,侧颈点开大0.5cm,门襟量=1.5~2cm,腰线下移加量,前中3.5cm。后中加2cm,前后斜线相连,衣身刀背分割,达到合体造型。

3)下摆长24cm,前弯势=3cm,后弯势=4cm,以上身腰线长绘制扇形裙摆。

4) 扇形裙摆等分拉展,褶裥量上大 2cm,下大 4cm。

5) 胸部设计有袋盖的小贴袋,腰部设计腰袢和腰带,腰带宽 4cm。

2. 衣领衣袖结构要点 (图 9-4-18)

1) 领子:小立领宽 = 4cm,起翘 1cm。

2) 袖子:一片短袖结构,前袖山斜线 = 前 AH+1,后袖山斜线 = 后 AH+1.5,袖山弧长大于袖窿弧长,袖头 = 28cm×4cm。

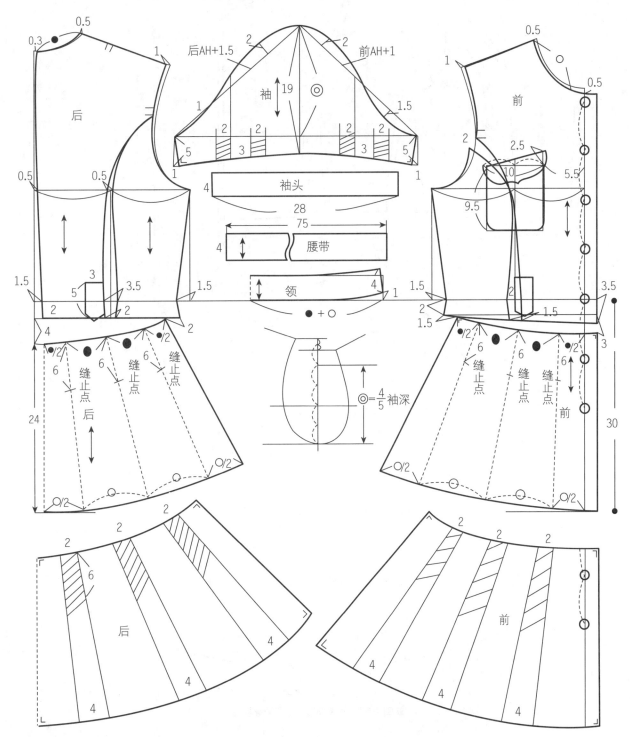

图 9-4-18 褶裙式长上衣结构图

(三)样版制作

1. 衣身样版 (图 9-4-19)

注:未标注的缝份量均为 1cm。

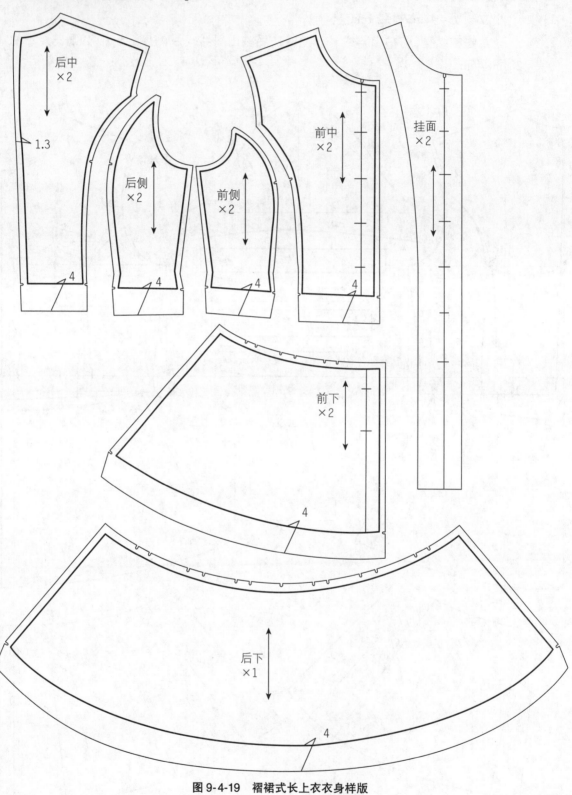

图 9-4-19 褶裙式长上衣衣身样版

2. 衣袖及零部件样版(图 9-4-20)

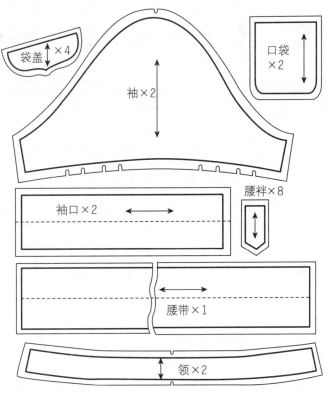

图 9-4-20　褶裙式长上衣衣袖及零部件样版

课后作业

一、思考与简答题

1. 女上衣可以按哪几种形式分类?

2. 查阅资料,描述多种女上衣翻领宽度与倾倒的关系。

3. 描述女上衣合体两片袖的袖山与袖窿的关系。

4. 描述女上衣省道转移的基本方法。

5. 描述女上衣放松量与服装形态的关系。

二、项目练习

1. 绘制女西服结构图,制图比例 1∶1。

2. 对本章女上衣变化款有选择性地进行结构制图与纸样制作,制图比例分别为 1∶1、1∶3 或 1∶5 的缩小图。

3. 对本章女上衣时尚款有选择性地进行结构制图与纸样制作,制图比例分别为 1∶1、1∶3 或 1∶5 的缩小图。

4. 根据市场调研收集的时尚流行女上衣和"女装设计(一)"课程中自行设计的女上衣款中,选择 1~3 款展开 1∶1 结构制图与纸样制作,达到举一反三、灵活应用。

结构制图要求:制图步骤合理,基础图线与轮廓线清晰分明,公式尺寸、纱向、符号标注工整明确。

第十章 女大衣结构设计与纸样

【学习目标】

通过本章学习,了解女式大衣的种类,学习与掌握基本款大衣结构设计、女式大衣廓型变化、分割变化、连身袖及插肩袖结构变化设计以及组合结构设计等相关知识内容,从而了解与掌握女大衣结构原理及其结构变化原理,并能举一反三,灵活运用。

【能力设计】

1. 基本款女大衣结构制图步骤及其结构原理分析、不同廓型与结构变化女大衣款的结构设计和连身袖、插肩袖及连身帽的结构变化原理。

2. 不同大衣衣身原型的结构处理。

3. 不同大衣款式的衣身造型、袖型、领型等结构变化。

大衣是穿在最外层衣服的总称,除了防寒、防雨、防尘外,还可配礼服穿用。真正意义上的大衣是19世纪初期,男士穿的呢子大衣和军用大衣,大衣的款式也在那个时期基本定型。直到第二次世界大战时期,大衣的礼仪作用才显得更为突出,渐渐被视为身份的象征,成为出访必备的服装。到第二次世界大战结束前,作为正式的外出服,即便是夏天也一定要穿上大衣型的风衣。现代意义上的女装大衣,也是在这个时期从男装大衣中借鉴过来的。战后,随着服装的简化,这种习惯也逐渐消失,不用穿大衣也可外出了。之所以带来这种着装意识的变化,是由于时装产业的发展和暖气设备及汽车的普及。现代的大衣款式既有满足原来目的——实用性的类型,又有随着女性社会交往的增多,重视其功能性和时装性的类型。

第一节 女大衣的种类

大衣纸样可以从西装外套原型或普通上衣原型裁出。然而,最方便的是拥有两种简单的基本款型的大衣纸样,即直筒型大衣和合身型大衣。通常对从这两种大衣的衣身、驳头、衣领、口袋和纽扣等细节做微小的变化,就能裁制出很多不同的款式。而分割线、育克线等第二线缝的使用,也能获得意想不到的效果。

一、女大衣的种类

(一)按造型划分

1. 紧身(合体)大衣:上半身合体,以身体的自然曲线为造型的大衣。

1)骑装式大衣:腰部稍收,下摆展开的大衣款式。

2)公主线的大衣:利用公主线收腰、展开下摆的大衣款式。

2. 箱型大衣:即筒式大衣,以有棱角的箱子为造型,整体造型较为宽松,结构线多采用无省直线造型的大衣款式。

1) 束带式大衣:带有束带的大衣的总称。风雨衣是其代表款,也包括仅在后面绱有腰带的大衣款式。

2) 带风帽粗呢大衣:长度较短,带风帽的大衣,扣子多采用木扣、羊角扣与绳子相系。

3. 帐篷型大衣:从肩部扩展到下摆的大衣款式。

1) 披风:覆盖肩与胳膊的喇叭型大衣款式。

2) 披肩大衣:在身上带有披肩的大衣,起源于苏格兰。

(二) 按长度划分

1. 短大衣:长度在臀部以下,大腿附近的大衣。一般是比标准裙长短的大衣的总称。

2. 中长大衣:长度在膝盖附近,长度在膝关节的一般被认为是标准长度。

3. 长大衣:一般是遮住裙子的标准长大衣。根据时装的不同倾向,还有与脚面相齐的全长型大衣。

(三) 按季节划分

1. 冬大衣:使用深冬季节的防寒面料制作或加装夹里,局部加装毛皮等附件的大衣。

2. 春秋大衣:春秋季节穿着的大衣,采用中厚面料或薄型毛料和棉布等面料制作。

3. 三季大衣:除了夏天以外的春秋冬兼用的大衣。一般是在薄型大衣里面加上能装卸的活里衬。

(四) 按用途划分

1. 风雨衣:起源于第一次世界大战时的战壕用风衣,晴雨两用大衣是由风衣生活化、时装化而派生的。

2. 夜礼服大衣:穿在夜礼服外面的大衣。通常轻轻披在肩上,一般采用毛皮、丝绒等高贵质地的材料制成。

(五) 按面料划分

1. 裘皮大衣:用狐皮、貂皮、羊皮等动物毛皮制作的大衣。皮革大衣是用羊皮、牛皮等皮革制作的大衣。有时也采用裘皮与皮革镶拼来制作。

2. 针织大衣:用羊毛、马海毛等绒线编织的便装大衣。

3. 羊绒大衣:用羊绒呢制作的大衣。优点是保暖性强、手感柔软、色泽纯正,多用于冬装大衣。

(六) 按制作方法划分

1. 双面大衣:两面都能穿的大衣,一种是使用双重纺织的布料,一种是表里使用两片布料,如采用正反面外观花色相异的单面大衣呢。

2. 毛皮大衣:在里侧使用毛皮的大衣。近年来多用毛皮制作能装卸的衬里,绱在薄料的大衣里面。毛皮多使用短毛的毛皮。

二、女大衣的面料知识

女大衣包括春秋大衣、冬季大衣和风雨衣,它们作为御寒、挡风、挡雨等穿用时,更强调其功能性。因此,大衣所使用的衣料与套装并无严格的区别,且使用比套装更厚重、高档的面料,以保证使用年限长,且不易变形;也使用一些涂层、镀膜等特殊加工的功能型服装面料。

1. 春秋大衣:要求保证面料手感厚实、柔软、富有弹性。代表性的面料有法兰绒、华达呢、马裤呢、钢花呢、海力斯、花式大衣呢等传统的中厚织物,也有诸如灯芯绒、麂皮绒等表面起毛,有一定温暖感的面料。此外,还大量使用化纤、棉、麻或其他混纺织物,使服装易于洗涤保管或具防皱型的功能。

2. 冬季大衣：要求面料丰厚柔软，穿着轻暖贴身，平挺丰满。通常以羊毛、羊绒等蓬松、柔软且保暖性较强的天然纤维为原料。相比于羽绒服给人以臃肿之感，羊绒大衣、羊驼毛大衣、马海毛大衣的出现，一改原来呢子大衣面料厚重、颜色单调的古板外貌，赢得了许多消费者，特别是白领女性的青睐。其实，羊绒、羊驼毛和马海毛同普通羊毛一样都是动物的毛发，都属于天然蛋白质纤维，但由于产这些纤维的动物稀少，使得这些特种动物纤维的价格比较高，尤其是有着"软黄金"和"纤维钻石"美称的羊绒价格更为昂贵。

3. 风、雨衣：风、雨衣一般适用于早春和秋凉季节穿着，既防风又防寒，并具有装饰性。风雨衣面料需要采用专用的完全防水面料，有塑料和油绸等，但缺点是透气性不好。而棉布和化纤经过防水加工(不被水浸润的加工)后，并不失其透气性，因而是理想的防雨材料。除此之外，还有毛华达呢、克莱文特防水呢、伯贝里、化学纤维、短纤维及混纺织物等。

第二节　基本女大衣结构设计与纸样

一、直身式大衣结构设计与纸样

(一)款式、面料与规格

1. 款式特点

这是一款较宽松直身式稍收腰型大衣，前后收有腰省，平翻领，前身左右斜插袋。为不受流行约束的经典款，可掩盖体型的不足，强调外观平整的造型，因此深受女士欢迎(图 10-2-1)。

2. 面料

面料常以羊毛、羊绒等蓬松、柔软且保暖性较强的天然纤维为原料，也常用柔软而挺括的毛织物，如凡立丁、薄花呢、华达呢、法兰绒、麦尔登等。

用料：面布幅宽 150cm，用量 230cm；里料幅宽 150cm，用量 200cm；黏合衬幅宽 90cm，用量 150cm。

3. 规格设计

表 10-2-1 直身式大衣规格表中，成品胸围加 18cm 松量，成品腰围加 20cm 松量，成品臀围加 16cm 松量，成品肩宽 = 38.5(净肩宽)+1=39.5cm。

图 10-2-1　直身式大衣款式图

表 10-2-1　直身式大衣规格表　　　　　　　　　　　　　　(单位:cm)

号　型	部位名称	后衣长(L)	胸围(B)	腰围(W)	臀围(H)	肩宽(S)	袖长(SL)	袖口宽(CW)
160/84A	净体尺寸	38(背长)	84	66	90	38.5	52(臂长)	/
	成品尺寸	100	102	86	106	39.5	58	15

(二)原型法结构制图

1. 衣身原型处理(图 10-2-2)

后片肩省转移到袖窿为松量，前片胸省的 2/3 留在袖窿为松量，1/3 转移到领围作为撇胸量◎。

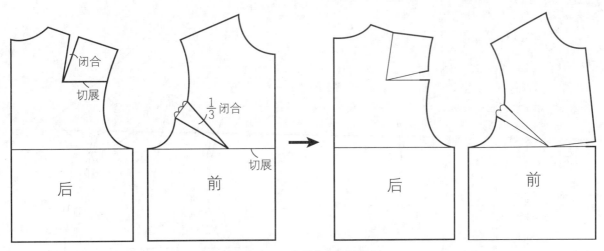

图 10-2-2 前后衣身原型处理

2. 衣身结构(图 10-2-3)

1) 后背中缝线: 后衣长 = 100cm, 为使后衣片更好地贴合人体, 后中线上的后颈点与胸围线的1/2 处开始, 胸围线上水平收进 0.5cm, 腰节线水平收进 1cm, 臀围线与底摆水平收进 0.5cm, 依次连接各点, 圆顺修画后背缝线。

2) 前中撒胸与止口线: 过胸围线的前中 A 点逆时针方向旋转, 在前颈点转出◎为撒胸量, 并连接点 A, 平行画出前止口线 (含面料厚 0.5cm, 搭门宽/2 = 2cm)。

3) 领口线、肩线: 横开领开大 1cm, 领侧颈点抬高 0.5cm, 并延长 0.5cm, 前领深下落 2.5cm 画出前、后领口弧; 肩端点抬高 1cm, 肩宽加宽 0.5cm, 画出肩线。

4) 胸围尺寸: 该款大衣的胸围总放松量 = 18cm, 原型基本松量 = 12cm, 需增加 6cm 内穿厚。后衣片后背缝收进 0.5cm, 则后衣片侧胸围增加 2.5cm, 前衣片侧胸围增加 1cm。

5) 袖窿弧线: 用圆顺线连接腋下点和肩端点, 修画袖窿线。

6) 腰围尺寸: 该款大衣的胸围与腰围之差是 14cm, 前后腰围分别比胸围减少 7cm。后侧缝线在腰节处收进 1cm, 在腰部收省 2cm, 前侧缝线在腰节处收进 1cm, 腰部收省 2.5cm。

7) 臀围尺寸: 该款大衣的臀围与胸围之差是 4cm, 则臀围线处放出 1cm, 后下摆放出 3.5cm, 前下摆放出 4cm, 并圆顺修画前、后侧缝线。

8) 口袋: 该款大衣口袋是斜插袋, 距前中线 11cm, 距前腰节线 7cm, 倾斜度为 15.5 : 5, 口袋宽 = 3.5cm。

9) 纽扣: 该款大衣为单排暗门襟 5 粒扣, 第一粒扣位置距领口线 3cm, 最后一粒扣距臀围线下3cm, 其他纽扣位置等分。

10) 挂面: 挂面的作用是加固与支撑门襟、底摆、领子的部位, 使止口挺直。挂面宽度取决于面料的厚薄、搭门及工艺要求, 大衣的挂面相比衬衫、短外套要稍宽一些。本款大衣的挂面宽距离颈侧点3cm, 距止口线 10cm, 用圆顺线连接。

11) 腰带、腰带袢: 腰带长 160cm, 宽 4.5cm, 缉 0.7cm 宽明线。腰带袢长 6cm, 宽 1cm, 缉 0.2cm 宽明线。

12) 领子: 此款大衣的领子属于平翻领, 前侧颈点向肩线偏 1.5cm, 连接前领深点顺势画前领口弧线并延长, 长度 = □, 并作领后中的垂直线 = 后领宽 = 6.5cm, 前领宽如图 10-2-3 所示, 画出领子外沿线。

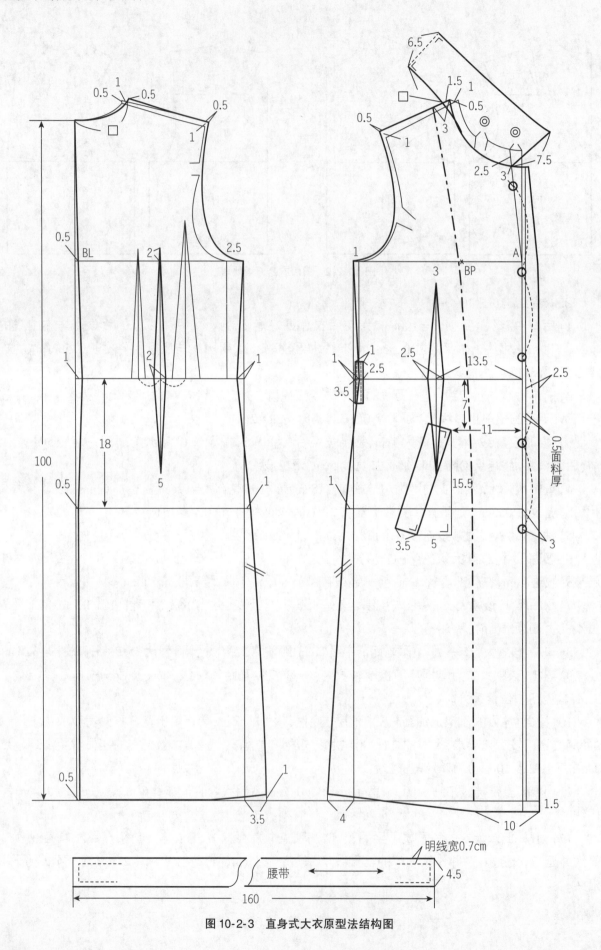

图 10-2-3　直身式大衣原型法结构图

3. 衣袖(图 10-2-4)

1) 袖山高：将前后衣片侧缝合并，侧缝向上延长线为袖山线，袖山高＝前后肩高度差的 1/2 到袖窿深线的 5/6，袖山高点向后身偏 1cm 为 A 点(袖山顶点)。

2) 袖长线：自袖山高点向下量取袖长＝58cm，画袖口基线。

3) 袖肥大：从袖山顶点分别量取前 AH 和后 AH+1cm，连接到袖窿深线确定 AB(前袖山斜线)、AC(后袖山斜线)，并得前、后袖肥大。

4) 前袖山弧线：AB 与前袖窿弧线交点为 D 点，AD 的中点抬高 2cm 作为凸弧点，D 沿斜线向下 1cm 为 E 交点(袖山弧线与 AB 的交点)，以前折线向左右取前偏袖量 3cm，并自袖窿深线上抬 2.5cm，其交叉点为前袖窿凹弧点，圆顺连接点 A、凸弧点、点 E、凹弧点、点 B 完成前袖山线。

5) 后袖山线：根据前⊙定出后凸弧点，依据原型定出袖山线与 AC 的交点 F 点和凹弧点，后偏袖量 1.2cm，圆顺连接点 A、凸弧点、F 点、凹弧点、点 C 完成后袖山线。

6) 袖里缝线、袖口线：前偏袖量为 3cm，前袖肘处凹进 0.5cm，袖口处偏出 0.5cm。取袖口宽＝15cm 画出袖口线。

7) 后袖缝线：后偏袖量为 1.2cm，小袖后袖缝线比大袖缝线在袖肘处偏进 1.5cm，顺势连画大小袖的后袖缝。

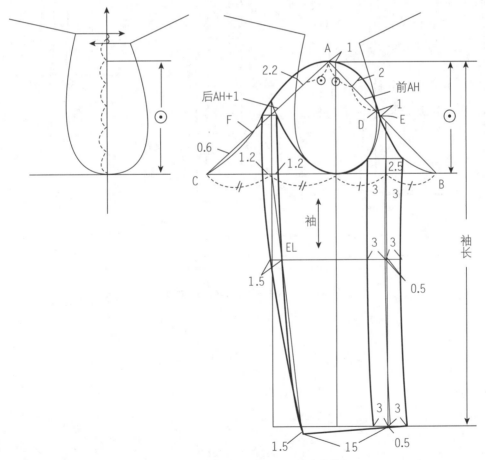

图 10-2-4　直身式大衣衣袖原型法结构图

（三）比例法结构制图（图 10-2-5,注:结构图中,B、W、H 等表示成衣尺寸）

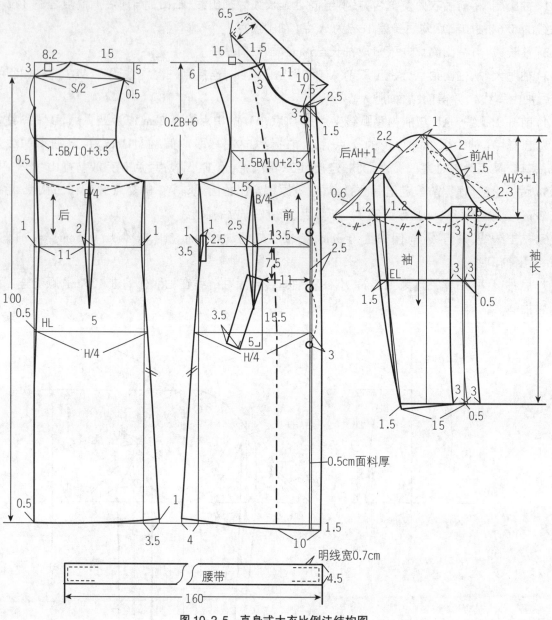

图 10-2-5　直身式大衣比例法结构图

(四)样版制作

1. 面料样版

1) 前、后衣片及挂面样版(图10-2-6)

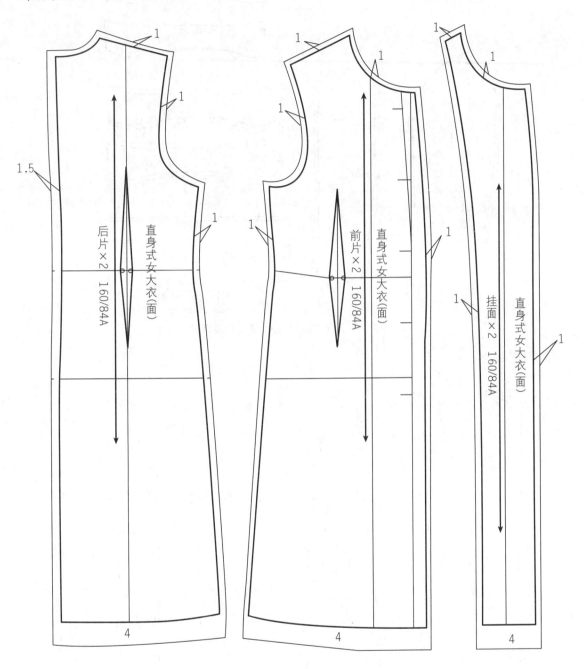

图10-2-6 直身式大衣前、后衣片及挂面样版

2）袖片、领子及腰带样版（图 10-2-7）

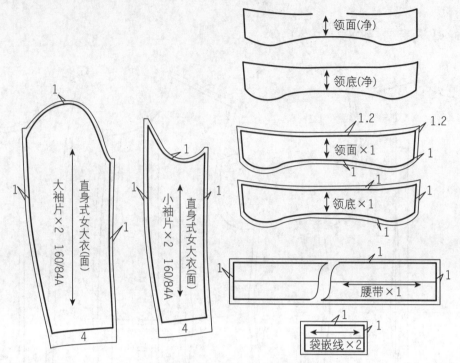

图 10-2-7　直身式大衣袖片、领子及腰带样版

2. 里料样版（图 10-2-8）

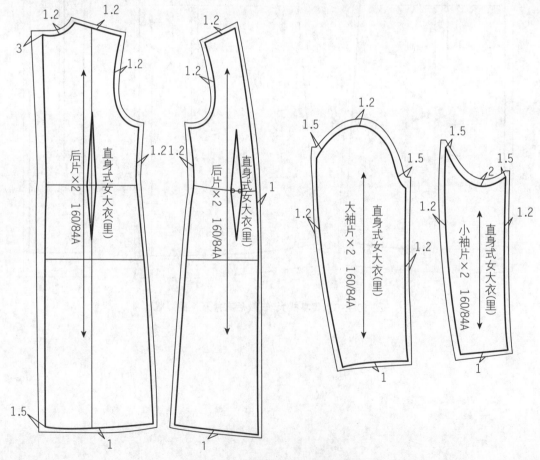

图 10-2-8　直身式大衣里料样版

二、大衣的结构分析

大衣是秋冬季最外层服装,除款式宽松程度变化所需的松量外,还需有一定的内穿厚,其与衬衣、上衣(春秋外套)相比,需注意的结构差异如下:

1. 加放量除活动松量外,还需加放内穿厚,故松量 = 12~20(活动松量)+4~10(内穿厚) = 16~30cm;

2. 由于内穿厚,肩线抬高 0.5~1cm,肩宽加宽 1~2cm(没考虑垫肩量);

3. 为保暖,袖长加长 1~2cm;

4. 由于面料厚,前中除加门襟量外,还需加一定的面料厚,面料厚 = 0.5~1cm。

第三节　变化女大衣款结构设计

一、公主线收腰式长大衣结构设计与纸样

(一)款式、面料与规格

1.款式特点

公主线收腰式长大衣强调表现人体曲线,前后衣身纵向公主分割线,以符合人体曲线造型,使收腰效果更加自然。此款为双排扣、立翻领、合体两片袖的合体式大衣(图 10-3-1)。

2.面料

面料常用华达呢、法兰绒、女士呢等中厚呢绒。

用料:面布幅宽 150cm,用量 250cm;里料幅宽 150cm,用量 220cm;黏合衬幅宽 90cm,用量 180cm。

3.规格设计

表 10-3-1 中,成品胸围加 20cm 松量,成品腰围加 17cm 松量,臀围加 16cm 松量,成品肩宽 = 38.5(净肩宽)+1 = 39.5cm。

图 10-3-1　公主线收腰式长大衣款式图

表 10-3-1　公主线收腰式长大衣规格表　　　　　　　　　　(单位:cm)

号　型	部位名称	后衣长(L)	胸围(B)	腰围(W)	臀围(H)	肩宽(S)	袖长(SL)	袖口(CW)
160/84A	净体尺寸	38	84	66	90	38.5	52	
	成品尺寸	120	104	83	106	39.5	60	30

(二)结构制图

结构要点如图 10-3-2、图 10-3-3 所示。

1.衣身原型处理

后片肩省的 1/3 转移到袖窿为松量,剩余的省量作为后肩省。前片胸省的 1/3 留在袖窿为松量,2/3 作为前肩省。

2.衣身结构

1)胸围尺寸:胸围放松量在原型的基础上增加8cm 内穿厚,后片分割线会在胸围线上收进◎,故后侧缝加放量 = 3+◎,前侧缝加放量 = 1cm。

2)领口线、袖窿线:肩线抬高 0.5cm,横开领开大 1cm,前领深下落 3cm,小肩加宽 0.5cm,分别画肩线、前后领口弧、袖窿弧线。

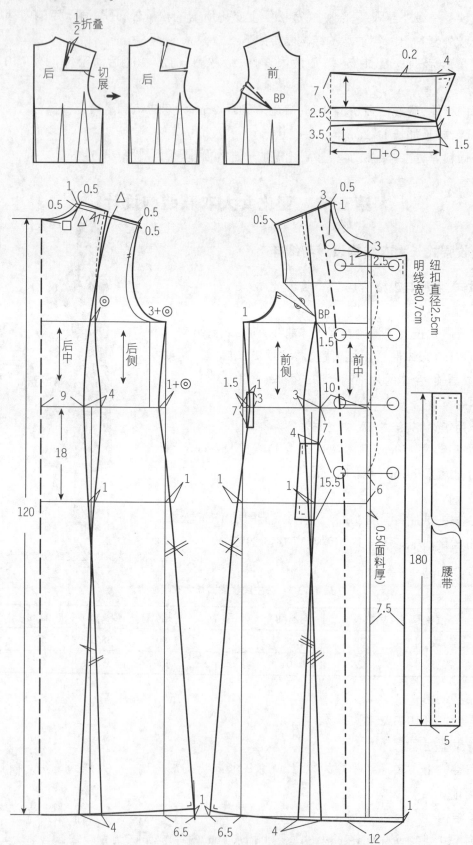

图 10-3-2　公主线收腰式长大衣衣身及衣领结构图

3）搭门：此款为双排扣，前中除加面料厚 0.5cm，再加搭门宽/2＝7.5cm。

4）腰围尺寸：成衣尺寸的胸腰差是 19cm，后片侧缝腰节处收进 1+◎，前片收进 1.5cm，后分割线在腰节处收腰省 4cm，前分割线在腰节处收腰省 3cm。

5）臀围尺寸：成衣尺寸的臀围与胸围之差是 2cm，由于前后片在臀围线处分割线均收进 1.5cm，故侧缝处放出 2cm。

3. 衣领

立翻领结构造型如同衬衫领，由翻领和领座缝接而成，结构制图时翻领的弧度应比领座的弯弧度大 1.5cm 为宜，弧度越大，领子越合体。

4. 衣袖（图 10-3-3）

1）袖山高：将前后衣片侧缝合并，侧缝向上延长线为袖山线，袖山高＝前后肩高度差的 1/2 到袖窿深线的 5/6，袖山高点向后身偏 1cm 为 A 点（袖山顶点）。

2）袖宽：从袖山顶点分别量取前 AH 和后 AH+1cm，连接到袖窿深线确定袖宽。分别平分前、后袖宽得到前后袖片折线。

3）前偏袖量为 2.5cm，后偏袖量为 1.5cm，绘制大、小袖片。

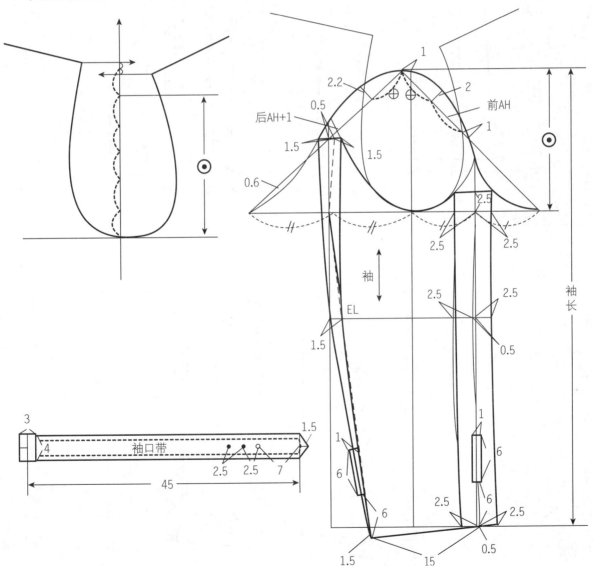

图 10-3-3　公主线收腰式长大衣衣袖结构图

(三) 样版制作

1. 面料样版

1) 前、后衣片及挂面样版 (图 10-3-4)

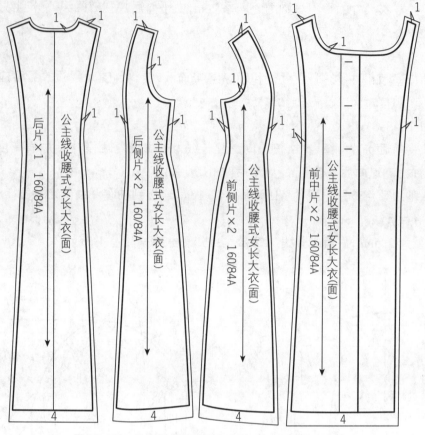

图 10-3-4 公主线收腰式长大衣前、后衣片及挂面样版

2) 袖片样版 (图 10-3-5)

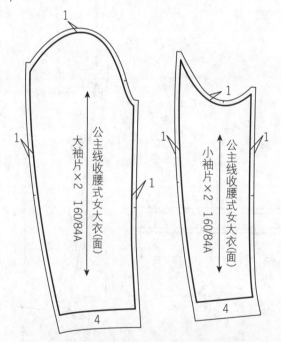

图 10-3-5 公主线收腰式长大衣袖片样版

3) 领子及零部件样版 (图 10-3-6)

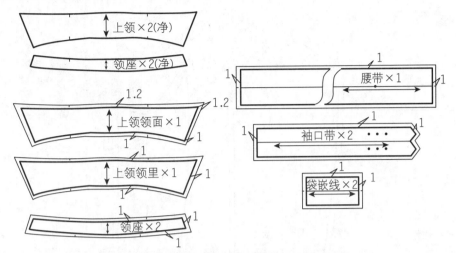

图 10-3-6 公主线收腰式长大衣领子及零部件样版

2. 里料样版

1) 前、后衣片样版 (图 10-3-7)

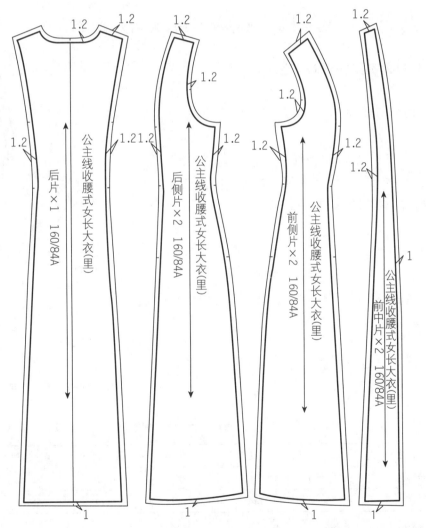

图 10-3-7 公主线收腰式长大衣前、后衣片里料样版

2)袖片样版(图10-3-8)

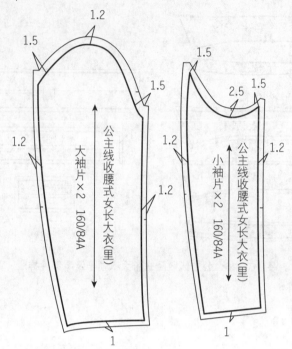

图10-3-8 公主线收腰式长大衣袖片里料样版

二、落肩连帽女短大衣结构设计与纸样

(一)款式、面料与规格

1. 款式特点

此款是直筒型宽松式落肩短大衣,整体造型宽松,肩部加宽下落,与衣身造型呼应,一片式宽松肥大衣袖。前身贴袋,出于防风、防寒和装饰的需要,连身帽,暗门襟装拉链(图10-3-9)。

2. 面料

面料适合选用弹性较好而柔软的中厚型毛织物,如华达呢、法兰绒、花式大衣呢等,也可用灯芯绒、皮革等材料。

用料:面布幅宽150cm,用量220cm;里料幅宽150cm,用量200cm;黏合衬幅宽90cm,用量100cm。

3. 规格设计

表10-3-2中,成品胸围加30cm松量,成品胸围、腰围、臀围尺寸相同,成品肩宽=38.5(净肩宽)+10=48.5cm。

图10-3-9 落肩连帽女短大衣款式图

表10-3-2 落肩连帽女短大衣规格表

(单位:cm)

号 型	部位名称	后衣长(L)	胸围(B)	腰围(W)	臀围(H)	肩宽(S)	袖长(SL)
160/84A	净体尺寸	38(背长)	84	66	90	38.5	52(臂长)
	成品尺寸	80	114	112	114	48.5	58-5=53

(二)结构制图

结构要点如图10-3-10、图10-3-11所示。

1. 衣身原型处理

后片肩省全部转移到袖窿,前片胸省全部留在袖窿。

2. 衣身结构

1) 衣长与围度尺寸:后衣长 = 80cm,胸围放松量在原型的基础上增加 18cm,后片加放 6cm,前片加放 3cm。整体衣身结构为宽松直筒型,故由腋下向后身平移 4.5cm 垂线为前后连缝。

2) 领口线、袖窿线:肩线抬高 1cm,横开领开大 1cm,前领深下落 3cm,小肩加宽 5cm,呈现落肩造型,确定肩端点,袖窿深在原型基础上下落 4cm,分别画肩线、前后领口弧、袖窿弧。

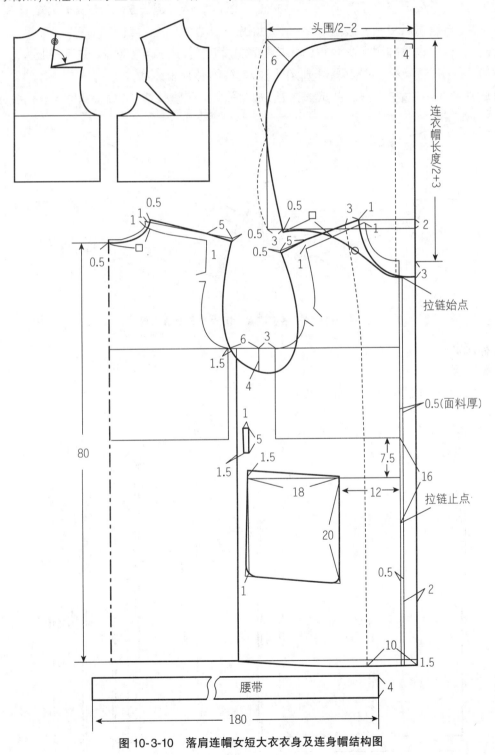

图 10-3-10　落肩连帽女短大衣衣身及连身帽结构图

女大衣结构设计与纸样

3) 口袋:口袋的位置距离前片腰节线下7.5cm,距离中心线12cm,口袋大小18cm×20cm,袋口倾斜1.5cm。

4) 拉链止点在腰节线下16cm。

3. 连身帽

帽子可在前衣身领口线上直接绘制,帽底线的尺寸按前后领口线之和来确定。帽口尺寸=侧颈点至头顶的弧线尺寸/2+3,帽口采用连折贴边;帽宽=头围/2−2。

4. 衣袖(图10-3-11)

1) 袖长线:由于肩端点比正常肩宽下落5cm,所以自肩端点延长58−5=53cm为袖长线。

2) 袖山高:自肩端点沿袖长线量取9cm为袖山高,画垂线为袖宽线。

3) 袖山弧:依据衣身袖窿弧影画袖山弧与袖宽线相交,袖山弧=袖窿弧,并定袖肥大。

4) 袖口:后袖口宽=2/3后袖肥,并确定前袖口宽,画袖片里缝线。

5) 前后袖合并:前后袖中线合并成一片袖,袖山弧线=袖窿弧线长,后袖缝线=前袖缝线。

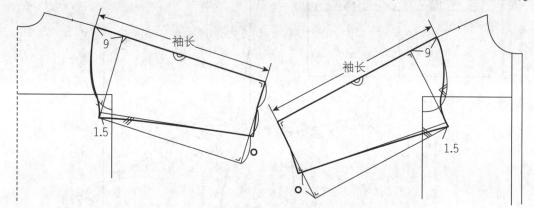

图10-3-11　落肩连帽女短大衣衣袖结构图

(三)样版制作

1. 面料样版

1) 前、后衣片及挂面样版(图10-3-12)

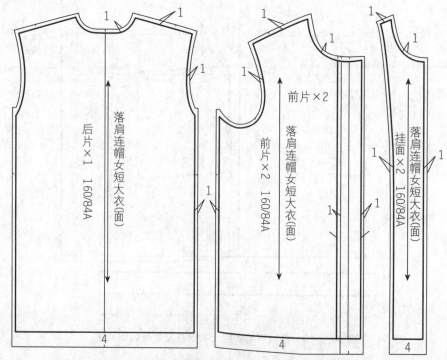

图10-3-12　落肩连帽女短大衣前、后衣片及挂面样版

2) 袖片、帽身及零部件样版(图 10-3-13)

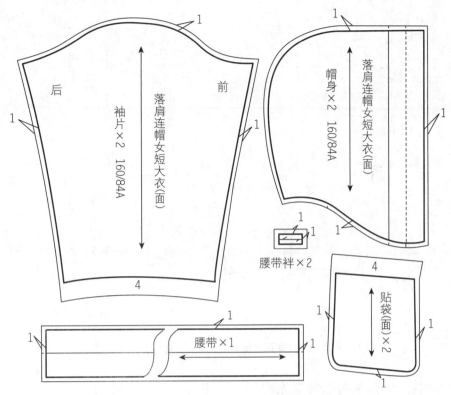

图 10-3-13　落肩连帽女短大衣袖片、帽身及零部件样版

2. 里料样版

1) 前、后衣片样版(图 10-3-14)

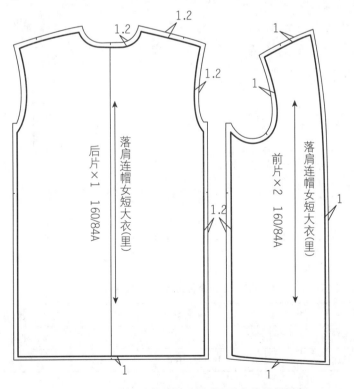

图 10-3-14　落肩连帽女短大衣前、后衣片里料样版

女大衣结构设计与纸样

2) 袖片、帽身及贴袋样版 (图 10-3-15)

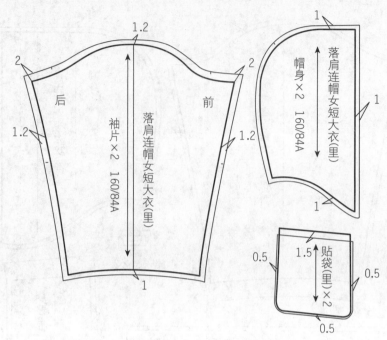

图 10-3-15 落肩连帽女短大衣袖片、帽身及贴袋里料样版

三、连身袖 A 型中长大衣结构设计与纸样

(一) 款式、面料与规格

1. 款式特点

本款连身袖 A 型较宽松式大衣,平驳领,肩部采用溜肩造型,既合身又符合时尚要求。衣袖较为合体,腋下插角满足袖子的活动量。叠门较宽,门襟无扣,可敞开也可系细装饰皮带 (图 10-3-16)。

2. 面料

面料适合羊绒类手感柔软、质地厚实的中薄型面料制作。

用料:面布幅宽 150cm,用量 250cm;里料幅宽 150cm,用量 230cm;黏合衬幅宽 90cm,用量 130cm。

3. 规格设计

表 10-3-3 中,成品胸围加 22cm 松量,成品肩宽 = 38.5 (净肩宽) +2 = 40.5cm。

图 10-3-16 连身袖 A 型中长大衣款式图

表 10-3-3 连身袖 A 型中长大衣规格表 (单位:cm)

号 型	部位名称	后衣长(L)	胸围(B)	肩宽(S)	袖长(SL)	袖口(CW)
160/84A	净体尺寸	38(背长)	84	38.5	52(臂长)	
	成品尺寸	100	106	40.5	58	14.5

(二) 结构制图

结构要点如图 10-3-17、图 10-3-18 所示。

1. 衣身原型处理

后片肩省的 2/3 转移到袖窿,剩余的省量作为肩部吃势处理。前片胸省的 2/3 留在袖窿,1/3 转移到领围作为撇胸量◎。

2. 衣身结构

1)衣长与围度尺寸:后衣长 = 100cm,胸围放松量在原型的基础上增加 10cm,后片胸围在侧缝处加放 3.5cm,前片加放 2cm。衣身整体造型为 A 字型,侧下摆加出 5cm 画侧缝线。

2)领口线:肩端点抬高 1cm,横开领开大 1cm,小肩加宽 1cm,分别画肩线、前后领口弧。

3. 衣袖

1)袖中线:从肩端点起画斜线与水平线夹角 45°为基础袖中线,为保证衣袖下垂呈前倾状态,前后袖中线相向偏斜 1cm,即前袖中线斜度大于 45°,后袖中线斜度小于 45°。

2)袖身:量取袖长 = 58cm,前袖口 = 14cm,后袖口 = 15cm。插角止点在胸围线上,前插角止点距胸宽线 1cm,后插角止点距背宽线 4cm,如图 10-3-17、图 10-3-18 绘制袖缝。

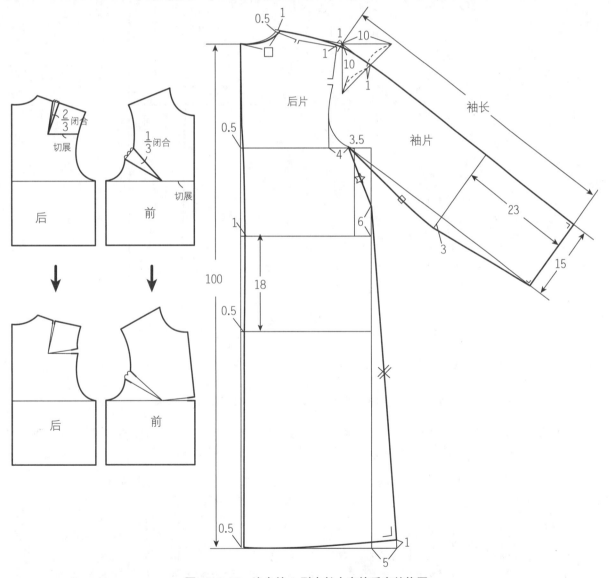

图 10-3-17　连身袖 A 型中长大衣的后身结构图

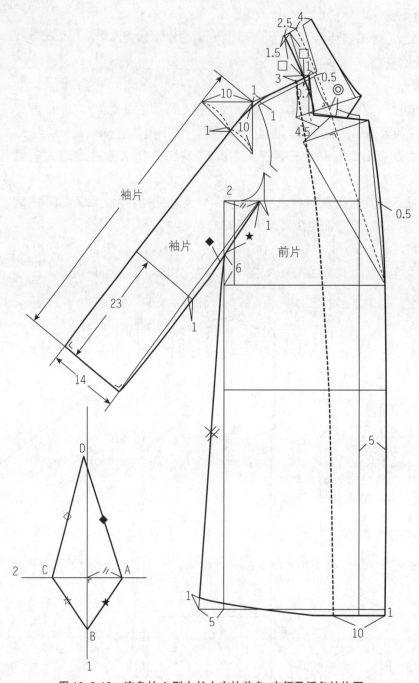

图 10-3-18　连身袖 A 型中长大衣的前身、衣领及插角结构图

3）袖插角：画垂直线 1 和水平线 2，水平线上取长＝前衣身插角止点至侧缝的线段长＝∥，确定 A 点。以 A 为圆心，以线段★为半径，画圆弧与线 1 交于 B 点。以 B 为圆心，线段☆为半径画圆弧与线 2 交于 C 点。分别以 A、C 为圆心，以线段◆、◇为半径画圆弧交于 D 点。连接 ABCD 四边形为衣袖插角。

4. 衣领

1）翻折线：根据款式，在前衣身确定翻折基点与止点，连线画翻折线。

2）驳领：在翻折线的左侧按款式图绘制领子造型，然后以翻折线为对称轴影射绘制驳领。

3）翻领：自前侧颈点向肩线偏 0.7cm 处画翻折线的平行线，取□＝后领口长，领子倒伏量为 1.5cm（倒伏量与翻折基点的位置高低成正比），取领弧线长度＝衣身领口弧线，画垂线确定后领宽＝

6.5cm,其中领座宽=2.5cm。

(三)样版制作

1.面料样版(图10-3-19)

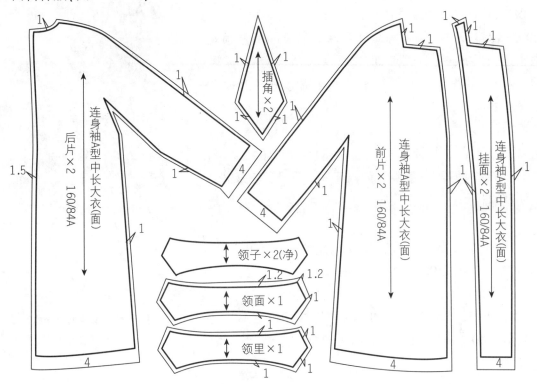

图10-3-19　连身袖A型中长大衣样版

2.里料样版(图10-3-20)

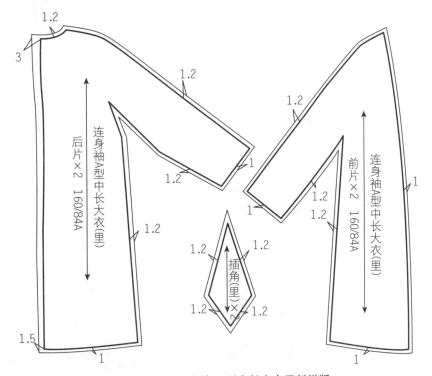

图10-3-20　连身袖A型中长大衣里料样版

四、插肩袖风衣结构设计与纸样

(一)款式、面料与规格

1. 款式特点(图10-3-21)

此款为双排扣,翻立领(与拿破仑军服领不同的是领座与衣领相连)、插肩袖、前后有覆肩,衣身造型较宽松,系腰带,缉明线增强其坚实感,背缝下摆开叠衩,是女士春秋季日常广泛穿着的风衣。

2. 面料

面料一般采用中厚型结构紧密、有防水功能的面料制作,可选用全毛华达呢、马裤呢。如用于防风防雨,可选用经过防水处理的棉华达呢、涤棉或化纤的防水涂层织物,如雨衣布等。

用料:面布幅宽150cm,用量230cm;里料幅宽150cm,用量200cm;黏合衬幅宽90cm,用量150cm。

3. 规格设计

表10-3-4中,成品胸围加28cm松量,成品肩宽=38.5(净肩宽)+2=40.5cm。

图10-3-21 插肩袖风衣款式图

表10-3-4 插肩袖女风衣规格表 (单位:cm)

号 型	部位名称	后衣长(L)	胸围(B)	肩宽(S)	袖长(SL)
160/84A	净体尺寸	38(背长)	84	38.5	52(臂长)
	成品尺寸	110	112	40.5	58

(二)结构制图

结构要点如图10-3-22、图10-3-23所示。

1. 衣身原型处理

后片肩省的2/3转移到袖窿,剩余的省量作为肩部吃势处理。前片胸省留在袖窿作为松量。

2. 衣身结构

1)衣长与围度尺寸:后衣长=110cm,胸围放松量在原型的基础上增加16cm,由于后背缝在胸围线处收进0.5cm,故后片胸围在侧缝处加放5cm,前片加放3.5cm;袖窿深下落3cm。衣身整体造型为A字型,侧下摆加出6cm,连接袖窿深点画侧缝线。

2)领口线:肩端点抬高1cm,横开领开大1cm,前领深下落2cm,小肩加宽1cm,画肩线、前后领口弧。

3)门襟:双排扣,叠门=7cm,风衣面料一般不太厚,前中不用加面料厚。

4)臀围线下10cm为背缝下摆叠衩起点,叠衩宽=5cm。

3. 衣袖结构

1)袖中线:从肩端点起画斜线与水平线夹角45°为基础袖中线,为保证衣袖下垂呈前倾状态,后袖中线向前偏2cm,即后袖中线斜度小于45°。

2)袖山高:自肩端点沿袖中线量取18cm为袖山高,画垂线为袖宽线。

3) 袖窿弧线与插肩线：自颈侧点沿后领圈量取 3cm，沿前领圈量取 4.5cm，顺势连接前、后腋点，并画袖窿弧线、袖山插肩线（两弧线长相等、型相向）。由于人体肩胛骨造型，故后衣片与袖片插肩线是交叉重叠 0.5cm。

4) 袖口：取后袖肥的 2/3 作为袖口尺寸，画出袖口线、袖底线。

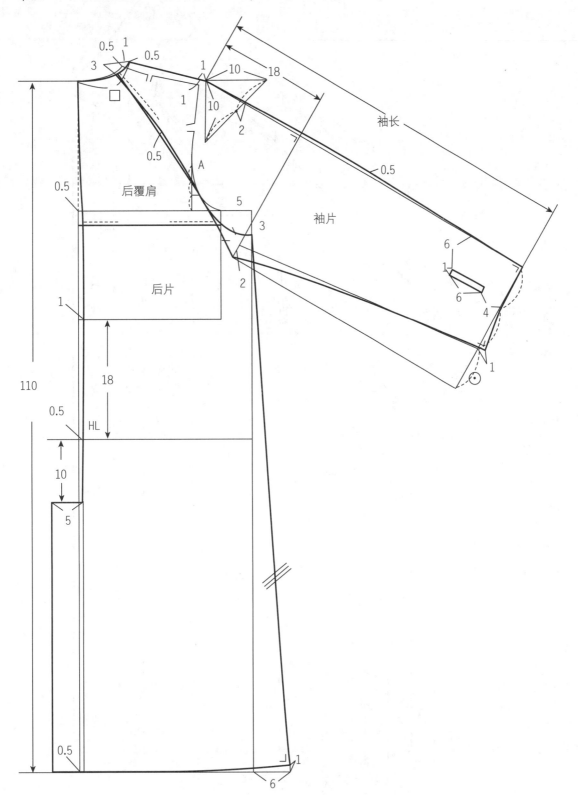

图 10-3-22　插肩袖风衣后衣身、衣袖结构图

4. 衣领结构

　　自前侧颈点向肩线方向叠进 1cm,圆顺连接前领口线,并顺势延长□＝衣领口弧线,并画垂线取后领宽＝10.5cm,其中后领座宽＝2.5cm;前领宽＝9cm,前领座宽＝2.5cm。

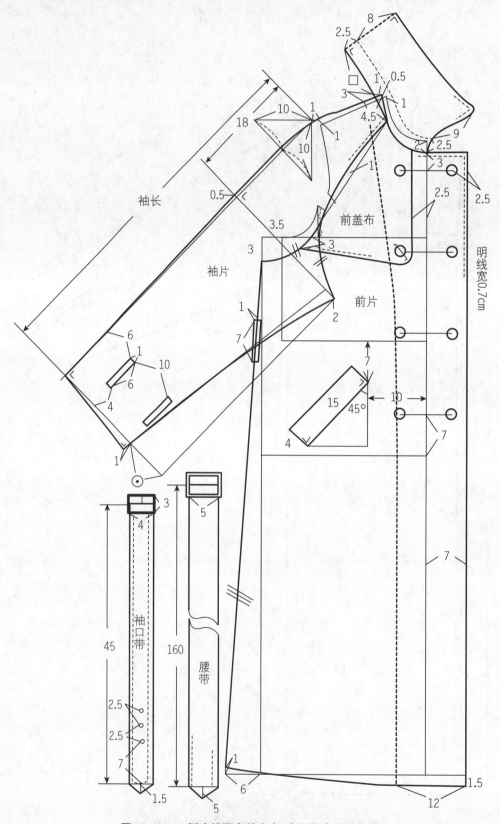

图 10-3-23　插肩袖风衣前衣身、衣领及衣袖结构图

(三)样版制作

1.面料样版

1) 前、后衣片及挂面样版(图10-3-24)

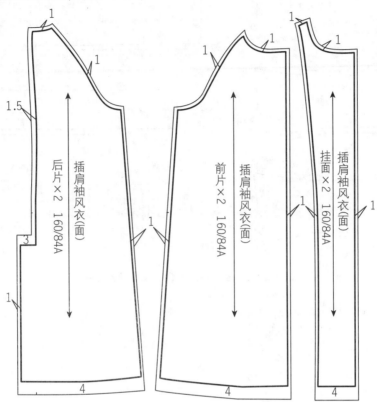

图 10-3-24　插肩袖风衣前、后衣片及挂面样版

2) 袖片及覆肩样版(图10-3-25)

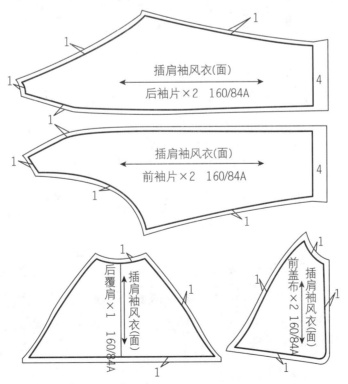

图 10-3-25　插肩袖风衣袖片及覆肩样版

3) 领子及零部件样版(图 10-3-26)

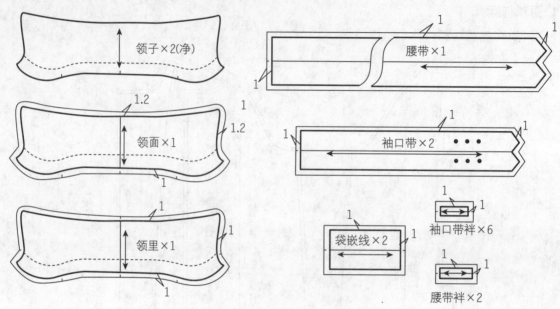

图 10-3-26　插肩袖风衣领子及零部件样版

2. 里料样版(图 10-3-27)

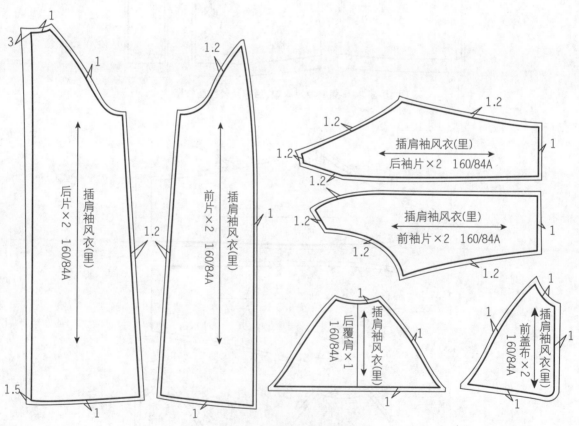

图 10-3-27　插肩袖风衣里料样版

五、借肩袖女大衣结构设计与纸样

(一)款式、面料与规格

1. 款式特点

此款为较宽松稍 A 型借肩袖大衣,肩宽稍窄,减少的肩宽量移借到衣袖上,故称之为借肩袖。弧型大翻领,带袋盖的斜插袋(图 10-3-28)。

2. 面料

本款采用法兰绒、女士呢、花式大衣呢、麦尔登、双面呢等中厚型面料。

用料:面布幅宽 150cm,用量 220cm;里料幅宽 150cm,用量 200cm;黏合衬幅宽 90cm,用量 150cm。

3. 规格设计

表 10-3-5 中,成品胸围加 20cm 松量,成品肩宽 = 38.5(净肩宽)+2 = 40.5cm。

图 10-3-28　借肩袖女大衣款式图

表 10-3-5　借肩袖女大衣规格表　　　　　　　　　　　　　　　(单位:cm)

号　型	部位名称	后衣长(L)	胸围(B)	肩宽(S)	袖长(SL)
160/84A	净体尺寸	38(背长)	84	38.5	52(臂长)
	成品尺寸	100	104	40.5	60

(二)结构制图

结构要点如图 10-3-29、图 10-3-30 所示。

1. 衣身原型处理

后片肩省的 1/2 转移到袖窿,剩余的省量作为肩省处理。前片胸省的 1/3 留在袖窿为松量,袖窿省的 2/3 待结构设计后再转移为下摆展开量。

2. 衣身结构

1)衣长与围度尺寸:后衣长 = 100cm,胸围放松量在原型的基础上增加 8cm,由于后背缝在胸围线处收进 0.5,后胸围侧缝处加放 3cm,前片加放 1.5cm,袖窿深下落 2cm。衣身整体造型为 A 字型,后侧下摆加出 9cm,连接袖窿深点画后侧缝线,前侧缝为直线。

2)领口线:肩端点抬高 1cm,侧颈点开大 1cm,前领深下落 2cm,小肩加宽 1cm,画肩线、前后领口弧。

3)口袋:口袋位置腰线下 6cm,距前中心 10cm,口袋大 = 13.5cm,按照 13.5∶4 的比例确定插袋倾斜度,袋盖宽 5cm。

4)再将袖窿省合并转移至下摆为展开摆量。

3. 衣袖结构

借肩袖结构类似于插肩袖,不同之处在于袖窿弧线与袖山插肩线的起点是从小肩线的 1/2 或 1/3 处;而不是从领弧线起。

4. 衣领结构

1)翻折线:基于前侧颈点确定翻折基点,与前领深点连线画翻折线。

　　2) 翻领:自前侧颈点向肩线偏 1cm 处画翻折线的平行线,取□=后领口弧长,为使连翻领的造型宽松自如,需要加大领底线下弯度,则领子倒伏量=□,倒伏线上再取□(后领口弧长)画垂线确定后领宽=11.5cm,其中领座宽=4cm,前领宽=10cm,分别画领下口弧、翻折弧、领外弧。

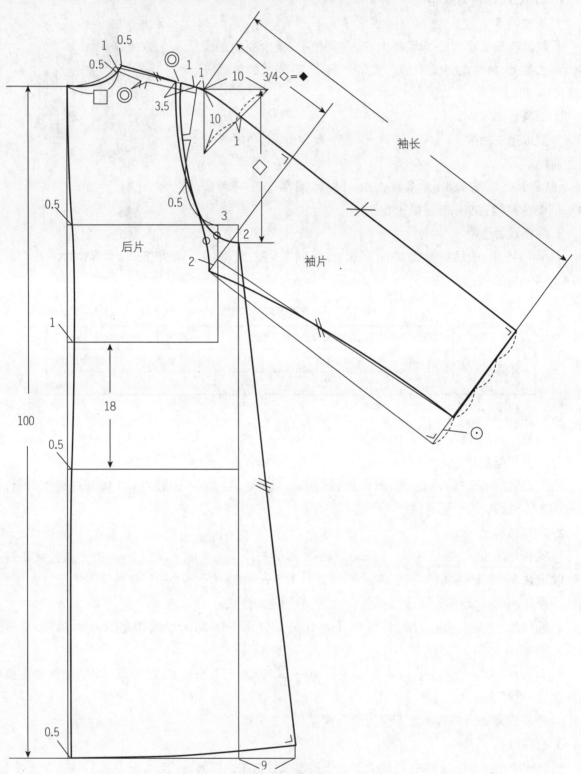

图 10-3-29　借肩袖女大衣后衣身及衣袖结构图

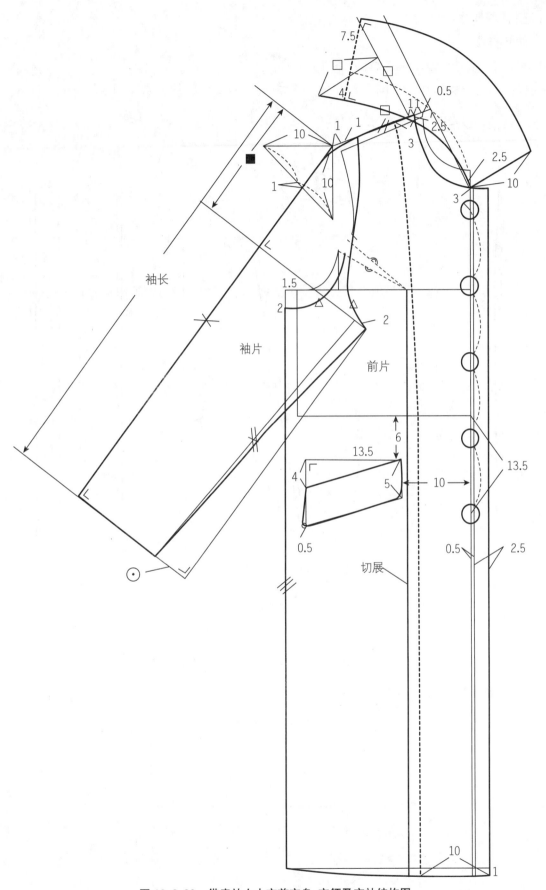

图 10-3-30　借肩袖女大衣前衣身、衣领及衣袖结构图

(三)样版制作

1.面料样版

1)前后衣片、挂面及口袋盖样版(图10-3-31)

先将前衣片沿胸省点垂直向下延伸至下摆线,前片袖窿位置的胸省作闭合处理,展开下摆。

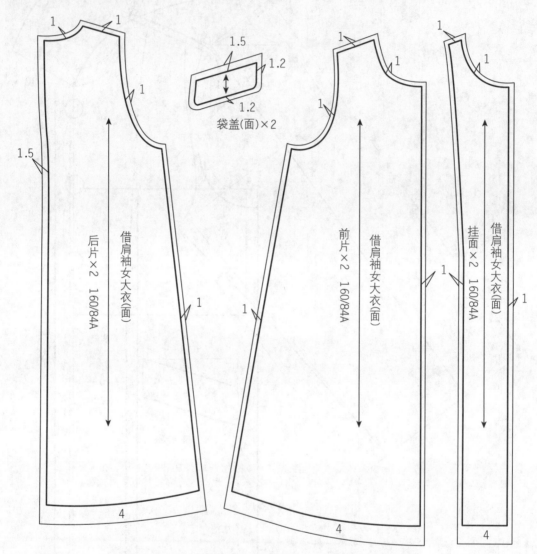

图10-3-31 借肩袖女大衣前、后衣片、挂面及口袋盖样版

2)袖片、领子样版(图10-3-32)

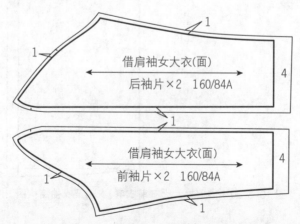

图10-3-32(a) 借肩袖女大衣袖片及领子样版

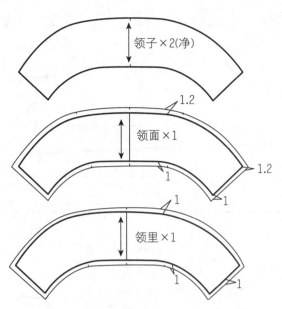

图 10-3-32(b)　借肩袖女大衣袖片及领子样版

2. 里料样版

1) 前后衣片及口袋盖样版(图 10-3-33)

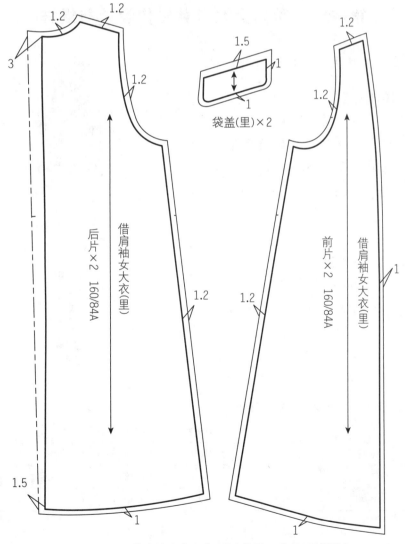

图 10-3-33　借肩袖女大衣前、后衣片及口袋盖里料样版

2) 袖片样版 (图 10-3-34)

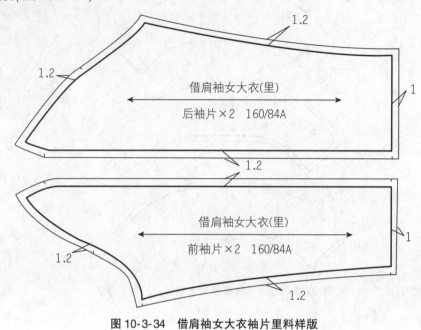

借肩袖女大衣(里)

后袖片×2 160/84A

借肩袖女大衣(里)

前袖片×2 160/84A

图 10-3-34 借肩袖女大衣袖片里料样版

第四节 时尚女大衣款结构设计与纸样

一、胸下分割灯笼摆中长大衣结构设计与纸样

(一)款式、面料与规格

1. 款式特点

胸下分割灯笼摆中长大衣的整体造型较宽松,暗门襟,胸下横向分割加入褶裥,衣下摆与衣身对应,以褶裥收口呈灯笼式摆,平领的领面加入褶裥,七分合体袖,袖口外翻。此款为近年来的时尚女大衣(图10-4-1)。

2. 面料

适合选用羊绒类手感柔软、质地厚实的面料制作。

用料:面布幅宽 150cm,用量 230cm;里料幅宽 150cm,用量 210cm;黏合衬幅宽 90cm,用量 150cm。

3. 规格设计

表 10-4-1 中,成品胸围加 30cm 松量,成品肩宽 = 38.5(净肩宽)+2=40.5cm。

图 10-4-1 胸下分割灯笼摆中长大衣款式图

表 10-4-1 胸下分割灯笼摆中长大衣规格表

(单位:cm)

号　型	部位名称	后衣长(L)	胸围(B)	肩宽(S)	袖长(SL)	袖口围
160/84A	净体尺寸	38(背长)	84	38.5	52(臂长)	
	成品尺寸	90	113	40.5	48	袖肥-6

(二)结构制图

结构要点如图10-4-2、图10-4-3所示。

1.衣身原型处理

后片肩省的2/3转移到袖窿,剩余的省量作为肩部吃势处理。前片胸省的1/3转移至腋下,剩余的省量一部分转移到领口,0.5cm作为领围松量,另外一部分留在袖窿作为松量。

2.衣身结构

1)衣长与围度尺寸:后衣长=90cm,胸围放松量在原型的基础上增加17cm,后片胸围在侧缝处加放5cm,前片加放3.5cm。

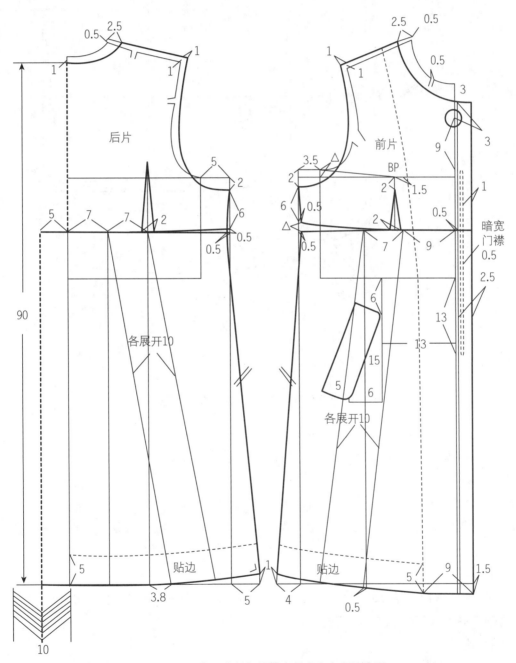

图10-4-2 胸下分割灯笼摆中长大衣衣身结构图

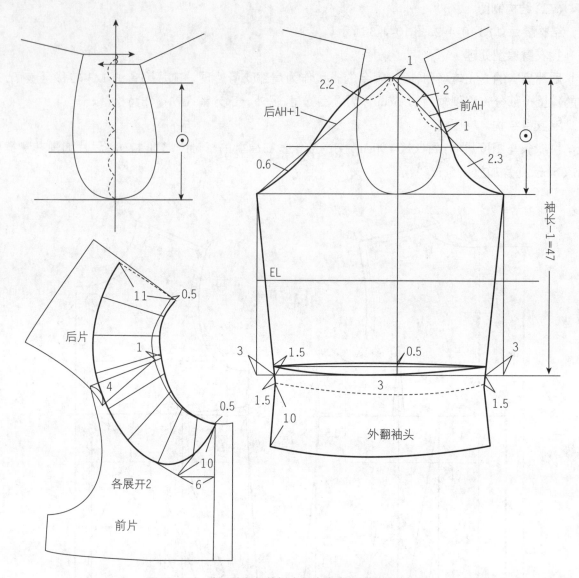

图 10-4-3　胸下分割灯笼摆中长大衣衣领及衣袖结构图

2）领口线、袖窿线：侧颈点抬高 0.5cm，肩端点抬高 1cm，横开领开大 2.5cm，后领深下落 1cm，前领深下落 3cm，小肩加宽 1cm，后袖窿深下落 2cm，前袖窿深下落 2cm−△（腋下省量），分别画肩线、前后领口弧、袖窿弧。

3）衣身结构处理：胸下 8～10cm 横向分割，前腋省量移至分割线处去掉，后分割线处去掉 0.5cm，后中心加出 5cm 褶量，前后衣身侧下摆加出 4～5cm，并根据款式，在衣下摆设斜切展线，各切展 10cm 对褶量。

3. 衣领结构

领子采用平领结构，前后肩线重叠 4cm，基于衣领口线绘制领子结构。使后领中心拱起领座量＝1～2cm，将领口曲线 8 等分加入 2cm 的褶裥。

4. 衣袖结构

1）袖山高＝⊙，画袖山斜线与弧线、确定袖肥。

2）袖长线：自袖山点向下取袖长尺寸−1cm 定出袖长线，袖口凹进 0.5cm，如图 10-4-3 画出袖口弧线。

2）袖口宽：以袖肥宽为基础，左右袖口处收进 3cm 确定袖口宽。

3）外翻袖口：外翻袖口宽 10cm，倒座量 3cm。

（三）样版制作

1. 面布样版

1）后衣片样版（图 10-4-4）

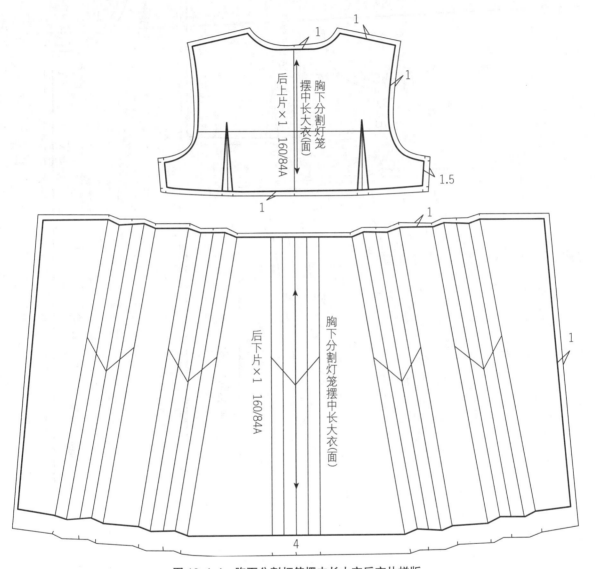

图 10-4-4　胸下分割灯笼摆中长大衣后衣片样版

2）前衣片样版（图10-4-5）

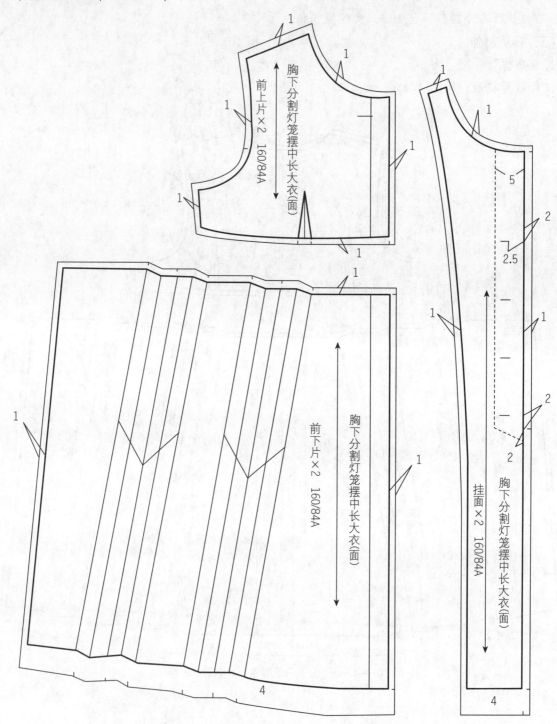

图10-4-5　胸下分割灯笼摆中长大衣前衣片样版

3) 衣领、衣袖及口袋盖样版(图 10-4-6)

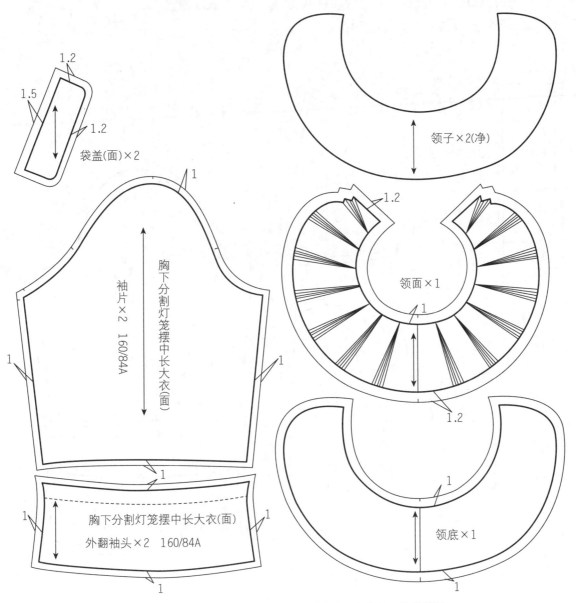

图 10-4-6　胸下分割灯笼摆中长大衣衣领、衣袖及口袋盖样版

2.里布样版

1)后衣片样版(略)相同于后衣片面布样版,只是底摆有 1cm 缝份。

2)前衣片、袖片及口袋盖样版(图 10-4-7)

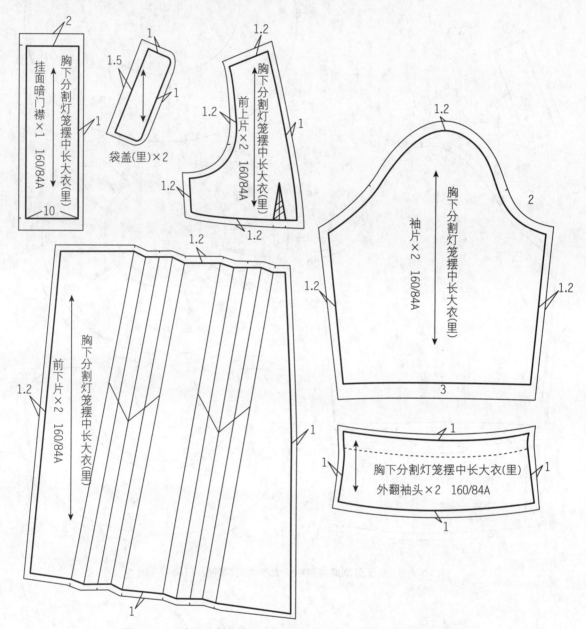

图 10-4-7　胸下分割灯笼摆中长大衣前衣片、袖片及口袋盖里料样版

七、裙摆式女中长大衣结构设计与纸样

(一)款式、面料与规格

1. 款式特点

此款为较合体裙摆式中长大衣,前身弧形分割线至兜口,兜口加入碎褶。后身背部横向分割,分割线下纵向分割,顺势加大摆量,后中缝腰部以下加入褶裥。衣袖为七分合体袖,肘下分割拼接,拼接片及袖山处加入褶裥,衣身下摆呈大摆裙式造型。此款为时尚少女大衣(图10-4-8)。

2. 面料

适合选用羊绒类手感柔软、质地较薄的面料制作。

用料:面布幅宽 150cm,用量 230cm;里料幅宽 150cm,用量 210cm;黏合衬幅宽 90cm,用量 140cm。

3. 规格设计

表 10-4-2 中,成品胸围加 18cm 松量,成品腰围加 20cm 松量,成品肩宽=38.5(净肩宽)+2=40.5cm。

图 10-4-8 裙摆式女中长大衣款式图

表 10-4-2 裙摆式女中长大衣规格表 （单位:cm)

号 型	部位名称	后衣长(L)	胸围(B)	腰围(W)	肩宽(S)	袖长(SL)	袖口围
160/84A	净体尺寸	38(背长)	84	66	38.5	52(臂长)	
	成品尺寸	95	102	86	40.5	45	30

(二)结构制图

结构要点如图10-4-9、图10-4-10所示。

1. 衣身原型处理

后片肩省1/2转移到袖窿作为松量,剩余的省量作为肩部吃势处理。前片胸省的1/2留在袖窿作为松量,1/2转移到领口作为领省。

2. 衣身结构

1)围度尺寸:胸围放松量在原型的基础上增加6cm,后片胸围在后背及省道处收进1.5cm,在侧缝处应加放3.5cm,前片加放1cm。前后腰部分别收进3cm和5.5cm。自腰部以下10cm处加入7cm作为后背褶裥,定出下摆后画出侧缝线。

2)后衣片自背部以上横断,袖窿处收进0.5cm,底摆放出18cm形成裙摆式造型。

3)领口线、袖窿线:前后颈侧点开大1cm,抬高0.5cm,前后肩端点抬高1cm,肩宽加宽1cm,确定肩端点,分别画前后领口线、袖窿线。

4)前片采用弧形分割,自臀围线上5cm向下平行加入6cm碎褶量。

5)如图10-4-10下摆进行拉展合并处理,加入12cm裙摆量,另侧摆平行加6cm褶量。

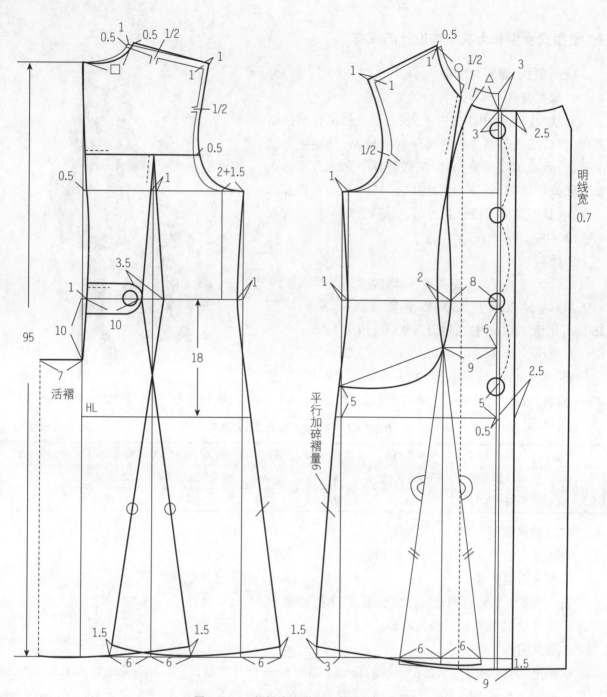

图 10-4-9　裙摆式女中长大衣衣身结构图

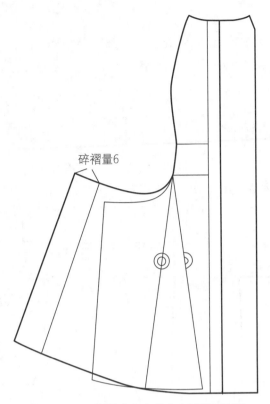

图 10-4-10　裙摆式女中长大衣下摆展开图

2. 衣领

如图 10-4-11 所示,领子单独绘制,领底弧线=前领弧+后领弧,领凹势 6cm,后领座=3.5cm,后领宽=5.5cm。

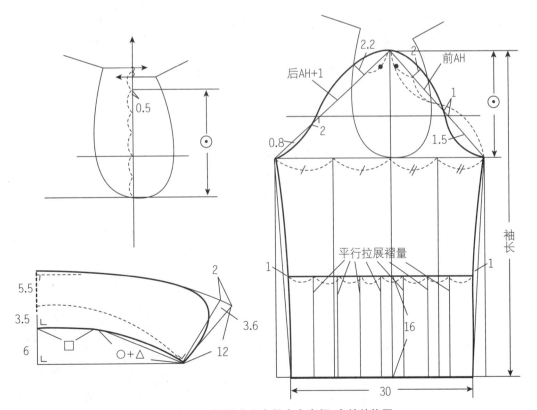

图 10-4-11　裙摆式女中长大衣衣领、衣袖结构图

3.衣袖

如图 10-4-11 所示,袖子结构为一片袖的设计。袖口宽 30cm,肘部收进 1cm,画出袖缝线,自袖口向上 16cm 为袖口断开线,断开线下各自平行展开 8cm 作为褶量,形成喇叭口造型,与衣身对应。

(三)样版制作

1.面料样版

1)后衣片样版(图 10-4-12)

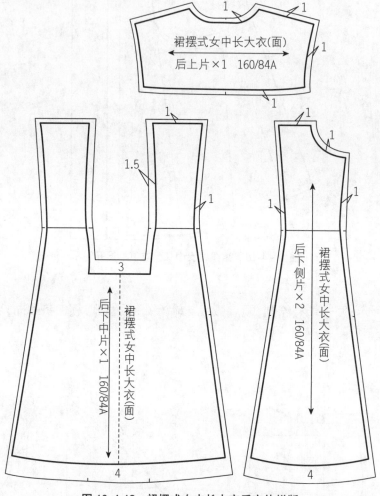

图 10-4-12　裙摆式女中长大衣后衣片样版

2）前衣片及后腰装饰衬样版（图 10-4-13）

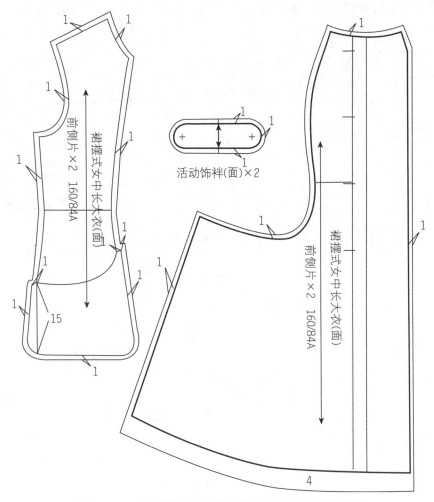

图 10-4-13　裙摆式女中长大衣前衣身及腰部装饰衬样版

3）袖片及领子样版（图 10-4-14）

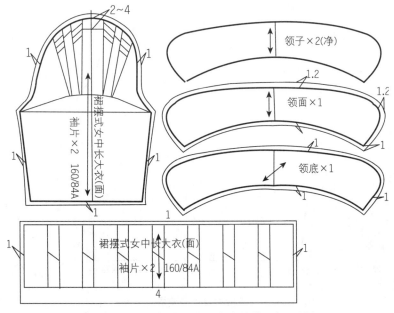

图 10-4-14　裙摆式女中长大衣袖片及领子样版

2. 里料样版

1) 前、后衣片及装饰袢样版(图 10-4-15)

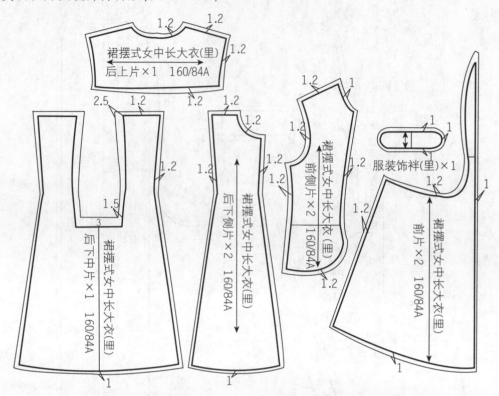

图 10-4-15　裙摆式女中长大衣前、后衣片及装饰袢里料样版

2) 袖片样版(图 10-4-16)

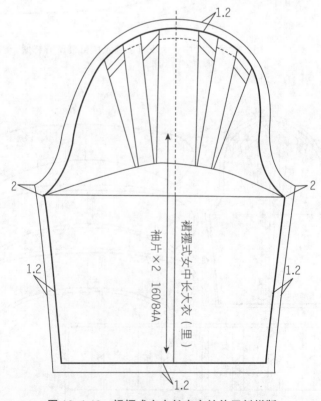

图 10-4-16　裙摆式女中长大衣袖片里料样版

一、课外训练

一、思考与简答题

1. 女式大衣可以按哪几种形式进行分类？常用的女式大衣面料有哪些？它们都有什么特点？

2. 结构设计时为什么要对大衣进行衣身原型处理？不同大衣的前浮余下放量和什么因素有关？

3. 不同廓型的女式大衣围度尺寸的放松量各有什么不同？分别有几种下摆的形成方式？

4. 影响连身袖结构变化的因素主要是什么？袖中线与衣身中心线夹角之间具有什么关系？

5. 进行连身袖的结构设计必须注意哪几个方面？连身袖结构设计中插入插角起什么作用？

6. 连身帽结构设计中，为什么在装领线上加入省量？它可以起到什么作用？

二、项目练习

1. 对女大衣变化款有选择性地进行结构制图练习，制图比例 1∶1 或 1∶5。

2. 根据市场调研收集的时尚流行女式大衣，选择 2~3 款展开 1∶1 结构制图，达到举一反三、灵活应用。

结构制图要求：制图步骤合理，基础图线与轮廓线清晰分明，公式尺寸、纱向、符号标注工整明确。

参 考 文 献

［1］（日）文化服装学院.服饰造型讲座①,②,③,④,⑤.张祖芳,等,译.上海:东华大学出版社,2005

［2］张文斌.成衣工艺学.3版.北京:中国纺织出版社,2008

［3］张文斌.服装结构设计.北京:中国纺织出版社,2006

［4］张文斌.服装工艺学(结构设计分册).3版.北京:中国纺织出版社,2008

［5］刘瑞璞.服装纸样设计原理与应用·女装编.北京:中国纺织出版社,2008

［6］魏静.服装结构设计(上册).北京:高等教育出版社,2006

［7］陈明艳.裤子结构设计与纸样.上海:东华大学出版社,2009

［8］张向辉,于晓坤.女装结构设计(上)上海:东华大学出版社,2009

［9］章永红,等.女装结构设计(上).杭州:浙江大学出版社,2005

［10］阁玉秀,等.女装结构设计(下).杭州:浙江大学出版社,2005

［11］（日）中泽愈.人体与服装.袁观洛,译.北京:中国纺织出版社,2000

［12］杜劲松.女装平面结构设计.北京:中国纺织出版社,2008

［13］周邦桢.高档女装结构设计制图.北京:中国纺织出版社,2000

［14］吴经熊,吴颖编.最新时装配领技术.2版.上海:上海科学技术出版社,2001

［15］戴鸿.服装号型标准及其应用.2版.北京:中国纺织出版社,2003

［16］101个缝纫秘诀.科尔斯创意出版社,1999

［17］陈明艳.比例法裤子结构参数的调整.纺织学报,2007,28(8):82-86

［18］陈明艳.紧身裤结构参数与样版优化设计的探讨.东华大学学报:自然科学版,2009(10)

［19］张华.服装制板工艺中的"驳样"技术.今日湖北:理论版,2007,1(6):123-124